CONNAISSANCE

DE

MADAGASCAR

PAR

LOUIS LACAILLE

D. M. P.

PARIS

E. DENTU, LIBRAIRE

PALAIS-ROYAL, GALERIE D'ORLÉANS, 13

—

1862

CONNAISSANCE

DE MADAGASCAR

OUVRAGES DU MÊME AUTEUR.

I.

Importance et nécessité de coloniser l'île de Madagascar (Paris, 1848).

II.

De l'acclimatement des Européens aux Régions Équinoxiales. Thèse inaugurale pour le Doctorat en médecine (Paris, 1851).

III.

Do Tratamento da febre typhoïde. Thèse péla escola de medicina do Rio-de-Janeiro. Imperio do Brazil (1853).

INÉDITS.

V.

Traité de colonisation intertropicale.

VI.

Histoire naturelle de Madagascar.

VII.

Hortus Madagascariensis.

VIII.

Vade-mecum de l'immigrant européen à Madagascar.

SAINT-CLOUD. — IMPRIMERIE DE Mᵐᵉ Vᵉ BELIN.

CONNAISSANCE

DE

MADAGASCAR

PAR

LOUIS LACAILLE

D. M. P.

PARIS

E. DENTU, LIBRAIRE

PALAIS-ROYAL, GALERIE D'ORLÉANS, 13

1863

1862

CONNAISSANCE
DE MADAGASCAR

PREMIÈRE PARTIE

DESCRIPTION DE MADAGASCAR.

I

GÉOGRAPHIE PHYSIQUE DE MADAGASCAR.

L'Ile Madagascar, située à l'entrée de la mer des Indes, à 85 lieues de la côte orientale de l'Afrique, qu'elle longe presque parallèlement, et dont elle est séparée par le canal Mozambique, a 360 lieues dans sa plus grande longueur et 105 dans sa largeur moyenne. Comprise entre les 40° 50′ et 48° 10′ de longitude est, elle se termine au nord par le cap d'Ambre situé par les 11° 57′, et au sud par le cap Sainte-Marie, situé par 25° 45′ de latitude sud. Son extrémité septentrionale est légèrement inclinée vers l'est, et son axe dirigé du N.-N.-E. au S.-S.-O., fait avec la méridienne un angle d'une vingtaine de degrés. Elle a de 8 à 900 lieues de tour, et sa superficie est évaluée à 25,000 lieues carrées environ, ce qui en fait, après Bornéo et la Grande-Bretagne, la plus grande île du monde. Non loin de ses côtes sont placées, comme des satellites, les îles de France et Bourbon, Sainte-Marie, Mayotte, Nossibé, les Comores, ainsi que quelques petits îlots situés dans le nord.

Elle est parcourue dans diverses directions, mais toutes affectant plus ou moins le sens longitudinal, par plusieurs chaînes de monta-

gnes situées parallèlement les unes aux autres, et séparées au centre
de l'île par un vaste plateau surbaissé qui a reçu le nom de plaine
d'Ankaya : c'est la vallée du Mangourou. Quelques-unes des plus
importantes ramifications montagneuses ont reçu des indigènes
des noms particuliers sous lesquels on les désigne généralement :
ce sont principalement les Ambohitsmènes (montagnes rouges) et
l'Ibara au sud, et les monts Vigagora dans le nord.

Si l'on veut se faire une idée exacte de la disposition du sol
de Madagascar, que l'on se figure une vaste série de mamelons
juxtaposés et se succédant graduellement les uns aux autres depuis
la région du littoral, où sont placés les premiers contre-forts,
tantôt à huit ou dix lieues de la mer, tantôt à des distances plus
rapprochées, jusqu'à ces ramifications élevées de l'intérieur de l'île
qui s'aperçoivent à une vingtaine de lieues en mer, et d'où aussi,
par un beau temps, l'on domine quelquefois un des plus beaux
panoramas du monde : la mer au loin est séparée du voyageur par
50 lieues de pays accidenté. Chacun de ces mamelons est séparé
de celui qui le suit immédiatement par une petite vallée à pente
presque toujours raide et aboutissant à un autre mamelon qui
domine le précédent de quelques mètres, et ainsi de suite jusqu'à
la base des grandes chaînes que l'on peut escalader en quelques
moments. La raison en est très-simple : les nombreux mamelons
que le voyageur a successivement franchis pendant six à huit jours
de marche, placés en amphithéâtre, l'ont insensiblement porté à
une hauteur de 1,800 à 2,000 mètres au-dessus du niveau de la
mer. Pour les personnes habituées aux pays de montagnes, à ces
immenses dislocations de la nature qui constituent les vallées majestueuses qu'on rencontre à Bourbon et dans bien d'autres endroits
du globe (tel surtout que l'immense massif de l'Hymalaya), vues
de leur base, l'aspect des montagnes de Madagascar est désenchan-
teur et n'a rien d'imposant.

Bien que, contrairement à l'opinion admise d'après une théorie
erronée, l'île ne soit pas traversée du nord au sud par une chaîne
centrale constituant une espèce d'épine dorsale, ainsi qu'on l'a beaucoup trop répété depuis, on ne divise pas moins Madagascar en deux
versants principaux que l'on a appelés versant oriental et versant
occidental. Cette division géographique est toutefois bonne et exacte ;
elle se justifie d'ailleurs par la disposition de deux chaînes parallèles
et séparées l'une de l'autre rien que par la vallée du Mangourou qui
occupe à peu près la région centrale de l'île. Cette disposition du

terrain a entraîné la dispersion des eaux, lorsque se couvrant de
végétation, l'île a donné naissance aux nombreux cours d'eau qui
l'arrosent depuis. Ils ont suivi les pentes naturelles en partant des
différents points culminants où gisent leurs sources pour venir se
disperser autour des plages. Madagascar est un des pays les mieux
arrosés de la terre; on y rencontre des cours d'eau considérables
dont quelques-uns peuvent avoir à leur embouchure autant d'étendue
que les grandes rivières de la France. Malheureusement deux inconvénients majeurs les rendent impropres à la navigation fluviale;
c'est d'abord la barre qui obstrue l'entrée de la plupart d'entre eux,
et puis la disposition du sol de Madagascar en amphithéâtre, disposition dont les cascades ou chutes qui en sont la conséquence naturelle constituent un obstacle à jamais insurmontable pour la majeure
partie des cas. Madagascar ne comporte pas et ne peut avoir de communications par eau, du littoral avec l'intérieur, par le fait même de
sa constitution naturelle. Quoi qu'il en soit, voici dans leur ordre de
succession les principales rivières de Madagascar qui méritent d'être
mentionnées à cause de leur importance relative : c'est d'abord à la
côte orientale, la *Tingbale*, qui a son embouchure dans le fond de la
baie d'*Antongil;* puis viennent le *Manahar*, le *Manangourou*, la
Vouïbé, au nord de Foulpointe, l'*Yvondrou* qui se jette au sud de la
baie de ce nom, l'*Yagre* ou rivière d'*Andévourande*, le *Mangourou*,
le *Mananzari*, le *Namour*, le *Faraon*, le *Matatane*, le *Mananghare*,
le *Chandervinanque;* au midi : le *Mandrérey*, le *Ménérandre;* à
l'ouest : le *Longué-Lahé*, qui se jette dans la baie de Saint-Augustin,
·et la *Tolia*, dans la province de *Féérègne*, le *Mangouki* ou rivière
Saint-Vincent, qui la borne au nord; la *Sango*, le *Mandéloulo*, le
Ranouminti, l'*Andahanghi* (Paraceyla d'Owen), la *Sizoubounghi*,
la *Manemboule*, la *Douko* qui arrosent la province du Ménabé;
l'*Ounara*, la grande rivière de l'*Ambongo;* la *Mandzaraï*, la *Betsi-
bouka*, qui débouche dans la baie de *Bombétok* et reçoit l'*Ikoupa*, la
rivière de Tananarive; la *Soufia* dont les eaux se perdent dans la
baie des *Matzambas*, toutes rivières du Bouéni.

De ces différentes rivières quatre me sont familières : l'Yvondrou,
l'Yagre que j'ai remontée depuis Andévourande jusqu'à Vouibouaze,
le Mangourou aux eaux noires et au cours parfois impétueux, que j'ai
traversé dans la plaine d'Ankaya, et dont la largeur en cet endroit
égale celle de la Seine à Paris, enfin l'Ikoupa dont les belles eaux
arrosent l'Ankove et entretiennent la vie de cette province.

Les eaux abondantes généralement partout à Madagascar, ne le sont pas dans le sud de l'île, où les populations indigènes demandent souvent à des racines aqueuses assez communes dans cette région, de quoi étancher leur soif pendant les voyages qu'ils entreprennent dans les montagnes.

La configuration primitive de l'île a été aussi quelque peu modifiée par le travail séculaire de ces petits animaux marins qui produisent le corail, et par l'action incessante des vagues qui ont accumulé autour des plages, et particulièrement à la côte orientale, des dépôts considérables de débris madréporiques. La présence de ces récifs autour de l'île a rendu son abord difficile dans beaucoup d'endroits. Toutefois, si les côtes de Madagascar, dans la majeure partie de leur étendue, offrent peu d'abris à la navigation, on n'y rencontre pas moins des mouillages sûrs et des anfractuosités larges et spacieuses qui sont destinées à devenir des ports importants dans l'avenir. Sur la côte orientale se trouvent les points suivants : la baie de Diego-Suarez, au nord-est de l'île, port vaste et spacieux, se subdivisant en quatre autres et muni d'une entrée étroite qui rappelle le goulet de Brest. Un peu plus au sud se trouvent le port Louquez et la baie de Manghérévi, les baies des Vouhémar; puis viennent les vastes baies d'Antongil et de Tintingue où peuvent mouiller des vaisseaux de haut bord; la baie de Tamatave suivie de celle d'Yvondrou, dont elle n'est séparée que par une pointe de 5 à 600 mètres de largeur; la baie de Sainte-Luce; la baie du Fort-Dauphin; le mouillage de Machicora; la baie de Saint-Augustin et la baie de Tolia qui la suit immédiatement. Après avoir doublé le cap Saint-André, sur la côte occidentale, on rencontre enfin cette région que les naturels de Madagascar, frappés eux-mêmes de sa disposition singulière, ont appelée An-Douvouch (Pays des Baies). C'est effectivement du cap Saint-André au cap d'Ambre, que l'on rencontre les plus beaux mouillages de Madagascar : baies larges et sûres qui offriraient l'abri de leurs eaux magnifiques à des flottes entières. Ce sont les baies de Bàly, Cagembi, Bouéni, Bombétok, Matzamba, Mouramba, Narrinda, Mourounsang, Saumalaza (le port Radama d'Owen), et la baie de Passandava, en face de Nossi-bé. Non loin de l'entrée occidentale de cette baie, à quinze milles dans le S.-O. de Nossi-bé, est la baie de Bavatoubé, qui offre un excellent mouillage pour les navires de tout rang, et dont on pourrait faire une position nautique et militaire importante. A l'est de Nossi-bé se trouve la baie de Tchimpayki, où l'on a 20 et 30 mètres d'eau, et enfin près du cap d'Ambre, Ambavani-bé, nommé par l'Anglais Owen, Port-Liverpool.

Sous la double influence des vents et des flots, sur le sable des grèves de la côte orientale, les débris madréporiques accumulés depuis des siècles ont fini par former une longue dune qui s'étend de Tamatave à Sakallion, sur un développement de 290 kilomètres ou 65 lieues. Cette dune en s'opposant à l'écoulement des eaux descendues de l'intérieur, a donné naissance à une série de magnifiques lacs qui s'étendent sur toute cette partie de la côte que nous venons de désigner. Ces lacs forment aujourd'hui de magnifiques bassins semés d'îles charmantes et constituant un des plus beaux sites de Madagascar; ils sont connus, dans leur ordre de succession, du nord au sud, sous les noms de lacs Nossi-vé, Iranga, Ratsoua-Massaye, Ratsoua-bé, dont l'extrémité sud se termine non loin d'Andévourande; puis viennent ceux qui gisent dans la partie sud de ce point, après qu'on a traversé l'Yagre. Quelques-uns de ces lacs sont isolés et séparés par des isthmes appelés *pangalane;* les autres communiquent entre eux ou avec les rivières voisines. Les indigènes de Madagascar ont depuis longtemps mis à profit cette disposition des eaux pour faciliter les communications entre le sud et le nord, et quand on se rend de Tamatave à Tananarive, l'on peut faire la première partie de la route jusqu'à Andévourande au moyen de cette navigation, fort agréable quand la brise ne souffle pas, les pirogues malgaches ne pouvant naviguer sans inconvénient avec la houle, dans le cas contraire. Le plus grand de ces lacs, le Ratsoua-bé, peut avoir de 50 à 55 kilomètres de tour, sur une largeur moyenne de 5 à 6 kilomètres.

Outre ces lacs côtiers, il en existe d'autres dans l'intérieur; mais ils ne sont connus que très-imparfaitement. Le plus réputé de tous est le lac Nossi-Vola dans l'Antsianaka (lac de l'île d'Argent). C'est dans l'île qui lui a donné son nom que s'élevait jadis la ville de Rohidranou, l'ancienne capitale de l'Antsianaka. On en cite encore plusieurs, entre autres le lac Itasy, renommé pour l'excellence de ses poissons; le lac Saririaka, image de l'Océan, à l'est de la forêt de Bémarana, dans la partie occidentale de l'Ankove.

Comme pour tous les pays situés sous la même zone, l'année se divise, à Madagascar, en deux saisons : la saison sèche qui commence en avril et va jusqu'en novembre, et la saison pluvieuse qui règne de la fin de novembre jusqu'à la fin de mars. Cette dernière époque, pendant laquelle ont lieu les pluies d'orages, les bourrasques et les ouragans, est communément désignée sous le nom d'*hivernage.*

Les vents soufflent sur les côtes de Madagascar à des époques fixes, suivant les directions connues. Ils se divisent en mousson du nord-est et du sud-ouest. Sur la côte occidentale de Madagascar, la brise du nord-est règne constamment d'octobre en avril ; le reste de l'année, elle varie du sud à l'ouest depuis le milieu du jour jusqu'au soir ; pendant la nuit, elle passe du sud à l'est et se fixe au matin dans cette dernière aire de vent. Les côtes seules paraissent avoir le privilége de recevoir constamment l'action bienfaisante des brises qui renouvellent et purifient sans cesse l'air, et sous ce rapport elles sont peut-être plus agréables à habiter que certaines régions de l'intérieur de l'île. Sur les côtes, la chaleur est généralement tempérée par la venue régulière des brises quotidiennes.

Dans la période d'hivernage, les orages y sont fréquents ; il ne se passe guère de jours qu'on n'entende le bruit de la foudre dans plusieurs directions à la fois. C'est de terre que viennent la plupart des orages. Les nuages refoulés dans le jour par la brise du nord-est sur les montagnes de Madagascar, y forment, vers le soir, une large bande bleue bien connue des navigateurs ; puis violemment repoussés vers le large, dans la nuit et quelquefois avant le coucher du soleil, ils laissent échapper de leur sein la pluie, les éclairs et la foudre. Les orages de Madagascar sont renommés à juste titre pour leur intensité et leur fréquence ; ils se font sentir également dans l'intérieur de l'île, et l'Ankove y est très-exposé.

Les ouragans, si redoutables aux îles de France et de Bourbon, passent quelquefois à Madagascar ; mais ils n'y exercent jamais leurs ravages sur une grande étendue de pays.

Les raz de marée sont assez fréquents sur les côtes de Madagascar ; mais à la côte orientale la mer ne s'élève guère de plus d'un mètre dans les plus fortes marées, tandis qu'à la côte occidentale la mer monte de deux à trois mètres.

Certaines parties du sol de Madagascar paraissent avoir été ravagées par des feux souterrains ; mais aujourd'hui l'action volcanique paraît avoir entièrement cessé.

Quant aux marais dont on a beaucoup parlé, nul doute qu'il n'en existe, bien que je n'en aie pas constaté de considérables. La disposition du sol de Madagascar paraît exclure d'elle-même la possibilité de ces grands amas d'eaux stagnantes, à moins que l'on ne considère comme marais la portion de terre avoisinant les rivières et inévitablement exposée aux inondations lors des grandes crues de la saison d'hivernage.

Le climat de Madagascar, bien que varié selon le degré de latitude et surtout selon le degré d'élévation dans la région centrale de l'île, peut être classé dans la catégorie des climats chauds et humides. C'est dans les mois de janvier et février que la chaleur atteint son maximum. Du mois de juin au mois de septembre, le froid est assez vif dans l'intérieur ; le givre couvre souvent toute la surface du terrain, et vers cette époque, le besoin de vêtements de drap se fait assez vivement sentir dans ces régions élevées. La côte jouit également, pendant les mois de mai, juin, juillet et août, d'un degré de température fort agréable, et qui nécessite même parfois l'emploi de vêtements chauds.

Quant à l'insalubrité de Madagascar, personne n'ignore combien ce pays a été placé au rang des contrées les plus malsaines de la terre, et cependant jamais la fièvre jaune, ce terrible minotaure que l'Européen rencontre dans le Nouveau-Monde, ne s'y est montrée. Loin de moi la pensée de vouloir amoindrir le seul mais dangereux ennemi de l'Européen à Madagascar ; toutefois il me répugnerait aussi de lui donner des proportions effrayantes et indignes d'une saine appréciation. La fièvre de Madagascar est une maladie sérieuse avec laquelle il faut compter. Il est bien rare que l'étranger qui séjourne une année sur ce sol encore neuf, ne paye pas son tribut à l'acclimatement. La fièvre qui sévit à Madagascar sur les étrangers n'est rien autre chose que le résultat d'une intoxication paludéenne revêtant des formes ataxiques et une marche souvent rapide quand des soins intelligents ne sont point apportés à celui qui en est atteint. C'est cette marche rapide qui lui a fait donner aussi le nom de fièvre pernicieuse. La fièvre de Madagascar débute généralement par une perturbation complète de l'économie : courbature dans les membres, douleurs de tête très-prononcées avec prostration complète et lassitude générale. A ces premiers symptômes de l'invasion du mal succèdent bientôt des vomissements nerveux qui se prolongent pendant plusieurs jours ; une insomnie fatigante les accompagne et le délire ne tarde pas se montrer. Si dans cet état le malade n'est secouru, l'affection ne tarde pas à revêtir ces caractères graves qui se présentent sous la forme de crises violentes pendant lesquelles on remarque la perte complète de l'intelligence, des soubresauts tétaniques fréquents et une agitation extrême avec tous les symptômes d'une fièvre intense, c'est-à-dire peau sèche, pouls élevé et chaleur considérable dans tout le corps, symptômes bientôt suivis d'un refroidissement général accompagné de sueurs froides qui constituent ce qu'on appelle période algide. C'est ordinairement la fin des crises

périodiques, à moins que les forces du malade ne lui permettent pas
d'aller plus loin. Si au début comme dans le cours de cette grave affection, des secours intelligents interviennent, il est rare que le malade succombe ; il est même rare que l'affection se prolonge. Ces secours se bornent à une médication assez simple et qui réussit presque généralement. Dès le début de la maladie, il faut dompter les
vomissements par l'administration réitérée de vomitifs. Aussitôt que
les vomissements semblent cesser, on administre le sulfate de quinine à la dose de cinquante centigrammes au moins et même un
gramme selon la constitution des individus. Au bout de quatre ou
cinq jours, et après l'administration de cinq à six grammes de sulfate
de quinine, le mieux s'opère et la convalescence ne tarde pas à paraître. La prostration disparaît, les forces reviennent un peu, et l'ap-
pétit, qui avait totalement disparu aussitôt l'invasion du mal, commence à se faire sentir. Le convalescent peut alors se nourrir convenablement ; mais il lui reste une perturbation du goût qui lui fait
trouver à tout ce qu'il prend la saveur sucrée. Il faut que sa boisson
soit bien acidule pour qu'il la prenne avec plaisir ; et dans ces moments, l'usage des eaux gazeuzes est d'un salutaire effet. Pendant
les premiers temps de la convalescence, il reste au malade une très-
grande faiblesse des reins et des membres abdominaux ; la moindre
marche le fatigue, et c'est alors que les précautions deviennent nécessaires ; il faut surtout éviter les fatigues et l'insolation. Quelques
légers purgatifs et l'emploi du vin de quinquina achèvent de le remettre complétement. Si, après quinze à vingt jours, les crises le re-
prennent, ce qui n'est pas rare, la même médication sera répétée, et
souvent il arrive que la nouvelle crise ainsi combattue se trouve arrêtée en quatre ou cinq jours. Dans les cas de complication grave
du côté du cerveau, l'application de larges vésicatoires aux jambes a
toujours produit un excellent effet, et je recommande ces différents
moyens à tous ceux que leur destinée portera à Madagascar.

Avant de pénétrer dans l'intérieur de cette île, je partageais l'opinion communément admise par ceux qui se sont occupés de ce pays,
que les côtes seules étaient sujettes à l'action des fièvres. Cette assertion n'est point exacte. Dans l'intérieur de Madagascar l'étranger
est aussi exposé à contracter des fièvres qu'à la côte, et cela tient à
une disposition qui m'a paru provenir de l'extrême déboisement
dont Madagascar a été le théâtre et à la présence des nombreuses rizières qui occupent le fond de toutes les vallées des provinces internes. Il reste à peine à Madagascar la moitié des forêts qui recou-

vraient cette grande terre. Sur un parcours de 150 lieues de pays
que j'ai traversé en octobre et en novembre 1861, j'ai constaté la
disparition presque totale de toutes les forêts du Bétaniména, l'une
des plus grandes provinces de l'île ; d'Andévourande à Tananarive on
ne rencontre plus que les deux forêts du Béfourne et de l'Almazant
qu'on traverse en deux journées ; puis viennent les bois de l'Amboudinifoudi et de l'Amboudin-Angava, forêts déjà clairsemées. Une
fois dans l'Ankove la présence d'un arbre devient une rareté, et l'œil
du voyageur cherche en vain pendant des heures entières avant d'en
apercevoir un seul. Ce n'est pas la faute du sol, la terre végétale ne
manque pas sur toute la surface de Madagascar, aussi bien dans
l'Ankove et dans la magnifique vallée du Mangourou entièrement dé-
nudée que partout ailleurs. Dans tout Madagascar, des forêts vieilles
comme l'île devaient jadis recouvrir son sol d'un splendide manteau ; mais l'état perpétuel de barbarie dans lequel ont vécu jusqu'à
ce jour les peuplades primitivement descendues sur cette île, a été la
première cause de la disparition de cette richesse naturelle. Le
feu mis par la main des indigènes a été le grand agent de destruction des bois de Madagascar. Chez quelques tribus, comme les Hovas
entre autres, le motif qui a présidé à la disparition totale des forêts de
leurs provinces, a été le besoin de découvrir le pays afin de mettre
les populations à l'abri des surprises subites de l'ennemi ; chez la
plupart des autres, comme chez les Bétanimènes, par exemple, c'est
pour la culture du riz (dont on fait deux ou trois plantations à peine
sur le même terrain) que les indigènes détruisent une forêt séculaire.
Cette habitude aussi inintelligente qu'imprévoyante s'est perpétuée jusqu'à ce jour ; et dans mon récent voyage dans l'intérieur
de Madagascar, j'ai rencontré plus de dix de ces *tavés* ou défrichements qu'on était en train de faire à l'aide de l'incendie.

Ces déboisements insensés ont entraîné plusieurs inconvénients
graves : un excès de température dont on se ferait difficilement
l'idée pour des régions aussi élevées que le sont les provinces internes de Madagascar, dont l'altitude varie entre 1,800, 2,000 et
2,500 mètres, et le germe des fièvres entretenu par la conversion
de la plupart des vallées de l'Ankove en rizières, foyers d'effluves
et de miasmes délétères moins redoutables peut-être que ceux de
la côte, mais dont l'existence ne saurait être contestée, contrairement à ce qui a été avancé jusqu'à présent. La température
atteint, pendant le jour, dans l'Ankove le chiffre énorme de 45° à 48°
centigrades de novembre à avril. Ajoutez à cet inconvénient du

déboisement, l'encaissement du pays par les montagnes qui le bornent de toutes parts, et arrêtent parfois la circulation des grandes brises, dont l'action pourrait peut-être se faire sentir jusqu'à ces régions élevées.

Malgré son insalubrité proverbiale qui lui a valu le funèbre surnom de *Cimetière des Européens*, malgré tout ce qu'on a pu dire de cette contrée restée trop inconnue et trop oubliée de l'Europe, Madagascar est encore un pays très-habitable. Si son climat est quelquefois meurtrier pendant la saison d'hivernage, cela tient à des causes locales inhérentes à toute contrée neuve, et destinées à disparaître de plus en plus devant la civilisation. Aujourd'hui l'étranger peut l'habiter presque impunément pendant six mois de l'année, de la fin de mai à la fin d'octobre. Vu la situation de l'intérieur, qui m'est mieux connue aujourd'hui, je ne serais pas éloigné de lui préférer le climat de la côte, si décrié cependant, mais assuré à perpétuité des brises salutaires qui y règnent presque constamment. Quand un nouvel ordre de choses aura totalement changé la face du pays, et qu'un reboisement intelligent aura recouvert la cime de tous les mamelons des provinces internes, nul doute que le climat de l'intérieur ne reprenne sa supériorité sur celui des côtes ; mais à cette époque heureuse, celles-ci auront sans doute aussi subi une transformation salutaire qui les mettra à jamais à l'abri du redoutable fléau. Actuellement, toutes les côtes de Madagascar ne sont point également exposées aux ravages de la fièvre : on peut citer entre autres la région du fort Dauphin, toute la partie nord depuis Vouhémar jusqu'au cap d'Ambre, où des Européens ont séjourné plusieurs années sans subir la moindre altération dans leur santé.

II

PRODUCTIONS DE MADAGASCAR. HISTOIRE NATURELLE DE CETTE ILE.

De tous les pays situés aux mêmes latitudes, il en est peu d'aussi privilégiés que l'a été Madagascar; la nature semble y avoir tout préparé pour un grand empire. Par sa situation géographique, d'abord, qui en fait une des positions les plus importantes du globe, et par ses productions variées à l'infini, Madagascar semble appelé à prendre un rang considérable dans le monde, du jour où une race européenne ira raviver toutes ces forces latentes. Cette île est abondamment pourvue des principales ressources nécessaires à l'alimentation de l'homme : le bœuf y est commun; cette espèce s'y trouve représentée par la variété appelée zébu ou bœuf indien (*bos indicus*), remarquable par son énorme loupe dorsale et son repli membraneux de la peau au-dessous du col. Les moutons, variété à poil ras et à grosse queue comme celle de Barbarie, les chèvres et les porcs y sont également communs et à très-bas prix. La volaille, les dindes, les oies y sont, ainsi que les animaux que nous venons d'indiquer, l'objet de l'industrie des indigènes. Le riz, que les naturels cultivent en assez grande quantité, pour leur approvisionnement d'abord, et puis pour l'exportation, le maïs, qui n'est pas l'objet d'une grande culture, mais qui y vient supérieurement partout, ainsi que la canne à sucre, que l'on cultive dans l'intérieur comme sur le littoral, mais dans de minimes proportions, forment avec le manioc les différentes racines connues des Européens sous les noms de patates, d'ignames (*Convolvulus, Dioscorées et Aroïdées édules*), les principales ressources que la terre de Madagascar peut offrir à profusion à ses habitants.

Renfermer dans un cadre aussi restreint que le comporte un chapitre de cet ouvrage nullement scientifique, un sujet de nature à satisfaire l'ambition de plusieurs naturalistes, c'est annoncer tacitement que l'auteur ne veut et ne pourra faire qu'une simple énumération des principales curiosités naturelles de cette grande île. Rien n'est plus nécessaire pour mettre cet ouvrage en harmonie avec le but qu'on s'est proposé dans les circonstances présentes, c'est-à-dire faire l'exposé d'une manière simple et précise des connaissances les plus indispensables pour faire apprécier Madagascar à sa juste valeur sous le double rapport de l'histoire naturelle et de l'histoire politique de cette grande île. C'est ainsi que l'auteur pourra justifier le titre de ce livre.

Jusqu'à ce jour, aucun relevé géologique de Madagascar n'avait pu être donné d'une manière exacte, parce que les rares naturalistes qui y étaient descendus n'avaient fait qu'en parcourir les côtes, et nul n'avait pu pénétrer dans l'intérieur du pays. On peut avancer aujourd'hui avec une exactitude rigoureuse que la formation de Madagascar est due à un vaste soulèvement dans lequel la couche primitive, qui forme le sous-sol basaltique, apparut revêtue d'un dépôt neptunien qui en recouvrait toute la surface. Ce vaste dépôt de vase marine qui recouvre tous les mamelons aussi bien que le sommet des plus grandes chaînes, forme encore aujourd'hui la presque totalité des terres de Madagascar. Dans certaines régions cependant, telles que le *Bouéni*, dans le nord-ouest, et le *Féérègne*, à la baie de Saint-Augustin, l'excès de végétation a entraîné un autre dépôt superposé au premier, et composé en grande partie d'humus. De là les terres noires que l'on rencontre à la surface du sol de ces provinces, terres d'une fécondité des plus remarquables. Au centre de l'île, au contraire, il y a eu prédominance du principe primitif : les forêts qui se sont succédé sur le sol de cette région, ont toutes été absorbées et converties en terres rougeâtres à mesure que leur décomposition s'opérait par le travail du temps.

Dans beaucoup d'endroits, et particulièrement dans la vallée du Mangourou, on rencontre des dépôts crétacés considérables. Ce caractère, ainsi que bien d'autres que je ne puis mentionner ici, m'ont porté à penser que la vallée du Mangourou pourrait bien être le lit d'un ancien et immense lac desséché après bien des siècles, à la suite d'un ébranlement qu'a pu éprouver l'île.

On rencontre également dans l'intérieur, à partir d'une vingtaine de lieues des côtes, des filons de quartz qui se prolongent d'une province à l'autre. Depuis le village de Bout-Zanaar jusqu'à l'Amboudin-Angavo, les rivières de l'intérieur, excepté le Mangourou aux eaux toujours noires, et dont le cours impétueux, dans la saison des pluies, a fini par creuser son lit sur la couche basaltique qui forme le sous-sol de l'île, les rivières de l'intérieur roulent leurs eaux limpides sur un lit de galets quartzeux tous arrondis par leur frottement réciproque sous l'influence du courant. La plupart de ces filons de quartz sont disposés dans une direction qui affecte une ligne qui passerait par le nord-ouest de l'île en allant aboutir au sud-est. Il n'existe point, comme on l'a avancé d'après le récit exagéré de quelques voyageurs, des montagnes entières de cette substance. Ce qui a pu les porter à avancer ce dire, c'est parfois la présence sur le sommet des mamelons les plus élevés de très-gros blocs de quartz. Le plus considérable de ces blocs, parmi ceux qui se sont trouvés à ma portée, pouvait avoir trois mètres de hauteur sur autant de largeur dans sa partie hors de terre. Ce quartz, toujours grenu et d'une blancheur de neige, n'est point limpide; je n'ai pu rencontrer un seul fragment qui me présentât du cristal de roche pur.

Les mêmes rivières dont je viens de parler roulent également avec le sable blanc de leurs lits beaucoup de mica.

Madagascar possède plusieurs sources d'eaux minérales très-abondantes. L'une des plus remarquables se trouve à Bout-Zanaar, dans le lit de la jolie rivière le Ran-Mafanc (eau-chaude), qui passe au pied de ce village. Flacourt cite aussi la présence d'une autre source dans la vallée d'Amboule. Les eaux de Bout-Zanaar sont thermales, ainsi que l'indique le nom indigène de la rivière qui les reçoit. Elles atteignent le chiffre élevé de 85° centigrades, et exhalent de la vapeur comme l'eau sur le point d'entrer en ébullition. J'ai compté dans le lit de la rivière cinq sources donnant des jets de quinze centimètres de diamètre. Sur la rive gauche de cette rivière, on rencontre également un petit bassin qui communique avec des sources moins abondantes, mais à la même température. Les eaux de Bout-Zanaar sont sulfureuses et ferrugineuses; elles sont très-agréables à boire, pourvu qu'on les laisse refroidir suffisamment. Elles sont très-digestes; et lors de mon retour de l'Ankove, étant atteint depuis plusieurs jours de fièvres du pays, elles m'ont été d'un grand secours pour calmer des vomissements naissants, début presque général de l'invasion des fièvres sur les Européens. Sans être prophète, bien qu'on puisse quelquefois le devenir pour les choses de ce monde, je prédis à Bout-Zanaar la formation d'un grand établissement thermal dans l'avenir. La situation charmante de cet endroit a frappé les indigènes, qui l'ont manifesté

par le nom qu'ils ont donné au village : Bout-Zanaar signifie littéralement *Enfant du Bon Dieu*. C'est un des beaux sites de Madagascar, à deux journées d'Andévourande, et à vingt-cinq lieues de
la côte, par conséquent. Cette condition suffirait à elle seule pour
justifier ce qu'il est permis d'espérer un jour pour cet endroit privi-
légié à tant de titres.

Madagascar renferme de nombreuses mines de fer et de cuivre ;
les plus connues sont dans l'Ankove, et, depuis des siècles, les
indigènes exploitent le minerai de fer rien que pour leurs besoins,
qui se réduisent à peu de choses, la fabrication de couteaux et de
fers de lances ainsi que de petits instruments domestiques. Les
minerais de l'Ankove sont renommés pour leur richesse.

On a rencontré dans certaines régions du littoral, telles que le
Bouéni, et à Bavatoubé entre autres, des gisements de charbon de
terre. Ce fait paraît hors de doute, bien que je ne l'aie pas constaté,
n'étant point allé dans le nord-ouest.

J'arrive maintenant à une branche d'histoire naturelle qui m'est
plus familière que les autres, la mammalogie. Eh bien ! j'avoue que
cette fraction de la Faune de Madagascar est très-pauvre relativement à ce que l'on rencontre ailleurs. Comme naturaliste, je puis
peut-être le regretter, mais comme colonisateur j'en suis enchanté.
Les émigrants d'Europe qui viendront plus tard installer leurs
foyers à Madagascar n'y rencontreront pas plus d'ennemis que
n'en ont rencontré jadis les représentants de notre espèce qui péné-
trèrent les premiers dans cette île. Ici point de tigres, point de lions,
point d'ours, point d'éléphants, point de serpents à la dent redoutable ; aucun de ces grands et dangereux mammifères qui ont désolé et désolent encore bien d'autres contrées. On ne rencontre à
Madagascar rien que de petits animaux inoffensifs pour la plupart.
L'espèce féline y est représentée par un gros chat sauvage de la
hauteur de nos bassets d'Europe, encore cet animal y est-il assez
rare ; il n'attaque jamais l'homme, et c'est à peine s'il ose s'en
prendre aux jeunes veaux. Quelques forêts, celles de l'ouest particulièrement, nourrissent des bœufs à l'état sauvage, ainsi que des san-
gliers répandus sur tous les points de l'île encore abrités par les bois.

Madagascar possède une famille de quadrumanes, les *Makes*, qui
lui est propre, dont on ne retrouve de représentants nulle part ailleurs, et que Linnée a appelée *Lémur*. Bien connue aux îles de France
et Bourbon ainsi que dans les collections des musées d'Europe par
la grande make tachetée de noir et de blanc, que les marins y appor-

tent, cette famille l'était cependant fort peu dans ses nombreuses variétés. Mon récent voyage m'a permis d'étudier ces animaux dans leur région naturelle, en les surprenant souvent le matin par groupes considérables en traversant l'Almazant. J'ai constaté huit variétés de ces lémuriens, bien distinctes les unes des autres par leur taille, leurs pelage et leur mœurs ; elles vivent pour la plupart dans la même région, mais sans jamais se mélanger. Ce même voyage m'a permis de rectifier une erreur accréditée depuis longtemps sur cet animal appelé Baba-Kout par les Malgaches, et qu'on nous avait dépeint jusqu'à présent comme un gros singe à figure presque humaine. Il n'y a point de singes à Madagascar ; j'ai acquis la certitude de ce fait. Le baba-kout n'est rien autre chose qu'une énorme make sans queue, atteignant la hauteur de 1 mètre et même de 1 mètre 50 centimètres. Il représenterait, dans l'ordre des Lémuriens, le Chimpanzé dans l'ordre des singes proprement dits. Le baba-kout a le même pelage que la make tachetée de noir et de blanc ; sa physionomie, toujours triste comme son cri, annonce l'étonnement. Il ne vit que quelques jours en captivité et se laisse mourir d'inanition. On ne peut comparer son cri qu'au hurlement des chiens qui subissent l'attache pour la première fois.

Après le baba-kout, et toujours parmi les lémuriens, vient un animal que je n'ai encore vu décrit dans aucun ouvrage d'histoire naturelle et que Flacourt mentionne sans indiquer son nom malgache, c'est le *Chimpo*, remarquable surtout par son museau beaucoup moins allongé. Il servirait très-bien, pour les naturalistes qui cherchent les transitions dans l'ordre zoologique, de passage entre les makis et les singes. Le chimpo présente une autre particularité anatomique : les dents incisives de l'arcade supérieure manquent comme chez les ruminants. J'en ai constaté deux variétés bien distinctes : l'une grande, au pelage jaune et roux, et l'autre plus petite, de couleur entièrement grisâtre.

Enfin vient une toute petite variété de cette famille, qui est de la grosseur de notre écureuil européen. Ce petit lémure vit dans les feuilles du Ravenala, où il rencontre sa nourriture parmi les insectes et les fruits qui sont à sa portée.

Le plus gracieux de ces animaux est, sans contredit, la petite make au pelage grisâtre et roux, bien connue des voyageurs par sa prompte familiarité : elle passe de l'état sauvage à la domesticité en trois ou quatre jours et finit par devenir un hôte intéressant au milieu de ces solitudes.

Si l'on ajoute à cette série la civette, l'aye-aye (cheiromys madagascariensis), le Vountsira, petit carnassier dont il existe trois variétés : le vountsire rouge qui s'apprivoise aisément et devient un commensal redoutable pour les rats ; le vountsire piqueté de noir et de blanc, et la troisième variété au poil fauve, ainsi que le Tenrec, petit hérisson très-commun et dont les Malgaches sont très-friands, avec la grosse chauve-souris jaune et noire, l'on aura à peu près tous les hôtes des bois de Madagascar.

Il existe dans cette île plusieurs variétés de tortues dont une ou deux terrestres, d'assez forte dimension, à écailles jaunes et noires, et les autres aquatiques, mais de l'espèce des paludines. Les tortues de terre se trouvent concentrées dans les provinces du sud-ouest, et on n'en rencontre guère ailleurs ; elles constituent une des richesses actuelles de Madagascar : malheureusement elles sont menacées d'une destruction complète et prochaine par la chasse inconsidérée qu'on en fait, et en détruisant surtout les bois qui leur servent de refuge et dont les fruits et les feuilles les nourrissent. Quant aux tortues de marais, elles sont à l'abri de toute destruction par leur agilité et leurs mœurs : il en restera longtemps encore dans les rivières de Madagascar. Il en existe jusque dans l'Ankove et celles qu'on y prend sont d'une grosseur remarquable pour des tortues de marais : j'en ai vu qui pouvaient peser de sept à huit kilogrammes et de cinquante centimètres de diamètre.

Si les forêts de Madagascar ne sont point redoutables par la présence de ces grands mammifères qui désolent Java et toutes les contrées de la même zone, les eaux de cette île partagent avec tous les pays situés vers les latitudes méridionales l'inconvénient de servir de refuge à beaucoup de caïmans. Les rivières de la côte en contiennent toutes, mais celles de l'intérieur n'en ont point ; il est rare de voir ces amphibies au delà des grandes chutes. Il en existe peut-être une variété toute petite qui peut vivre dans les basses eaux ; mais je n'ai pu vérifier ce fait que je relate d'après le dire des naturels.

On trouve également dans les forêts d'assez gros serpents de l'espèce des petits boas. Ces reptiles ne sont nullement dangereux, et, à Madagascar, ils rendent les mêmes services que les limpo-mattos d'Amérique en détruisant les rats, qui ne sont pas un des moindres inconvénients de ce pays, où ils causent souvent de grands dégâts.

L'ornithologie de Madagascar est très-riche en individus et assez variée en espèces. Les forêts sont remplies de perroquets noirs de

plusieurs grandeurs ; de magnifiques pigeons ou ramiers aux couleurs brillantes y vivent en compagnies nombreuses : les plus connus
sont les pigeons bleus, les pigeons jaunes et les pigeons irisés ou sep-
ticolores. Ce sont d'excellents gibiers, remarquables par leur saveur
aromatique qui provient des baies dont ces oiseaux se nourrissent
exclusivement. Cette famille, indigène à Madagascar, présente une
variété anatomique qui est trop remarquable pour que je ne la mentionne pas. Contrairement à ce qui a généralement lieu chez les oiseaux, le tarse des ramiers de Madagascar est charnu à la partie pos-
térieure. La pintade à caroncule verte y est très-commune ainsi que
plusieurs belles variétés de caille de la grosseur de la perdrix
grise d'Europe. Le gibier d'eau y est très-commun, et Madagascar,
sous ce rapport, peut rivaliser avec les endroits les plus riches de
l'Amérique du Sud, tels que le Brésil entre autres. Les sarcelles y sont
aussi communes dans les régions les plus élevées de l'île que dans
les terres arrosées du littoral. La grande quantité de rizières culti-
vées dans les provinces internes, explique aisément la présence de
ces oiseaux dans l'Ankave, où j'ai vu des bandes de plusieurs milliers
planer sur les champs de la grande vallée du sud. Plusieurs des oiseaux de Madagascar mériteraient une mention particulière à cause
de leurs mœurs et de leurs habitudes, mais le cadre de ce travail ne
le comporte pas. Je ne ferai que citer en passant les plus curieux :
la veuve ou le sanglot remarquable par son cri déchirant à toute
heure de nuit et de jour ; on le rencontre dans les taillis du littoral
aussi bien que dans les plus grandes solitudes de l'Omboudin-Angavo.
Le corbeau de Madagascar, au col blanc en forme de baudrier, est
aussi remarquable par sa dispersion sur tous les points de cette
grande île ; il plane sur les grèves comme sur les cités de l'intérieur.
Cet oiseau intéressant est un utile auxiliaire qui devrait être
introduit dans toutes les colonies. Je n'oublierai pas dans ce petit cadre exceptionnel le vouroun-kouik, charmant petit canard au
plumage brillant, qui constitue le plus délicieux comme le plus
commun de tous les gibiers de ce pays ; l'ilis huppé, la poule sultane,
le bouvier, petit héron blanc qui suit les troupeaux et dévore les
parasites, se font trop remarquer pour que je ne les cite pas ;
enfin, l'hôte habituel des grèves, le corbigeau, au cri plaintif et
triste comme le milieu dans lequel il vit. L'ordre des passereaux est
assez varié. Les colibris de Madagascar ne sont point aussi splendides que ceux d'Amérique : ils sont peu nombreux en variétés et en
individus, et sont même si limités dans leur parure qu'ils ne présen-

tent rien de remarquable et constituent des variétés très-communes
de ce genre. Les oiseaux de proie y sont représentés par trois ou
quatre espèces dont une nocturne. Les plus communs sont la papan-
gue et une variété d'épervier que les Hovas ont pris pour emblème
de leur tribu : c'est le vouroun-mahère (littéralement oiseau fort). On
ne peut guère parler de l'histoire naturelle de Madagascar sans dire
un mot de cet oiseau qui a laissé ces œufs trouvés il y a quelques
années dans certaines localités des provenances du Sud, et qui a
reçu dans la science le nom d'Epiornis maximus. Voici ce qu'en dit
Flacourt, à la page 165 de son ouvrage (*Oiseaux qui habitent les bois*).
Vouroun patra, c'est un grand oiseau qui hante les Ampatres et fait
des œufs comme l'autruche ; c'est une espèce d'autruche, ceux desdits lieux ne peuvent les prendre ; il cherche les lieux les plus
déserts. Il est donc à présumer que l'épiornis vivait encore du temps
de Flacourt, et que les renseignements qu'il nous a laissés lui ont
été fournis par des individus qui avaient aperçu cet oiseau si curieux
et dont l'existence constitue un des problèmes de l'ornithologie :
était-il réellement terrestre, ou, selon l'opinion de quelques savants,
était-ce un oiseau dans le genre des pingoins ?

Les rivières et les lacs sont très-poissonneux, et les indigènes y
rencontrent une de leurs principales ressources alimentaires. Les poissons les plus remarquables de Madagascar sont le mulet, qui atteint le
poids énorme de trente livres ; un excellent poisson plat, la carangue
d'eau douce, qui atteint de très-fortes proportions ; le massiac ; une espèce de *gourami* jaune et des anguilles d'une dimension énorme, dont
on connaît deux variétés. Les chevrettes d'eau douce et les camarons
ne sont pas une des moindres ressources du pays pour les plus hum-
bles comme pour les opulents, aussi méritent-ils à ce titre de ne pas être
oubliés. C'est la richesse des petits cours d'eau et la réserve de tous
ceux qui ont besoin de se procurer leur subsistance quotidienne.

Madagascar est propice à l'élève du ver à soie, qui y vit à l'état
sauvage. On en connaît plusieurs variétés, mais toutes plus ou
moins équivoques dans l'application de leurs produits à l'industrie.
Les abeilles y sont assez communes et peuvent y être élevées sur une
grande échelle ; mais les indigènes les laissent à l'état sauvage, et la
destruction des forêts en a beaucoup diminué la quantité. L'entomo-
logie de Madagascar renferme peu d'individus. Les insectes venimeux y sont les mêmes que dans la plupart des contrées équinoxiales, c'est-à-dire, le cent-pieds, le scorpion. On cite aussi dans
les bois, la présence d'une araignée venimeuse dont la morsure

serait, dit-on, dangereuse. Le voisinage de l'Afrique y occasionne
quelquefois la chute de quelques nuées de sauterelles. Il existe aussi à
Madagascar, et particulièrement dans les provinces du sud-est, quelques variétés de grosses fourmis comme en Afrique; mais cette île
est à l'abri de ce petit insecte, qui cause souvent tant de ravages
dans l'Amérique équinoxiale, la puce pénétrante, connue à Cayenne
sous le nom de *chique* et appelée par les Brésiliens *biche*.

Si la faune de Madagascar n'est point riche, ainsi que je l'ai
avancé plus haut, et comme je pense l'avoir prouvé par le petit nombre d'individus qu'on peut y inventorier, les richesses végétales qui
s'épanouissent sur ce sol fécond en feront à jamais un pays exceptionnel et l'objet constant de l'admiration des botanistes, comme
elles ont, au siècle dernier, émerveillé un de mes devanciers, notre
illustre compatriote Commerson. A part cette luxuriante végétation
de parasites qui font des forêts de l'Amérique un centre beaucoup
plus actif et beaucoup plus curieux pour les naturalistes, que ne le
sont les forêts de la grande île africaine, Madagascar l'emporte de
beaucoup au point de vue de l'utilité. Tandis que la majeure partie
des forêts du Nouveau-Monde est envahie par des arbres à végétation
prompte et rapide, mais celluleuse et de nulle consistance, tels que le
figuier géant et autres colosses du règne végétal américain, les forêts
de Madagascar, bien que beaucoup moins majestueuses, présentent
ce caractère particulier qui leur constitue un immense mérite et une
grande supériorité, c'est que la plupart des arbres qui y végètent
sont d'essence supérieure et aptes pour la plupart à toutes les grandes constructions et en partie à l'ébénisterie. Nous ne pouvons ici
que donner une simple énumération des essences principales que
fournit le sol de cette île. Nous citerons en première ligne le *Natier*
(nanton des Malgaches), arbre de première grosseur; il en existe deux
variétés, le grand nate et le petit, ainsi désignés à cause de leurs
feuilles et de leurs fruits, mais tous les deux de la famille connue
en botanique sous le nom de Sapotées; le *Insi*, bois qui passe
pour être incorruptible, également de première grandeur; l'*Asigne*,
le *Takamaka* à plusieurs variétés, dont une végète dans les montagnes, c'est la meilleure, les autres dans les terres basses et sur les
sables du littoral (cette dernière variété n'est pas de bonne qualité);
le *Fouraha*, le *Tsaré*, bois blanc qui ne le cède ni en qualité ni en
grosseur aux précédents; des bois d'une dureté excessive tels que le
Soukin, le *Toumougna* et l'*Endramena*, enfin l'*Ébénier* (le Diospyros
ebenaster des botanistes) qui croît dans les forêts du littoral depuis

Tamatave jusque dans le nord. Des plantes arborescentes d'un port admirable, telles que le *Rafia*, le *Ravenala* (urania speciosa); le *Vacoua* (pandanus utilis) fournissent aux indigènes de Madagascar les éléments de leurs constructions et de leurs vêtements. Le Ravenala, parmi ces dernières, mérite une mention à part, à cause des nombreux usages auxquels les Malgaches l'ont appliqué. C'est la feuille de cette plante qui, pliée de différentes façons, donne au Malgache sa nappe, son plat, son verre, sa cuiller, tout en servant à l'abriter contre les intempéries; toutes les cases des Malgaches du littoral sont généralement faites en Ravenala: le tronc de la plante leur sert à faire la charpente, le plancher de leurs demeures, et les feuilles sont employées pour en recouvrir le toit et les parois. Ces constructions en Ravenala durent plusieurs années, et de nos jours encore, l'Européen s'en sert presque exclusivement à l'instar des indigènes. Ce végétal précieux est la seule plante qui ait résisté à la dévastation des forêts de Madagascar; elle occupe toutes les vallées des provinces dénudées du littoral, et, d'Andévourande à Béfourne, le voyageur finit par être fatigué de la monotonie que présente cette seule et unique végétation. Le Ravenala y croît en si grande abondance que les mamelons paraissent comme des îles arides au milieu de toutes les vertes sinuosités des vallées. Madagascar possède une épice indigène qui, bien que répandue aux îles de France et Bourbon, n'est point connue en Europe, elle serait cependant digne d'y prendre rang par ses qualités précieuses comme condiment, c'est le Raven-Sara, littéralement feuille excellente, désignation indigène qui lui est restée sous le nom d'*Agatophillum aromaticum* dans les classifications botaniques. Les autres essences, étrangères au sol de Madagascar, mais qui depuis quelques années y ont été plus ou moins naturalisées, ne laissent rien à désirer. C'est ainsi que le caféier, le muscadier, le giroflier, le cacaoyer, le cocotier se trouvent déjà à ce rendez-vous destiné à bien d'autres conquêtes encore. La plupart des arbres fruitiers des régions intertropicales sont indigènes à Madagascar, ou y ont été déjà introduits en partie. Le bananier et ses nombreuses variétés, l'oranger, le mandarinier, le vangassayer, le pamplemousse, le citronnier, le limonier, enfin la plupart des représentants de toute cette famille naturelle connue sous le nom d'Hespéridées, ainsi que le manguier, l'avocatier, l'atier, l'évi, le jacquier, l'arbre à pain, le rima, le litchi, le sapotier, le figuier d'Europe, la vigne, végètent sur tout le sol de cette île où j'ai rencontré aussi une espèce de garcinia ou mangoustan sauvage. Le mûrier y

croît partout et même sur les points les plus arides en apparence ; le
sol du littoral paraît lui convenir beaucoup. Le pois du Cap (phaseolus
capensis), naturalisé à la baie de Saint-Augustin depuis une trentaine
d'années, est devenu aujourd'hui l'objet d'une exportation de quelque importance. Madagascar produit beaucoup d'autres plantes de
cette famille, telles que l'ambrouvatier (cytisus cajan) dont les feuilles,
dit-on, servent de nourriture à un ver à soie indigène dont j'ignore
la valeur industrielle. Le sol de cette île est propice à la culture de
toutes les plantes qui servent à l'alimentation habituelle des populations ; on y rencontre de nombreuses variétés de courges, des
melons, des pastèques et la plupart des racines amylacées des tropi-
ques. Au nombre des végétaux les plus curieux de Madagascar se
rangent quelques individus qui méritent de trouver place, même dans
ce court aperçu ; tels sont le palmiste blanc (areca borbonica) et le
cyccas circinalis, si commun sur cette longue dune dont j'ai parlé
et qui constitue un immense et véritable jardin botanique de trente
lieues d'étendue, entre la grève et les lacs. Il existe dans les forêts
de Béfourne et de l'Almazant un palmier géant comme je n'en ai
point remarqué même dans les forêts du Nouveau-Monde, si riches
d'ailleurs en individus de cette famille. Ce superbe végétal atteint
une hauteur prodigieuse, et en évaluant à soixante ou quatre-vingts
mètres la longueur de sa tige, je ne serais pas éloigné de l'exactitude.

La flore de Madagascar renferme aussi quelques plantes au suc
vénéneux, et parmi ces dernières il en est une qui a acquis dans les
annales de cette île une triste célébrité, c'est le tanghin, dont le lecteur voudra bien me permettre la description ; c'est aussi la seule
que je donnerai dans le cours de ce travail.

Le tanghin, par ses caractères botaniques, appartient à cette famille
de plantes connue des naturalistes sous le nom d'apocynées. Sa tige et
ses branches collatérales renferment un suc laiteux d'une abondance
extraordinaire, épais et caustique, qui tache et brûle tout ce qu'il touche. Cet arbre ressemble, à s'y méprendre, pour son port, la disposition de ses feuilles, son écorce et sa couleur, au franchipanier cultivé
dans les jardins des colonies et qui, ainsi que la plante que je décris,
fait également partie des apocynées ; mais pour un œil exercé, le
tanghin diffère cependant du franchipanier : ses feuilles sont un
peu moins longues et moins larges, les nervures latérales au lieu
d'être perpendiculaires à la nervure centrale comme sur la feuille du
franchipanier, lui sont parallèles. A part cette ressemblance de port
et d'aspect, le tanghin diffère même totalement de son congénère

par la coloration de sa fleur et son mode de fructification. L'attache
de la fleur est cependant la même, mais avec cette différence. que,
très-abondantes au bout de chaque rameau terminal du tanghin,
elles forment un beau bouquet rappelant beaucoup les fleurs du
laurier rose avec une coloration plus douce. Leur disposition naturelle est la suivante : pédoncule allongé, pas de calice, corolle à cinq
pétales, pistil double, entouré d'étamines. A la fleur qui a été fécondée succèdent le plus souvent deux fruits juxtaposés à leur sommet
et divergents à leurs bases. Ces fruits de la grosseur d'une belle
poire en ont aussi la forme. Verts, ils contiennent une quantité
surprenante de ce suc laiteux qui parcourt toute la plante. Mûrs, ils
sont enveloppés d'une matière pulpeuse qui devient spongieuse
quand le fruit se dessèche avant sa chute. C'est l'amande renfermée
au centre d'un noyau épais, dur et coriace, de forme ovoïde, rappelant, à s'y méprendre, le noyau du badamier des colonies, qui constitue ce poison subtil devenu célèbre dans les annales de Madagascar; l'amande du tanghin ressemble beaucoup à celle de Provence,
mais elle n'est pas pourvue de la pellicule grisâtre qui enveloppe
cette dernière. Les fruits du tanghin, bien qu'abondants, ne sont
point en rapport avec ses fleurs, c'est à peine s'il s'en trouve une
de fécondée sur toutes celles qui constituent un seul bouquet. La
nature n'a point été avare de cette plante, comme on l'a avancé ;
elle est au contraire très-commune à Madagascar, et on la rencontre
très-fréquemment sur la côte orientale et particulièrement sur la
dune qui s'étend de Tamatave à Andévourande. Le tanghin y végète
le plus souvent à l'état d'arbrisseau, mais dans les endroits où il est
protégé des vents il atteint de très-belles proportions et constitue
un fort bel arbre dans le genre des grands franchipaniers des colonies. Entre les mains des chefs malgaches, la noix du tanghin a été
pour les naturels de Madagascar un agent de destruction dont on ne
peut comparer les ravages qu'à ceux du feu qui a servi à dévaster
ce bon pays et à le priver de ses antiques forêts.

III

GÉOGRAPHIE POLITIQUE DE MADAGASCAR. MŒURS, COUTUMES ET CARACTÈRE
DE SES HABITANTS.

Des colonies venues d'Afrique et de l'archipel indien peuplèrent,
à une époque déjà fort reculée, l'île Madagascar. Ces faits, attestés
bien moins par les traditions orales que par les caractères anthropo-
logiques, sont mis hors de doute par les données ethnographiques
qu'on possède aujourd'hui sur ce pays. Malgré le croisement suc-
cessif des deux races primitives, croisement effectué à des degrés
divers selon les lieux, et dont sont sorties toutes les tribus qui se
partagent actuellement le sol de l'île, on y rencontre encore assez
fréquemment des individus qui représentent, dans toute leur pureté
primitive, le type africain ainsi que le type malay. Le nom même
que portent en général les populations de Madagascar semble indiquer suffisamment l'intervention de l'élément malay : les mots
malacassa et *malagache*, sous lesquels ils se désignent eux-mêmes,
proviennent des mots *raza malacassa*, qui signifient probablement
race de Malacca, bien que les populations qui s'en servent aujour-
d'hui n'aient conservé aucun souvenir des migrations de leurs aïeux,
et n'attachent à ces mots aucune valeur historique. D'un autre côté,
si aux caractères physiques des habitants de Madagascar on ajoute
d'abord ceux que présente l'idiome qui a fini par prévaloir et qui est
devenu la langue générale de toute l'île, phénomène qui explique
bien les longs contacts des populations primitives, ainsi que les
données ethnographiques recueillies jusqu'à ce jour, le problème
devient encore plus aisé à résoudre, et la seule conclusion probable
est celle que nous en avons tirée au commencement de ce chapitre.
L'élément arabe paraît aussi avoir laissé à Madagascar quelques traces de son contact avec quelques-unes des populations de cette île,

et une tribu entre autres, celle des Anto-Ymours, paraît provenir en
partie de cette origine.

Quoi qu'il en soit, et après des luttes séculaires qui ont eu pour
principal résultat la dispersion du même idiome sur toute la surface
de l'île, les populations issues de ces longues conflagrations se partagent, de nos jours, le sol de Madagascar sous les dénominations
suivantes : au nord-est de l'île, dans les environs de la baie de
Diégo-Suarez, sont les Ant-Ancares, qui occupent cette région
appelée Ankara; puis viennent les Ant-Anvares, composés des peuplades Anti-Manahar, des Sambarives, des Zaffi-Rabé, des Antivon-
gous; les Betsimissaracs répandus sur le littoral depuis Tamatave
jusqu'aux montagnes qui s'élèvent dans le fond de la région occupée
par eux; les Bétanimènes; les Affravarts; les Ant-Atchimes; les
Anta-Ymours; les Antaï-Bourimous ou Vourimes; les Ant-Anrayes,
composés des peuplades antabasses, qui habitent la vallée d'Amboule et les environs de la baie de Sainte-Luce; les Taïssambas; les
Ant-Anosses, qui occupent la province d'Anossi. Ces dix tribus
occupent la côte orientale. Le midi est occupé par les Ant-Androuy;
les Ant-Ampâtres; les Machicores et les Mahafales. La côte occidentale est occupée par les Anta-Firèncs ou Andraïvoulas, habitants
de la baie de Saint-Augustin; les Anta-Ménabé ou Sakalaves du
Sud; les Sakalaves de l'Ouest ou Ant-Ambongos et les Sakalaves
du Nord qui habitent le Bouéni et l'Andonvouch. Quatre tribus occupent les provinces internes : ce sont les Ant-Sianacs au nord de
l'Ankove; les Bézonzons et les Ant-Ankayes à l'est de cette province, et les Betsiléos au sud; enfin, les Hovas, qui habitent la province la plus centrale de l'île, et qui tire son nom d'Ankove des
mots *any*, là, et changeant par euphonie la première lettre de leur
dénomination h en k, d'où le mot Ankova, là les Hovas. C'est à tort
que l'on a considéré les Ambanivoules comme formant une tribu
distincte des Betsimissaracs : on désigne simplement sous ce nom
à la côte orientale les habitants des campagnes situées en dehors
de la zone maritime du littoral. Il en est de même des Bézonzons et
des Ant-Ankayes, dont on a fait deux tribus distinctes; ces peuples
habitent côte à côte le même pays, la vallée du Mangourou, connue
aussi sous le nom de plaine d'Ankaya, d'où le nom Ant-Ankayes
donné à ceux qui l'occupent, et formé, comme la plupart des noms
des tribus malgaches, du mot *antaï*, qui signifie habitant, et du nom
de la province. Il existe bien encore quelques vestiges de populations primitives connues sous les noms de Vazimbas, Chavoïes,

Chaffates et Antalots ; mais ces fractions disséminées sur différents
points de Madagascar ne constituent aucune association politique
qui puisse recevoir comme les autres le titre de tribu. Les vingt-
deux que nous avons pu réunir, et qui ont leur autonomie, aussi bien
que leur place bien marquée sur la carte de Madagascar, présentent
trois groupes chez lesquels les signes de race sont bien manifestes,
selon l'élément qui a prédominé : ainsi c'est dans les provinces
internes, chez les Hovas et les Ant-Ankayes, que le type malay s'est
conservé plus distinct : le type africain domine chez les peuples de
l'Ouest, tandis que la côte orientale présente des populations dont
la constitution physique très-variée rappelle qu'elle a été le théâtre
d'envahissements successifs de la part des Africains, des Malays,
des Arabes, et que les Européens y ont depuis longtemps séjourné.

De toutes les tribus de la côte orientale, celle des Ant-Ancares
fait exception par ses caractères physiques qui la rapprochent des
Sakalaves, et dont ils ont également les mœurs. Ces peuples sont
en effet moins vifs et moins intelligents que leurs voisins du Sud-
Est ; ils sont plutôt pasteurs que cultivateurs, et au lieu de tirer un
parti avantageux de leur sol, ils l'incendient plus volontiers pour se
procurer des pâturages. Leurs villages sont peu considérables et ne
contiennent tout au plus que vingt ou trente cases, petites, mal-
propres et peu solides ; il est vrai de dire qu'ils en rebâtissent une
autre en une journée, quand il leur arrive de se déplacer.

Les Ant-Anvares, les Betsimissaracs ainsi que les Bétanimènes
ont à peu près les mêmes caractères physiques : cheveux laineux,
teint bistré, tirant sur le marron plus ou moins foncé, grands et beaux
yeux, traits de la face réguliers, physionomie généralement douce
et intelligente. Ces trois tribus ont jadis été puissantes ; elles avaient
même réussi vers la première moitié du siècle dernier à former trois
confédérations assez fortes, mais qui ont eu le malheur de se démem-
brer à la mort des chefs qui avaient organisé leur unité. Les Bétanimènes ont été un moment puissants sous le nom de confédération
des Tsikouas. Les Betsimissaracs, dont le nom rappelle encore leur
ancienne association politique, ont été jadis vaillants ; ces peuples
allaient même porter leurs armes jusqu'aux îles Comores en profitant de la mousson. Le nom de cette tribu est formé des mots *bé* qui
signifie beaucoup, *tsi*, négation, et du verbe *missaraka*, séparer ;
littéralement, *beaucoup qui ne se séparent jamais*. Enfin les Ant-
Anvares, célèbres par leur soumission au héros polonais Bényowski,

dont le nom se rattache d'une manière particulière à l'histoire de Madagascar.

Les Ant-Atchimes, les Affravarts, les Ant-Anrayes et les Ant-Anosses ont à peu près les mêmes caractères physiques que les précédents. Les Anta-Ymours ont conservé plusieurs usages arabes qui dénotent une partie de leur origine. Ces peuples ont le teint cuivré, les yeux vifs, les cheveux crépus ; ils s'épilent le haut de la tête. Un fait qui les distingue des autres Malgaches, c'est l'usage de l'écriture arabe qui s'est perpétuée chez eux et dont ils se servent pour écrire le malgache qui est devenu leur langue nationale. Ils ont, dit-on, des écoles où les enfants des deux sexes apprennent à lire et à écrire. Flacourt qui avait appris à connaître ces caractères s'en est servi avec avantage dans plusieurs circonstances.

Les populations du midi ont un type qui rappelle plutôt celui de la côte orientale que tout autre.

Les Sakalaves, qui occupent presque toute la région occidentale de l'île, depuis la rivière Sambéranou qui se jette dans la baie de Passandava, jusqu'au Mangouki ou rivière Saint-Vincent, forment également la population la plus nombreuse de Madagascar. Dans leur organisation physique, le type africain domine, comme je l'ai dit : leur teint est noir foncé, leurs cheveux demi-crépus et bien fournis ; leurs traits sont cependant réguliers, leur allure libre et engageante. Ils ne manquent pas de bravoure, et seuls d'entre les habitants de Madagascar ils ont su résister à la domination qui a bouleversé ce pays, et ont conservé en partie leur indépendance. Il n'a manqué aux hommes de cette race qu'une forte organisation politique pour devenir les maîtres de l'île entière. Malheureusement, ils sont divisés en une foule de petits États indépendants et conduits par des chefs inhabiles et souvent d'une férocité farouche. Les Sakalaves se divisent en trois fractions importantes, et parmi celles-ci, celle des Anta-Ménabé ou Sakalaves du Sud est la plus remarquable parce qu'elle a su se rendre redoutable même aux Hovas.

Des quatre tribus centrales, les Ant-Sianacs, les Ant-Ankayes et les Betsileos ont à peu près les mêmes caractères physiques ; ils sont petits de taille, mais corpulents, au teint bistré chez quelques-uns et clair chez d'autres ; ils ont les traits de la face réguliers ; leurs cheveux sont longs ou à demi bouclés. Ils sont en général forts et courageux, et, pour avoir été la première conquête des Hovas leurs voisins, ils ne leur ont pas moins opposé une vigoureuse résistance pendant plusieurs années, et particulièrement les Ant-Sianacs qui eurent pour dernier chef Rafaralahy, dont le nom doit reparaître plus loin.

De toutes les tribus de Madagascar, celle qui mérite le plus de fixer l'attention, si ce n'est la sympathie, est sans contredit la tribu des Hovas dont le nom a acquis une certaine célébrité. Grâce à sa récente organisation politique qui se formait vers le même temps que la plus complète anarchie existait chez toutes les autres peuplades de l'île, cette tribu, réunie tout entière sous le commandement despotique d'un seul individu, put servir d'instrument aux manœuvres perfides d'une puissance européenne qui s'insinua dans les affaires de ce pays et leur imprima un mouvement que la nature des choses, si elles eussent été livrées à elles-mêmes, n'aurait point toléré. Il sera suffisamment question dans le cours de cet ouvrage de l'histoire politique de la tribu hova : pour le moment, nous ne ferons que la considérer au point de vue de son organisation sociale.

Arrivée probablement la dernière sur le sol malgache, cette migration malaye trouva, sans doute, les côtes occupées par des populations qui devaient déjà y être établies depuis longtemps ; elle dut être mal accueillie des populations riveraines, et, harcelée par celles-ci, elle se vit forcée de se retirer dans des régions inoccupées. C'est à la suite de ces vicissitudes diverses qu'elle put enfin se fixer dans les vallées du haut plateau qui domine Madagascar, et qui est devenu depuis la patrie de ses descendants. Moins bien partagés que leurs devanciers restés possesseurs des côtes, et par conséquent de la partie la plus riche de l'île, les Hovas durent demander à l'industrie des ressources que la nature leur refusait dans cette région retirée. De là une activité qu'on remarque aisément chez cette tribu et qui s'est perpétuée jusqu'à ce jour. Tandis que les peuples de l'Ouest sont presque exclusivement pasteurs, changeant fréquemment de place, transportant leur campement d'un lieu à un autre, selon les besoins du moment ; ceux de la côte orientale, pasteurs aussi, mais en même temps cultivateurs et fixés généralement dans leurs provinces, dont ils sortent rarement, les Hovas, eux, sont agriculteurs et éleveurs et quelque peu adonnés à l'industrie. Depuis des siècles, ils exploitent le minerai de fer si commun dans leur pays adoptif et en font des objets d'échange avec leurs voisins. Ces objets se bornent aux seuls besoins domestiques : des houes, des couteaux, des haches, des fers de lance, ainsi que quelques menus instruments. Les Hovas se distinguent des autres Malgaches par la manière habile de cultiver les vallées de leurs pays, transformées pour la plupart en rizières ; les irrigations y sont pratiquées avec art et intelligence, et dans les vallées resserrées où le sol cultivable n'est pas toujours en rapport avec les besoins de la population, on remarque avec intérêt d'autres rizières artificielles disposées en amphithéâtre sur des pentes escarpées, mais coupées en terrasses horizontales, à partir du bas de la montagne jusqu'au point le plus élevé où l'eau puisse atteindre. Ces travaux d'art et de patience, qui témoignent de l'industrie des Hovas, donnent un aspect riant à certaines régions de leur pays, en général si triste par l'aridité des parties qui ne sont point arrosées. Celles-ci sont malheureusement nombreuses, et tous les mamelons qui composent le territoire de l'Ankova sont totalement dénudés ; un petit jonc y croît seul à côté de quelques petites herbes, et c'est cette végétation chétive qui fournit aux Hovas leur combustible. Ce pays n'est nullement abrité; aussi l'hiver y est-il assez rude et l'été insupportable.

Ce déboisement ancien et absolu de toute la province d'Ankove paraît remonter aux premiers temps de l'installation des Hovas dans cette contrée. Ce fut sans doute pour se mettre à l'abri des incursions soudaines de l'ennemi qu'ils incendièrent tout le pays en le dénudant totalement. A cette mesure rigoureuse ne se bornèrent pas leurs moyens de défense ; leurs villages, tous situés pour la plupart sur la cime des monticules, sont protégés par une triple rangée de fossés larges et profonds qui les environnent de toutes parts. De plus, des réduits destinés à mettre instantanément les travailleurs en sûreté s'élevaient près des champs éloignés des habitations. Tous ces moyens attestent le besoin qu'avaient jadis ces populations de se tenir toujours sur leur garde pour se mettre à l'abri d'excursions et de surprises soudaines. Cela s'explique aisément par l'état de guerre perpétuelle que ces peuples se faisaient entre eux, même d'un district à l'autre de la même tribu, pour se procurer des prisonniers qu'ils réduisaient en esclavage. Depuis le commencement de ce siècle, cet état sauvage a disparu pour les Hovas, grâce à l'intervention d'un homme de génie qui réussit à réunir sous son sceptre toutes les subdivisions de l'Ankove, avant lui indépendantes les unes des autres et en hostilités permanentes. La population de l'Ankove est aujourd'hui compacte ; c'est une forte agglomération d'individus dont on peut porter le chiffre à trois cent mille au moins si ce n'est même davantage. Les autres provinces de Madagascar paraissent dépeuplées à côté de celle-ci, et elles le sont en effet, comme on le verra plus loin. Dans l'Ankove, les villages sont rapprochés et contiennent souvent

plus d'habitants que les grandes bourgades de la côte. La ville seule
de Tananarive n'a pas moins de douze mille habitants, et si on y
comprend sa vaste banlieue qui s'étend à un rayon de douze à quinze
kilomètres, il ne serait pas difficile d'y trouver de soixante à quatre-
vingt mille individus. Cette agglomération d'hommes chez les Hovas
est la seule chose qui m'ait frappé à Madagascar; pour tout le reste,
je n'ai constaté que des exagérations. Tandis que les indigènes de la
côte n'ont pour demeure que de chétifs abris ou des cases en Ravenala, les populations de l'Ankove habitent dans des cases mieux
faites, plus solides et susceptibles d'assez longue durée. Elles sont
couvertes en chaume que leur fournit un jonc aux feuilles larges et
rugueuses qui croît dans les marais de la provinçe; et les parois sont
généralement en grosses briques qu'ils obtiennent en laissant durcir
au soleil la terre préparée pour cet usage; on y remarque en général plus de propreté qu'ailleurs. Chez les habitants aisés, et le nombre en est malheureusement restreint, des nattes et des rabanes en
tapissent les compartiments, et l'usage des meubles à la façon des
Européens commence à s'y introduire. Le sol des maisons et des
emplacements a été utilisé pour créer des greniers, grâce à la qualité
du terrain, qui acquiert la consistance de la brique par le desséchement, et au-dessous de chaque case, même dans les rues, se trouvent
des silos qui servent à ensiler le riz, et à d'autres usages domestiques,
souvent même de sépulture aux membres de la famille du propriétaire.

Le contact des Européens a donné aux souverains hovas le goût
des grandes demeures et des habitations somptueuses. La cité de
Tananarive, qui n'avait au commencement de ce siècle d'autre demeure pour le chef de la tribu qu'une case un peu plus spacieuse
que les autres, et défendue par une palissade surmontée de fers de
lance, possède aujourd'hui deux grands bâtiments en bois décorés
du titre pompeux de palais. Le principal de ces bâtiments, l'ancien
palais de la reine Ranavalo, est une maison carrée, dans le genre de
nos grandes demeures des colonies, mais surmontée d'un second
étage à toit aigu et tronqué, et flanqué de trois rangées de galeries,
supportées par 24 colonnes qui en font tout le mérite. Ces colonnes,
qui n'ont pas moins de 75 pieds ou 25 mètres, sont d'un seul jet et
proviennent des forêts situées à 30 lieues de Tananarive. L'autre
maison, appelée palais d'été et qui touche la première, est cons-
truite dans le même genre, mais avec des proportions beaucoup
moindres. Toutes les deux sont surmontées, aux angles, de deux pa-

ratonnerres et, au milieu du toit, d'un *Vouroun-Mahère* en cuivre
doré. Ces demeures royales sont au milieu d'une cour assez spacieuse,
entourée d'une grille en fer, surmontée de lames de lance; puis
viennent, sur le même alignement, dans l'est du palais, une série de
cases en bois, construites dans d'assez fortes proportions et habi-
tées par des membres du gouvernement ou quelques familles qui
touchent de près à celle du souverain. Immédiatement et à toucher
la grille du palais, qui n'en est séparée que par des ruelles où deux
individus peuvent à peine passer de front, commencent ces petites
cases au toit noir qui recouvrent tout le monticule sur lequel est
bâtie Tananarive. Cette ville n'est traversée, du nord au sud, que par
une seule rue qui suit tous les accidents du sol; les autres voies de
communication sont des sentiers tortueux plus ou moins difficiles à
parcourir. Dans la partie nord-ouest de la ville, non loin du palais,
la crête de la montagne s'élargit en s'abaissant vers la campagne.
Là se trouve une place qui sert de marché journalier. Les foires se
tiennent au bas de la ville et dans la plaine qui la borne au sud.
Dans le sud-est, à la base du morne, se trouve une autre place, mais
vaste et spacieuse comme la moitié du Champ-de-Mars de Paris.
C'est là qu'ont lieu les assemblées du peuple et les réunions des
troupes. A l'ouest de cette place, s'élève à un mètre du sol la pierre
sacrée sur laquelle, d'habitude, on présente au peuple l'héritier désigné du trône.

« A l'aspect de la profusion qui règne dans les marchés de Tananarive, et au bas prix des denrées qui y sont en vente, on croirait
le peuple de cette province dans l'abondance. Il n'en est rien cependant, et, à l'exception de quelques familles, la population en général
y est dans une extrême misère. On n'y meurt pas de faim, sans doute,
et c'est bien quelque chose, mais beaucoup n'ont pas même les
moyens de se vêtir. » Il y a 36 ans que M. Carayon faisait ces remar-
ques lors de son voyage entrepris en 1826, et je n'ai pu constater
une amélioration quelconque dans cet état de choses. La viande s'y
vend communément en lanières de 50 ou 60 grammes au plus pour
un morceau d'argent imperceptible, tandis que pour 1 franc 25 on
en a un morceau de dix à douze kilogrammes. Telles sont les proportions qui, rapprochées, peuvent donner une idée de la rareté
du numéraire d'abord dans le bas peuple, et de la difficulté qu'il doit
éprouver pour se procurer des moyens d'existence. Les Hovas se
sont mis à utiliser la chair du porc, qui abonde également sur les
marchés aujourd'hui ainsi que les moutons. Le combustible manque

dans toute la province ; aussi voit-on le marché envahi par des monceaux de paille qui s'y vendent journellement. Le peuple se chauffe avec de la bouse de vache et ce petit jonc maigre qui végète sur les mamelons. Les riches seuls peuvent se permettre le luxe du bois, qu'il faut envoyer chercher à tête d'homme à 25 ou 30 lieues de ce centre.

Le monticule sur lequel est bâtie Tananarive paraît être un des plus élevés de l'Ankove, dont le sol mamelonné ainsi que celui de toute l'île présente cette différence que, tous les mamelons de cette province, placés à peu près sur le même plan par leurs sommets, semblent s'incliner légèrement vers l'ouest ; c'est ce qui a lieu en effet. Autour de ce monticule central et culminant, dont l'élévation peut être de 150 à 200 mètres au-dessus du sol et à 2,000 mètres à peu près au-dessus du niveau de la mer, se trouvent deux belles plaines arrosées par l'Ikoupa, l'une située au nord, et l'autre à perte de vue dans le sud. Au milieu de ces plaines, toutes transformées en immenses rizières, s'élèvent de petits mamelons recouverts en général de cases aux toits noirs comme celles de Tananarive ; ce sont les villages de la banlieue, occupés le plus généralement par les esclaves attachés aux travaux des champs. C'est de ce voisinage de tant de monticules habités que provient le nom de Tananarive, mot malgache, composé des deux autres, *tanan*, village ou bourgade, et *arrivon*, mille. Ce territoire formait jadis le petit mais important district d'Himerina ou plus communément Emirne, devenu vers la fin du siècle dernier la conquête du chef d'un district voisin, et fut depuis lors érigé en chef-lieu de toute la contrée soumise.

Tant que la race hova s'est trouvée isolée des autres tribus de Madagascar, elle s'est conservée assez pure de mélange. C'était bien alors la race jaune de l'Archipel, aux traits fins, au nez aquilin, aux cheveux noirs et droits ou bouclés. Mais aujourd'hui, ce n'est plus que chez les femmes et dans le bas peuple que l'on retrouve encore les signes distinctifs du type primitif. La race hova s'est ressentie de la récente domination qu'elle a exercée depuis le commencement de ce siècle, et elle a subi chez les chefs et dans les principales familles de profondes modifications. La tribu entière n'est pas même éloignée du moment où un profond changement va la modifier totalement. Son organisation physique y marche à grands pas, et tel a été le fruit de sa courte mais terrible domination. Mon étonnement n'a pas été mince de rencontrer une ville africaine aux lieux où j'étais allé étudier les dominateurs actuels de Madagascar dans leur repaire.

Maintenant que le lecteur s'est familiarisé avec les caractères distinctifs des principales tribus malgaches, je dirai en peu de mots les particularités de mœurs qui leur sont communes à toutes. Les Malgaches sont en général grands, bien faits et robustes. Habitués à aller nus dès leur enfance, leurs membres se développent librement. Les vêtements qu'ils portent ensuite, exempts de la coupe capricieuse de la mode, ne gênent nullement leurs mouvements. Deux morceaux de toile les composent; de l'un, ils s'entourent les reins, après l'avoir passé entre les cuisses pour soutenir et couvrir tout à la fois les parties sexuelles, c'est le *seïdik;* de l'autre, le *simbou,* ils se drapent la partie supérieure du corps à la manière antique. Chez les Hovas le simbou est remplacé dans les grands jours de cérémonie par le *lamba,* pièce d'étoffe en soie ou en coton, selon la fortune de ceux qui le portent. Les femmes se drapent avec les mêmes étoffes en leur donnant la forme de jupes; elles portent en outre une camisole étriquée qui couvre imparfaitement la gorge en la soutenant à peine; c'est le *canczou,* appelé aussi *acanze,* chez les Ant-Anosses. Elles ont depuis quelques années une tendance très-marquée à s'habiller comme les femmes des colonies, et la robe est même devenue de rigueur pour celles qui sont aisées. Les deux sexes tiennent beaucoup à leurs cheveux; ils les nattent ou les tressent avec symétrie, et cette coiffure n'est pas dépourvue de grâce. Les vieillards portent la barbe assez longue, ce qui leur donne un aspect vénérable, et les femmes s'épilent les parties secrètes. Le deuil des souverains consiste dans la disparition de cette chevelure à laquelle ils tiennent tant. Cette coutume est très-ancienne, et tous ceux qui leur ont été soumis y sont rigoureusement astreints, même les femmes et les enfants des blancs établis à Madagascar. Les femmes de Madagascar sont généralement assez bien faites, et beaucoup d'entre elles sont douées d'une physionomie douce et agréable; il en est même de fort jolies. Les étrangers qui savent se les attacher par des procédés délicats et bienveillants trouvent en elles un dévouement sans bornes. Elles leur servent tour à tour de courtiers dans les échanges commerciaux, de garde-malade, de domestiques même, suivant les circonstances. Ce sont elles qui les ont toujours prévenus des trames que les naturels pouvaient ourdir contre eux, malgré le ressentiment auquel elles s'exposent en agissant de la sorte. Leur sort est généralement heureux. Bien que la polygamie y soit en usage et que tout Malgache un peu aisé ait au moins deux ou trois femmes, la grande, ou vadin-bé, et les

petites, ou vadin-maçaï, comme ils les appellent, les Malgaches
n'ont jamais recours à aucune des violences inventées par la jalousie pour s'assurer de leur fidélité. Le mariage, jamais consacré par
aucune cérémonie civile ou religieuse, n'est qu'une association libre
entre deux personnes qui se conviennent, et dont l'union cesse
comme elle s'est formée, sans le concours ou l'assentiment de qui
que ce soit. En général les femmes se conduisent bien en l'état de
mariage, sont surtout bonnes mères et s'attachent sincèrement à leur
mari; mais les mœurs sont libres chez les filles, parce que la chas-
teté n'y est point en honneur. Elles vivent ainsi, souvent dans la
plus grande dissolution, jusqu'à ce qu'elles s'unissent à quelqu'un.
Dans les séparations, les enfants suivent librement celui de leurs
parents qu'ils affectionnent le plus, sans cesser d'aimer celui qu'ils
quittent. Leur indépendance commence au moment où ils peuvent
subvenir aux besoins de la vie; mais ils conservent généralement
une grande vénération et une respectueuse déférence pour les personnes âgées et pour leurs avis.

Les Malgaches n'ont pas de religion proprement dite; ils croient
vaguement à la post-existence des hommes, mais ils ne se préoccu-
pent jamais de la nature de cette seconde vie; la croyance aux
peines et aux récompenses après la mort ne fait pas partie de leurs
idées religieuses. Ils ont tous foi en la puissance de deux génies
supérieurs, l'un essentiellement bon, *Zanaar;* l'autre essentiellement mauvais, *Angatch*, auteur de tous les maux qui peuvent les
frapper; aussi est-ce celui-ci qui est l'objet de leurs conjurations
dans les sacrifices qu'ils font. N'ayant pas de religion, les Malgaches n'ont ni culte ni temple. Recevant de la Providence le bien
avec indifférence et comme une chose naturelle, ils ne le sollicitent
jamais; mais ils cherchent quelquefois à prévenir par des offrandes
les maux dont ils se croient menacés. Ainsi, ils immoleront un
bœuf ou offriront un peu de liqueur spiritueuse, suivant la fortune
de celui qui prie, ou l'importance du malheur qu'ils veulent prévenir : lorsqu'une femme a des couches difficiles, qu'un individu
se meurt ou qu'une longue sécheresse menace la récolte. Ces sacrifices ont lieu le plus souvent en plein air, et chacun officie pour son
propre compte en présence du peuple assemblé, ou simplement
de quelques amis conviés à la cérémonie. Les offrandes sont parta-
gées entre les assistants et donnent souvent lieu à des fêtes bruyantes autour de la case du malade, plus propres à abréger sa vie
qu'à le guérir. Dans certaines localités, il y a des lieux consacrés à

ces sortes de sacrifices, et non loin de Tamatave, sur la route d'Yvondrou, j'ai visité le *Cacazou Mafirein*, littéralement l'arbre des malheureux, au pied duquel se réunissent ceux qui ont à pratiquer quelques-unes de ces coutumes. L'ancien arbre n'existe plus, c'est aujourd'hui un manguier qui le remplace.

Les amulettes qu'ils nomment *auli*, les charmes, les préservatifs, *fanfoudis*, contre tous les accidents, tous les maux, contre les *monchaves*, maléfices; les augures jouissent d'un grand crédit et forment une branche de revenus exploitée par les *eombiahes* ou devins. Ils croient à l'influence de certains jours réputés malheureux, pendant lesquels ils s'abstiennent de toute entreprise et même de tout travail. Autrefois, ils poussaient même le fanatisme jusqu'à sacrifier, en l'exposant dans les bois ou sur le bord des rivières, l'enfant né pendant un de ces jours. Cette triste coutume paraît être fort heureusement tombée en oubli. Je dirai la même chose du fameux serment du sang, jadis fort en usage entre les blancs qui parcouraient Madagascar et les chefs de bourgades et de districts, et aujourd'hui presque totalement disparu. La domination hova ayant entraîné de profondes modifications dans la spontanéité des habitants malgaches, le dégoût s'est emparé des populations, et aujourd'hui ce n'est plus que l'ombre des mœurs primitives. L'arrivée d'un voyageur européen était un événement considérable pour la bourgade qui avait l'honneur de lui donner l'hospitalité, il y a de ça une trentaine d'années; ce n'était que fêtes et réjouissances pendant la nuit que le blanc passait sous ces toits rustiques; maintenant on ne rencontre plus qu'un morne silence chez ces populations autrefois si riantes et si disposées au plaisir. Les Malgaches observent des fêtes à certaines époques de l'année; la plus remarquable est celle qui a lieu à l'occasion de la circoncision. L'usage de cette coutume, dont on ignore l'origine, est pratiqué dans toute l'île. La cérémonie a lieu d'ordinaire auprès d'un poteau d'une certaine forme, planté à demeure au milieu de chaque bourgade. A sa cime restent fixées les cornes des bœufs immolés à l'occasion de cette fête, et qui en rappellent le souvenir. Elle se termine toujours par un *ralouba*, espèce d'orgie nocturne, accompagnée de chants et de danses, à laquelle prennent part toutes les personnes du village, sans distinction de rang ni de sexe; les jeunes gens en sont les principaux acteurs, tandis que les vieillards et les femmes âgées s'enivrent avec de l'arak ou toak, de la betsa-betsa, espèce d'hydromel qu'ils préparent avec le jus de la canne fermenté et dans le-

presque pas de son. Le marouvané, l'instrument de prédilection des Malgaches, est fait avec un morceau de bambou gros et long comme le bras. Au moyen d'un couteau, on détache dans l'écorce filandreuse de ce roseau des filets qui, soutenus par de petits chevalets, forment les cordes.

Il existe à Madagascar des hommes qui se livrent spécialement à la culture de la poësie et de la musique, ce sont les *Sekatses* ou ménestrels. Ils voyagent sans cesse et chantent leurs compositions chez les chefs, qui, en retour, leur font des présents considérables. Flacourt parle des mœurs bizarres de ces hommes.

L'éloquence naturelle aux Malgaches est un fait qui a été remarqué de la plupart des voyageurs, et a été souvent l'objet de leur étonnement. Dans les *kabars* ou réunions officielles, leurs orateurs déploient toute la richesse de leur imagination admirablement servie par une langue riche et éminemment harmonieuse.

La langue malgache ou *malagasy* appartient à cette famille de langues qui sont parlées par tous les peuples de l'archipel indien. C'est un dialecte issu du malay, ou peut-être même du bouguy, l'ancien idiome de l'antique Java. Ce rapprochement n'est pas fondé sur ce que quelques mots leur sont communs, mais bien sur une comparaison générale de la structure et du génie des deux langues. Le malagasy a beaucoup de précision philosophique, et est capable d'une grande énergie et d'une grande beauté d'expression. Quant à l'euphonie, le malgache a, comme toutes les langues de même famille, et par suite de l'abondance de certaines syllabes, une grâce et une harmonie qui se prêtent merveilleusement à la poésie et à la musique.

L'écriture y étant d'introduction récente et encore fort peu répandue, les Malgaches n'ont pu conserver aucun souvenir des choses passées; leur histoire est toute de tradition, et la plupart d'entre eux, même parmi les plus intelligents et les plus puissants, l'ignorent totalement. C'est un fait général à Madagascar, même parmi les chefs hovas. Les choses qui remontent au delà du commencement de ce siècle leur sont absolument inconnues, et si les Européens peuvent refaire l'histoire de Madagascar, c'est à l'aide des ouvrages publiés successivement depuis deux siècles par les rares voyageurs assez instruits pour consigner leurs observations dans les documents précieux qui nous ont été transmis par nos devanciers. A cette absence complète de données exactes sur les éléments et l'histoire de leur pays, les Malgaches joignent encore une

presque pas de son. Le marouvané, l'instrument de prédilection des Malgaches, est fait avec un morceau de bambou gros et long comme le bras. Au moyen d'un couteau, on détache dans l'écorce filandreuse de ce roseau des filets qui, soutenus par de petits chevalets, forment les cordes.

Il existe à Madagascar des hommes qui se livrent spécialement à la culture de la poësie et de la musique, ce sont les *Sekatses* ou ménestrels. Ils voyagent sans cesse et chantent leurs compositions chez les chefs, qui, en retour, leur font des présents considérables. Flacourt parle des mœurs bizarres de ces hommes.

L'éloquence naturelle aux Malgaches est un fait qui a été remarqué de la plupart des voyageurs, et a été souvent l'objet de leur étonnement. Dans les *kabars* ou réunions officielles, leurs orateurs déploient toute la richesse de leur imagination admirablement servie par une langue riche et éminemment harmonieuse.

La langue malgache ou *malagasy* appartient à cette famille de langues qui sont parlées par tous les peuples de l'archipel indien. C'est un dialecte issu du malay, ou peut-être même du bouguy, l'ancien idiome de l'antique Java. Ce rapprochement n'est pas fondé sur ce que quelques mots leur sont communs, mais bien sur une comparaison générale de la structure et du génie des deux langues. Le malagasy a beaucoup de précision philosophique, et est capable d'une grande énergie et d'une grande beauté d'expression. Quant à l'euphonie, le malgache a, comme toutes les langues de même famille, et par suite de l'abondance de certaines syllabes, une grâce et une harmonie qui se prêtent merveilleusement à la poésie et à la musique.

L'écriture y étant d'introduction récente et encore fort peu répandue, les Malgaches n'ont pu conserver aucun souvenir des choses passées; leur histoire est toute de tradition, et la plupart d'entre eux, même parmi les plus intelligents et les plus puissants, l'ignorent totalement. C'est un fait général à Madagascar, même parmi les chefs hovas. Les choses qui remontent au delà du commencement de ce siècle leur sont absolument inconnues, et si les Européens peuvent refaire l'histoire de Madagascar, c'est à l'aide des ouvrages publiés successivement depuis deux siècles par les rares voyageurs assez instruits pour consigner leurs observations dans les documents précieux qui nous ont été transmis par nos devanciers. A cette absence complète de données exactes sur les éléments et l'histoire de leur pays, les Malgaches joignent encore une ignorance complète des choses étrangères à leur patrie; les plus habiles d'entre eux, et je parle des chefs de la race actuellement dominante, sont absolument dénués de toute instruction et se doutent à peine du degré de civilisation auquel les peuples peuvent s'élever quand ils sont protégés par de bonnes lois et une forte organisation politique. Et, quant à voir d'un point de vue élevé les hommes et les choses de ce monde, leur intelligence, si vive qu'elle soit, ne pouvait et ne peut encore atteindre à cette hauteur; le milieu social dans lequel ils ont vécu jusqu'à ce jour le leur interdisait totalement. Les Malgaches sont les hommes du fait et du moment : nulle idée d'avenir ne les préoccupe, pas plus que la moindre aspiration vers un état meilleur. Ceux d'entre eux qui se trouvent sous le joug gémissent dans l'ombre sans oser faire entendre la moindre plainte, et dans la race dominante, les plus habiles se sont efforcés de maintenir une autorité incontestée dont ils profitent pour se procurer aisément les satisfactions de la vie matérielle; mais rien en dehors, rien au delà. Le cri de la douleur n'a jamais inspiré à l'âme du Hova la moindre compassion, et pour les chefs qui sont à la tête de cette race, la vie d'un homme n'a jamais plus pesé que celle du plus chétif insecte.

Le *fifanga* est l'unique jeu des Malgaches. C'est un rectangle en bois dans lequel il y a un grand nombre de trous régulièrement disposés; on y met des graines de *cadoc* et de petits cailloux qui servent de pions et que l'on prend comme au jeu de dames, suivant certaines combinaisons; les hommes et les femmes y jouent également, et chez les marchands de betsa-betsa, dans les grandes bourgades, on rencontre des tables de fifanga disposées pour les chalands.

Il existe à Madagascar une coutume qui rappelle assez la loi du *tabou* des insulaires de l'Océanie; c'est celle qui consiste à planter un bâton devant la porte d'une case pour en interdire l'entrée, soit en l'absence du maître, soit pour en éloigner les visiteurs importuns ou les passants. Ils n'ont, du reste, jamais poussé cette coutume jusqu'à l'abus puéril que font encore de nos jours les peuples de l'Océanie qui pratiquent cet usage.

Le Malgache, en général, vit de peu et ne travaille que pour satisfaire aux stricts besoins de la vie. Aussi se borne-t-il à la pratique de quelques arts grossiers en rapport avec ses modestes besoins, et à la culture des plantes dont il fait sa nourriture habituelle. Les bœufs jouent un rôle tout particulier dans son agriculture, non

pour traîner la charrue, qu'il ne connaît point, mais pour pié-
tiner la boue des rizières, afin d'en enfouir les herbes. Dans les provinces du littoral, le riz se cultive en outre sur les hauteurs, dans la
saison des fortes chaleurs et des pluies d'orages, et c'est le feu qui
remplace alors le travail des bœufs; le riz donne ainsi deux récoltes
par an, sur le littoral : celle de l'hiver en terrain humide, celle de
l'été en terrain sec.

Le commerce d'exportation se compose d'une quantité de riz
assez notable et d'un certain nombre de bœufs pour l'approvisionnement des îles Maurice et Bourbon. Il sort annuellement de Madagascar à peu près de vingt-cinq à trente mille de ces animaux.
L'exportation de cette marchandise constitue la branche de revenus
la plus importante pour le gouvernement hova. Chaque bœuf paye à
la sortie un droit de quinze francs. Le sac de riz coûte un franc de
droit. Les marchandises importées payent également des droits qui
se prélèvent en nature. Ces importations se composent de toiles
communes, fournies aujourd'hui en majeure partie par le marché
américain ; de vins, spiritueux, fils de soie et quelques menus
objets.

Les plantes précieuses qui font la richesse d'autres pays, tels que
les grandes îles de l'Archipel, y sont totalement négligées par les
indigènes, même celles qui viennent spontanément, telles que l'in-
digotier, le ravend-sara, la liane qui produit le caoutchouc, le copa-
lier et autres arbres à gomme, en un mot, tout ce qui n'est pas nécessaire à la vie de l'homme. Les produits de l'industrie y sont plus
nuls encore. A l'exception de quelques pagnes, et des rabanes,
grosse étoffe faite avec les pétioles du rafia, les Malgaches n'ont rien
à offrir en objets manufacturés. La grosse coutellerie que les Hovas
fabriquent et vendent à très-bas prix pourrait devenir un objet
assez important d'exportation pour les colonies voisines ; mais jusqu'à présent aucun article de ce genre n'est entré dans le commerce. L'arme indigène est la sagaïe, dont le fer acéré est de bon
acier ; ils ont ou ils avaient jadis le bouclier fait d'un bois léger,
de forme un peu convexe, et recouvert d'une peau de bœuf bien
tendue. L'usage des flèches n'est connu que d'une très-petite peuplade établie au nord de l'île, au milieu des montagnes de Vadin-
damba, où, d'après le baron d'Unienville, sur un territoire
d'environ quatre lieues d'étendue, elle a su se maintenir indépendante des Ant-Ankares qui l'environnent. Les Malgaches se fabriquent aussi de grandes pirogues avec des troncs d'arbres creusés à

l'aide du feu, et susceptibles d'aller même en mer par les beaux temps. Il y a de ces pirogues qui peuvent porter de trente à quarante hommes, et même davantage. Ils fabriquent aussi quelques poteries grossières qui leur servent pour les usages domestiques. Des nattes pour se coucher, des corbeilles ou tentes, entre autres les *sironkelles* pour conserver les objets précieux, des siéges ou tabourets en jonc remplis de racines ou de feuilles odorantes, tels sont les objets qui composent l'ameublement des Malgaches les plus aisés.

Leur nourriture habituelle se compose de riz cuit à l'eau et du *roh* fait avec de la volaille, du bœuf ou du poisson, ou du gibier qu'ils épicent avec les herbes ou fruits du pays, tels que piment, ravend-sara, gingembre, etc. Leur boisson habituelle est faite avec de l'eau qu'ils font bouillir dans le vase qui a servi à cuire le riz, et au fond duquel ils ont soin de laisser la croûte qui s'y est attachée pendant la cuisson précédente, et qu'ils appellent *ampang,* d'où le nom composé *ran-ampang* pour la boisson qu'ils en retirent, en y ajoutant l'eau ; en malgache, *ranou.*

L'usage de fumer le tabac, comme passe-temps, est fort rare à Madagascar ; mais ils en usent beaucoup à se frotter les dents, qu'ils ont généralement fort belles, et à le prendre en poudre mélangé d'un peu de cendre. C'est le *houtchouc,* d'un usage général, même dans les grandes familles de l'Ankove et chez le souverain actuel des Hovas. Ils se servent de cette poudre en en plaçant un peu entre la gencive et la lèvre inférieure, et la gardent plus ou moins de temps.

L'usage de se tatouer n'est point général ; chez quelques tribus, cette pratique se retrouve cependant ; mais les tatouages n'existent que sur certaines parties du corps ; la figure est toujours épargnée. J'ai rencontré sur la route de Tananarive un Malgache qui exerçait le métier de portefaix. Cet homme avait le bas du col entouré d'un collier parfaitement dessiné, et sur les bras les mêmes dessins étaient reproduits. Il avait une figure distinguée et me rappelait tout à fait un Indien du nord ; je n'ai pu savoir à quelle tribu il appartenait.

Constitution civile et politique. Les Malgaches, divisés en tribus, subdivisées elles-mêmes en villages, sont, comme tous les peuples placés dans les mêmes conditions politiques, gouvernés par des chefs dont le pouvoir est plus ou moins grand, selon que la population qui leur obéit est plus ou moins considérable. Chaque village est gouverné par un chef, électif dans certains endroits, héréditaire dans la plupart. Le chef règle, administre et fait tout exécuter dans la bourgade qu'il gouverne. Il est ordinairement assisté de ses *am-*

pitaks ou ministres de ses ordres. Bien qu'obéis, le pouvoir de ces chefs est en général fort limité, et leur puissance à peu près nulle, sinon leur influence. En général, ils interviennent dans les discussions qui s'élèvent entre les individus au sujet des différentes contestations qui peuvent surgir parmi les membres de la même communauté. Les Malgaches n'ont point de loi écrite : la coutume transmise oralement par la tradition en tient lieu. Leur procédure civile ou criminelle est aussi peu compliquée que leur code. Le vol était jadis puni de mort ou de l'esclavage; le meurtre emporte les mêmes peines. Quand il s'agit d'un objet de médiocre valeur, la peine infligée au délinquant est une amende double de l'objet soustrait. En général, les peuples de Madagascar ne sont inclinés ni au vol, ni au meurtre, ni à l'empoisonnement. A la côte orientale, l'horreur pour le vol y était si grande, que celui qui en était même soupçonné était souvent forcé de s'expatrier pour échapper au mépris public. Je n'aurai pas les mêmes éloges pour les chefs qui ont été longtemps à la tête de ces populations; leurs mœurs ainsi que leur probité n'étaient rien moins qu'équivoques. Vindicatifs, lâches et meurtriers de profession, par les priviléges que leur accordait la coutume dont il sera parlé bientôt, ils ont souvent fait un abus hideux des préjugés du pays. Les faits réputés crimes, tels que la sorcellerie, la violation des tombeaux, emportent la peine de mort. Si l'accusation présente des doutes, ils ont recours à des épreuves judiciaires qui se font par l'eau, par le feu, par l'exposition aux caïmans et enfin par le poison, selon les localités. L'épreuve par l'eau est usitée aux environs du fort Dauphin. L'accusé est conduit au pied de la roche d'Itapère, et là, c'est le plus ou moins de brise, ou le degré d'élévation de la marée, qui décident du sort des infortunés que l'on y expose. Ils doivent se tenir debout, les mains appuyées sur le rocher fatal, et les jambes dans la mer jusqu'aux genoux pendant un intervalle de temps dont la durée est fixée. Si les vagues, qui viennent toujours se briser avec fracas sur les récifs dont cette côte est hérissée, ne leur couvrent qu'une partie des cuisses, ils sont proclamés innocents. Mais si, par malheur, une goutte d'eau, détachée de la lame, vient à mouiller la partie supérieure de leurs corps, ils tombent à l'instant percés de plusieurs coups de sagaïes.

L'épreuve par le feu se fait au moyen d'un fer chaud que l'on passe sur la langue de l'accusé. S'il n'en résulte rien pour lui, il est libre. Dans le cas contraire, une fin semblable à celle qui termine l'épreuve par l'eau lui est réservée.

Chez les Anta-Ymours, c'est aux caïmans qu'on a recours pour décider de la culpabilité ou de l'innocence du coupable. L'accusé doit gagner à la nage un îlot couvert de joncs qui sert de repaire aux caïmans ; là, il doit plonger trois fois, et s'il échappe à la voracité de ces terribles amphibies, il peut retourner au rivage où la foule le reçoit en poussant des acclamations de joie. Le délateur est ensuite condamné à lui payer des dommages et intérêts de peu de valeur.

Quant à l'épreuve par le poison, c'est le tanghin qui en est l'agent. Le suc de l'amande délayé dans de l'eau, et pris à une dose connue, a la propriété de déterminer la mort plus ou moins vite en occasionnant de violentes convulsions et d'affreuses souffrances.

Si la stupidité des Malgaches n'a pas peu contribué à la conservation de cette coutume barbare, restée une arme terrible entre les mains des chefs, exempts, eux, par privilége de l'épreuve du tanghin, ceux-ci n'ont rien négligé de leur côté pour maintenir l'existence d'un moyen aussi aisé, aussi commode et aussi sûr pour se débarrasser d'un ennemi, ou même de tout individu susceptible de leur porter ombrage. Que le souverain du pays, ou seulement le chef du village auquel revient de droit une grande part des biens de toute personne morte dans l'épreuve du tanghin ; que l'un ou l'autre veuille, soit par cupidité, soit par quelque raison politique, se défaire de quelqu'un, il fera accuser l'infortuné d'un crime quelconque et le condamnera à subir l'épreuve judiciaire. L'*ampi-tanghine*, administrateur du breuvage, toujours à la dévotion du chef, et ayant lui-même une part aux dépouilles des victimes de son ministère, forcera la dose du poison, et l'épreuve deviendra pour le patient un horrible supplice, dont la mort doit être la conséquence inévitable. Les malheureux qui résistent à l'action du terrible poison en le vomissant sont déclarés innocents, mais ils s'en ressentent ordinairement pour tout le reste de leurs jours, et traînent une existence misérable et maladive. Encore faut-il pour que le patient le vomisse que la dose ait été proportionnée par l'ampi-tanghine en faveur de certains individus dont les parents ont pu lui donner quelques piastres. Mais lorsqu'il s'agit d'un prévenu dont on convoite la fortune, et dont la mort a été préméditée, le breuvage préparé pour lui est si fortement empoisonné qu'il est presque impossible qu'il ne succombe pas. S'il arrive que l'accusé se refuse à avaler le breuvage qu'on lui présente, il tombe immédiatement transpercé de coups de sagaies dont sont armés les soldats ou les individus qui l'environnent. Du temps de la reine Ranavalo, le patient devait, avant de s'administrer la fatale liqueur, faire le salut de la reine selon la formule usitée.

A Tamatave, c'est un officier hova qui remplit actuellement les fonctions d'ampi-tanghine.

Ne nous abusons pas sur l'usage du tanghin à Madagascar, et pas plus du reste que ceux dont il a été de tout temps l'auxiliaire assuré et qui n'en ont jamais été la dupe. Entourée de formules destinées à maintenir dans l'esprit du peuple les préjugés invétérés qui favorisent l'existence de cette atroce coutume, sous le prétexte d'une épreuve judiciaire infaillible pour reconnaître l'innocent du coupable, l'administration du tanghin, revêtue de formes capticuses, a toujours été presque généralement employée à titre de supplice, dont les effets sont calculés d'avance. En fait et au fond, ce n'est qu'un assassinat prémédité planant sans cesse sur la tète de tout individu soumis, assassinat d'autant plus lâche que ceux qui s'y livrent peuvent le faire impunément, sans responsabilité aucune, même dans l'ordre moral, le Malgache ne connaissant pas plus le remords que la moindre idée élevée. Le gouvernement hova, depuis l'établissement de sa domination, en a fait un abus criant dont l'humanité est en droit de lui demander un compte sévère. Le tanghin a été entre ses mains un instrument d'extermination pour les malheureuses populations tombées sous son joug. La convoitise et la rapacité des dominateurs se sont données libre carrière pendant trente ans et plus, et l'on peut hardiment avancer que depuis le moment où les Anglais ont conduit sur le littoral de Madagascar cette tribu de montagnards aux instincts farouches, la race malgache, ensevelie vivante, n'a fait que se débattre dans son linceul.

L'esclavage existe à Madagascar ; la moitié de la population, si ce n'est même les deux tiers, est esclave de l'autre. Outre les individus réduits en esclavage par les Hovas, les familles puissantes de l'Ankove s'en procurent encore par l'intermédiaire des boutres arabes qui en amènent de la côte d'Afrique. Je m'étais laissé dire et je l'avais répété, comme tous les auteurs qui ont écrit sur ce pays, que l'esclavage à Madagascar était une institution douce et patriarcale, et que l'esclave faisait partie de la famille de son maître, en ayant toutes les prérogatives de l'enfant. Ce fait est inexact. Si l'esclave à Madagascar n'est point soumis à un travail forcé et excessif comme celui auquel sont astreints les nègres des colonies européennes, il n'en est pas moins soumis à tous les caprices de son maître dont il est

la propriété sans garantie aucune pour lui ; et son sort, loin d'être
aussi heureux qu'on l'a dit, n'est guère différent de celui de ses semblables des colonies européennes.

Les affaires qui touchent aux intérêts généraux de la communauté se traitent en général dans une assemblée ou *Kabar*, présidée
par les chefs et les anciens du pays. C'est là que tout se décide : la
guerre ou la paix, les travaux relatifs à l'agriculture, les procès, en
un mot, tous les actes qui intéressent la communauté. La manière de
procéder dans tous ces kabars est à peu près la même chez toutes les
peuplades, sauf les modifications qui résultent de la forme différente de leur gouvernement. Toute la population a le droit d'y assister : dans certaines circonstances, cependant, quand l'entreprise
qu'on veut y discuter doit rester secrète, l'assemblée se tient la nuit
dans quelque endroit écarté, et on en éloigne avec soin tous ceux qui
ne doivent pas y prendre part.

Lorsque la guerre est résolue, ce qui a lieu d'après la décision des
kabars, tout homme, libre ou esclave, devient soldat, s'il n'en est em-
pêché par son âge ou ses infirmités. Il prend en outre de ses armes
quelques munitions et un peu de riz, et se rend au lieu du rassemblement. Une fois en campagne, les Malgaches n'observent aucun
ordre de marche. Le peu de provisions qu'ils avaient emportées,
étant épuisées, ils vivent de rapines, tant qu'ils sont sur leur territoire ; arrivés sur celui de l'ennemi, c'est aux dépens de ses plantations et de ses provisions qu'ils subsistent. Les villages qu'ils
rencontrent sont alors pillés, puis incendiés. Le moindre obstacle
arrête souvent leur marche pendant plusieurs jours. S'ils ont une rivière à traverser, ce qui arrive fréquemment à Madagascar, ils tâchent
de se procurer des pirogues ou fabriquent des espèces de radeaux
sur lesquels ils passent successivement; mais ils préfèrent encore
rechercher les endroits guéables. Quand ils sont arrivés près de l'ennemi, ils se placent autant que possible sur une éminence, ou se
couvrent d'un bois, ou enfin se retranchent derrière une rivière ou
un marais, pour éviter une surprise.

Le droit de fixer le jour d'une bataille ou d'en donner le signal,
n'appartient point aux chefs qui sont à la tête de l'expédition, mais
à une sorte de devins qui désignent les jours heureux ou malheureux.
On ne fait rien sans les consulter. On a également recours à diverses
pratiques superstitieuses pour effrayer l'ennemi et le rendre lâche
au combat.

Quand le jour de l'action est arrivé, les Malgaches s'avancent confusément vers leurs adversaires en s'étendant le plus possible ; si ceux-ci ne croient pas devoir en venir aux mains, et ne sortent pas de leurs retranchements, la journée se passe alors en vaines provocations et en propos insultants de l'autre part. Si l'ennemi accepte le combat, les deux partis, après avoir échangé quelques coups de fusil, et lancé quelques dizaines de sagaïes, s'attaquent tumultueusement à grands cris. Celui des deux qui tient bon quelques instants et tue quelques hommes à l'autre, est presque sûr de la victoire. Les Malgaches n'ont aucune idée d'une retraite régulière, et s'ils sont forcés de céder le terrain, la fuite la plus précipitée est leur seule ressource pour échapper à l'ennemi resté victorieux. Après un combat où ils ont eu l'avantage, rien ne peut être comparé à leur arrogance ; mais aussi l'accablement le plus profond accompagne la défaite.

Si les Malgaches d'une tribu ont été porter les armes au dehors et qu'ils aient eu du succès, ils rentrent chez eux au bruit des chants et des danses de leurs familles, étalant avec orgueil leur butin et suivis des captifs qu'ils ont faits. S'ils sont attaqués chez eux par des forces supérieures aux leurs, ou que surpris par les agresseurs, ils n'aient pu se réunir en assez grand nombre pour opposer de la résistance, ils se réfugient dans les bois et y restent, vivant de racines, jusqu'à ce que l'ennemi ait évacué le canton. Chacun revient alors au lieu qu'il habitait, mais il cherche souvent en vain, au milieu des cendres et des ruines, les débris de sa case, heureux encore si une partie de sa famille n'a pas été emmenée en esclavage.

Leurs villages fortifiés, toujours placés à la cime de quelque mamelon élevé, sont en général de forme carrée, entourés d'une palissade au pied de laquelle règne un fossé de six à sept pieds de profondeur sur autant de largeur ; en outre, et sur ce qui représente le glacis, ils plantent dans l'herbe des épines et des morceaux de bois de ronde, bois très-dur et venimeux dont la pointe sort de deux à trois pouces en forme de chausse-trape. Dans les palissades sont pratiqués des trous ou espèces de meurtrières dans lesquels ils passent leurs fusils. Aussitôt le coup lâché, ils referment le trou avec un bouchon de paille pour ne pas laisser un passage à la balle de l'ennemi pendant qu'ils rechargent leur arme.

Les Hovas, comme nous l'avons dit, font autour de leurs villages jusqu'à trois fossés larges et très-profonds. Des ponts de bois permettent d'arriver jusqu'au centre fortifié.

Les Sakalaves sont les seuls Malgaches qui n'aient point l'usage de fortifier leurs villages. Trop puissants pour qu'on vînt les attaquer sur leur territoire, ils négligèrent jadis cette mesure de sûreté, nécessaire principalement pour la guerre défensive, et ne l'ont pas même prise aujourd'hui qu'ils sont affaiblis et menacés d'être subjugués.

Outre les armes indigènes, les Malgaches se servent aussi du fusil, qu'ils reçoivent des Européens. Mais cette arme, encore rare, n'est que le privilége du petit nombre.

La discipline militaire est absolument inconnue à ces peuples. Elle a été essayée pour la première fois à Madagascar par les agents britanniques accrédités auprès du souverain des Hovas, Radama ; mais cette discipline ne consiste encore aujourd'hui qu'en une subordination des soldats aux chefs de l'armée. Aucune organisation militaire de quelque valeur n'est venue faire des soldats hovas une armée quelque peu régulière et susceptible même de porter ce nom. Le soldat hova, surchargé de corvées, retenu pour le service spécial des chefs, n'a que quelques jours de la semaine pour se procurer sa nourriture ; aussi vit-il le plus souvent de rapines ou d'aumônes. De tous les hommes qui habitent la grande terre de Madagascar, le soldat hova en est assurément le plus misérable et le plus malheureux. Quant à la prétendue organisation des troupes malgaches, ce sont des fables inventées à plaisir ou répandues par des individus mal renseignés.

Comme on le voit, l'art de la guerre est encore dans l'enfance chez ces peuples, même chez ceux qui passent pour en avoir fait la conquête, les Hovas, que des écrivains exagérés ont représentés comme capables de lutter contre des troupes européennes. Les Sakalaves n'ont dû la supériorité militaire qu'ils ont eue pendant longtemps sur les autres peuples de l'ile, qu'à leur intrépidité et au grand nombre d'armes à feu qu'ils possédaient. Il en a été de même des Hovas pendant ces quarante dernières années, et sans le concours des subsides européens qui leur furent prodigués à l'époque de leur invasion, sans la présence parmi eux des étrangers qui dirigèrent tous leurs mouvements, il est assez probable que leurs conquêtes se seraient limitées aux provinces internes.

Le Malgache ne connaît ni les alliances offensives ou défensives permanentes, ni les neutralités, ni les négociations ; il est toujours mû par l'intérêt présent. Quel que soit celui de ses voisins, s'il ne blesse pas le sien directement, il sera tranquille spectateur des hostilités, c'est-à-dire, ami des uns et des autres ; vendant ses denrées à celui des deux qui les payera le plus, sans qu'on le lui impute à crime.

C'est ce singulier état de choses qui a rendu la conquête hova si aisée.

Le Malgache n'a point de mesure pour apprécier les distances. Pour lui un endroit est loin ou il est près, et c'est par l'inflexion de la voix qu'il désigne les points intermédiaires. Quatre noms différents désignent quatre points du compas diamétralement opposés. Ces mots sont *tsimilots, antambone, varatraza* et *antambané* qui correspondent, non pas à nos points cardinaux, mais au N.-E., au S.-E., au S.-O., au N.-O. Ces noms, réunis deux à deux ou trois à trois, marquent les aires de vents intermédiaires. Le Malgache mesure le temps diurne par la hauteur du soleil au-dessus de l'horizon. Il le divise en huit parties : quatre pour le jour, quatre pour la nuit, qui sont : le chant du coq, le point du jour, la croissance du jour, le milieu du jour, le déclin du jour, le soir, la nuit, la grande nuit. Le Malgache connaît aussi la semaine, le mois et l'année. La semaine est divisée en sept jours dont aucun n'est férié, chacun prenant son repos quand bon lui semble. Le mois représente une révolution lunaire, et douze mois forment l'année.

Les Malgaches n'ont d'autre monnaie que la piastre d'Espagne et notre pièce de cinq francs. Encore celle-ci est-elle la plus recherchée depuis les nombreuses altérations qui ont été faites de la première par les Malgaches mêmes et surtout par une petite fraction d'individus de l'Ankove adonnés au travail des métaux précieux, dont ils savent altérer le titre depuis longtemps. La piastre se coupe en quatre parties égales dont chaque fraction représente le *Kiroubo.* Le kiroubo se subdivise en trois *Sicazies ;* le sicazie en deux *Voamènes.* Le voamène représente quatre centièmes. Cette monnaie ainsi subdivisée, grossièrement coupée et fractionnée à l'infini, ne peut guère s'apprécier qu'à l'aide d'un petit trébuchet que la plupart des Malgaches portent avec eux. Ils ont également une numération parlée.

Les Malgaches sont comme les hommes des autres contrées, sujets aux mêmes affections générales. Les maladies épidémiques y sont cependant rares et la variole n'y sévit qu'à d'assez longs intervalles. La syphilis est assez répandue parmi eux, et exerce ses ravages sous la forme d'affections consécutives connues dans le pays sous différents noms. La tuberculisation pulmonaire est assez commune dans certaines tribus ; c'est la maladie qui doit y exercer le plus de ravages. La gale y est générale et endémique ; ceux qui ne l'ont point forment une rare exception. Les Malgaches trouvent dans les simples de leur pays, connus de quelques individus qui pratiquent l'art de guérir, de quoi se soulager de leurs maux ; mais ils sont trop superstitieux pour s'en tenir à des pratiques aussi simples, et il faut que les conjurations interviennent là comme ailleurs. Aussi occupent-elles une place considérable dans leur pharmacopée.

Depuis la domination hova, les formes du gouvernement local n'ont pas changé, mais on l'a subordonné à un système plus vaste, plus compliqué, et qui permet de faire sentir d'une manière continue aux populations soumises le joug qu'elles subissent depuis bientôt quarante ans. L'île entière a été divisée en vingt-deux provinces. Chaque province est gouvernée par un commandant et divisée en un certain nombre de districts à la tête desquels est un fonctionnaire hova soumis au premier. Chaque chef de village est chargé de recueillir l'impôt et répond du payement ; il remet la recette à des officiers hovas qui passent de temps en temps dans les villages. S'il y a retard de payement le chef est vendu. Ce gouvernement indigène n'a que la forme extérieure de celui des États civilisés, il en a tous les défauts sans aucun des avantages, « c'est de la fiscalité de bas étage, selon l'expression vraie de M. Macé-Descartes, sous un semblant d'ordre, à la faveur de laquelle l'esprit sordide et rapace des dominateurs, chefs et subordonnés, se donne carrière sans aucune pudeur. »

Du temps de la reine Ranavalo, tout Malgache riche était dépouillé par le *Tsitialenga* (qui ne ment pas) ; c'est une sagaïe en argent. Un officier hova arrive avec des soldats, il entre dans la case, pique en terre la sagaïe d'argent. Le maître du logis fait le salut de la reine en donnant un kiroubo au tsitialenga, représentant de Ranavalo. Alors commence le kabar. On accuse le chef de la famille d'incivisme, sur la déposition du premier venu qui témoigne par peur. On amarre l'accusé et on l'envoie juger au chef-lieu. S'il perd, on lui prend toute sa fortune ; s'il gagne, on ne lui en retient que la moitié. Les propriétés des Hovas étaient un peu mieux respectées ; cependant dans l'Ankove chacun cache d'habitude sa richesse, de peur d'en être dépouillé par les exactions.

Le chiffre de la population totale de l'île ne peut être qu'approximativement apprécié. Les uns l'ont porté à deux millions, d'autres à trois et même à quatre ; je pense qu'en l'évaluant au moins à trois millions d'individus, on ne s'éloignerait pas beaucoup du chiffre exact.

Tel qu'il est, malgré son état social embryonnaire, malgré le peu de protection et de sécurité qui l'entoure, malgré tout ce qui lui

manque enfin, le Malgache est profondément attaché à son pays.
D'après tout ce qui vient d'être dit l'on a déjà pu se former une idée
du caractère des peuples de Madagascar en général; il suffira donc,
pour en compléter le tableau, d'ajouter que les Malgaches ne paraissent mériter ni les reproches dont les ont accablés plusieurs
auteurs, en les peignant tous comme des hommes lâches, perfides,
vindicatifs, sans aucune vertu et paresseux à l'excès; ni les éloges
qui leur ont été prodigués par d'autres, qui les ont présentés comme
les hommes les plus doux, les plus dociles, les plus hospitaliers, les
plus généreux, en un mot comme les meilleures gens du monde.
Les Malgaches comme tous les autres hommes, de quelque couleur,
de quelque contrée que ce soit, sont un composé de vices et de vertus.
En admettant donc que, généralement parlant, le Malgache est
doux, facile, intelligent, hospitalier, généreux avec les étrangers,
particulièrement envers les Européens pour lesquels il est plein de
vénération; qu'à ces qualités estimables se joignent les vices qui se
retrouvent chez tous les peuples agrestes et sauvages; qu'il est superstitieux, défiant, dissimulé, menteur, extrêmement vindicatif,
pardonnant difficilement une injure, jamais un mauvais traitement;
l'on aura, ce me semble, des naturels de Madagascar, un portrait assez
exact. Voici du reste comment s'exprime à leur égard l'un des auteurs qui méritent le plus l'attention à cause de son exactitude et sa
sobriété, M. le capitaine d'artillerie Carayon, dont l'ouvrage consciencieux sera toujours lu avec avantage, et auquel j'ai fait pour
cette étude de nombreux emprunts pour les faits dont cet officier
distingué a été le témoin oculaire, et surtout pour ses judicieuses
appréciations : « Le Malgache est généralement fort attaché à sa
famille et à son pays. Ce sentiment, que l'on retrouve chez tous les
peuples, acquiert ici un plus grand développement peut-être. C'est
que le charme qu'exerce leur pays, même sur les étrangers, est indéfinissable. On en a vu d'assez riches pour vivre honorablement
ailleurs, s'y fixer volontairement, et d'autres, forcés de s'en éloigner, ne le quitter qu'avec regret, quoiqu'ils eussent à souffrir de
l'insalubrité du climat. C'est le plus bel éloge que l'on puisse faire
du peuple qui l'habite : si celui-ci a en effet des défauts nombreux,
il possède des qualités qui les compensent, et plus on apprend à le
connaître, en s'immisçant dans sa manière de vivre, plus on est disposé à l'aimer. Mais il faut du temps pour l'apprécier. »

Tel est l'ensemble des notions ethnographiques et politiques,
telles sont les mœurs, les coutumes, l'organisation civile et militaire

des peuplades qui habitent aujourd'hui la grande île africaine.

Descendu à mon tour en modeste naturaliste sur le sol de Madagascar, qui avait été depuis plusieurs années pour moi l'objet d'études favorites, j'ai été assez heureux pour en parcourir en peu de temps la plus importante partie. J'ai pu aussi apprécier le caractère de ces populations, et je m'estime non moins heureux de pouvoir rendre justice à quelques-uns de mes devanciers, tout en rectifiant quelques erreurs au sujet de l'histoire naturelle de cette île. J'ai trouvé le Malgache éminemment sociable, et de tous les peuples qui, comme lui, n'ont encore franchi que les premiers échelons de la vie civilisée, il est peut-être le mieux disposé par ses facultés naturelles et ses qualités morales (si ce n'est par ses aspirations), à une assimilation prompte et aisée, en facilitant toutefois sa transformation sociale. Si donc une main puissante et généreuse lui est tendue, j'ose avancer hardiment qu'il ne s'écoulera pas un demi-siècle avant de faire de ce pays une terre européenne par les mœurs comme par le goût.

DEUXIÈME PARTIE

RAPPORTS DES EUROPÉENS AVEC MADAGASCAR DEPUIS LA DÉCOUVERTE DE L'ILE JUSQU'A CE JOUR.

I

DÉCOUVERTE DE L'ILE PAR LES PORTUGAIS; LES HOLLANDAIS, LES ANGLAIS ET LES FRANÇAIS LA FRÉQUENTENT DÈS LE SEIZIÈME SIÈCLE.

Bien que le cap de Bonne-Espérance eût été doublé depuis 1497, ce ne fut qu'en 1506 que les Portugais rencontrèrent brusquement la grande île de Madagascar par l'effet d'une tempête qui les détourna de leur route ordinaire en jetant, vers le 10 août, sur la côte orientale de l'île une flotte de huit vaisseaux qui revenaient de l'Inde sous la conduite de Fernand Suarez. Peu de mois après cette découverte fortuite, Ruy Pereira, capitaine d'un des navires qui formaient la flotte de Tristan d'Acunha, fut, lui aussi, poussé à son tour par la tempête sur les côtes de Madagascar où il aborda. La fertilité de cette terre fit une telle impression sur cet officier, qu'il se dirigea immédiatement vers Mozambique, où il espérait retrouver l'amiral portugais, pour l'engager à aller visiter cette île que l'on supposait abondante en épiceries. D'Acunha s'y rendit en effet, parcourut la côte occidentale, étudia ses productions et les mœurs de ses habitants, et dessina lui-même la carte de ses découvertes. Cette circonstance lui valut l'honneur de la découverte même de l'île que lui attribuèrent quelques historiens.

Les rapports qui parvinrent au roi Emmanuel de Portugal sur les riches productions de Madagascar décidèrent ce monarque, en 1509, à y envoyer Diégo Lopez de Siqueyra, afin de vérifier la réalité de ces récits, et d'y rechercher notamment les mines d'argent qu'on y supposait en abondance. Il se fit l'année suivante une nouvelle expédition pour Madagascar, sous le commandement de Juan Servano. Ce navigateur fut chargé de prendre une connaissance exacte du pays, des avantages que le commerce pouvait en retirer, et d'y organiser un établissement de traite.

Les opérations engagées à cette époque par les Portugais se développèrent lentement et ne prirent même jamais une grande importance commerciale ou maritime. Ces opérations se bornaient à l'exportation d'un petit nombre d'esclaves qu'ils achetaient des Arabes. Quelques missionnaires de cette nation vinrent plus tard s'établir dans ces comptoirs. Ils essayèrent d'évangéliser les indigènes, mais ils n'eurent aucun succès dans leurs tentatives, et furent massacrés par ceux qu'ils voulaient convertir. Telles furent les seules et dernières relations que les Portugais eurent avec Madagascar.

Les Hollandais y relâchèrent en 1595, 1596, 1599. Quelques-uns leur attribuent les établissements dont on voit encore quelques ruines à l'île Marosse, dans le fond de la baie d'Antongil et à Vouhémar ; mais ces ruines ne sont peut-être que celles de quelques établissements des forbans dont on sait que cette île a été la retraite pendant plusieurs années. Dans la lutte acharnée à laquelle se livrèrent les nations européennes qui vinrent déposséder les Portugais de leurs établissements de l'Inde, Madagascar servit de refuge habituel aux corsaires qui parcouraient ces mers lointaines, et, lorsque les prises n'avaient pas été bonnes, ils trafiquaient avec les naturels, et rapportaient en Europe de la cire, de l'ébène et des cuirs. Les Français se mêlèrent peu à la lutte des Hollandais et des Anglais à la poursuite des établissements portugais ; mais, dès le règne de Henri IV, ils avaient commencé à fréquenter les rives de Madagascar. Ils furent les premiers Européens qui comprirent l'importance de cette île, et qui songèrent à s'y établir solidement. Dès 1637, une compagnie s'était formée dans cette intention, et en 1642 elle reçut du cardinal de Richelieu, chef et surintendant général du commerce et de la navigation de France, le privilége d'y commercer exclusivement pendant dix ans, avec la *concession de l'île Madagascar et des îles adjacentes, pour y ériger colonies et en prendre possession au nom de Sa Majesté Très-Chrétienne.* Ce fut en 1643 que commencèrent les premières tentatives de la *Société de l'Orient,* à la tête de laquelle se trouvait le capitaine Rigault. Les lettres patentes qui reconnaissaient ladite Société et lui conféraient ses droits sont du 24 juin 1642, et l'année suivante elles furent confirmées de nouveau à la date du 20 septembre 1643.

II

Pronis et Fouquembourg, agents de la Compagnie *de l'Orient*, partirent de France avec douze hommes seulement, et reçurent, peu après leur arrivée à Madagascar, un renfort de soixante-dix hommes. Cette première expédition eut le malheur de s'établir, dès le début, dans un des endroits les plus malsains de l'île, à Manglafia, dans la baie de Sainte-Luce, et ne tarda pas à éprouver les ravages de la fièvre. Pronis avait pris à la fin de 1643 possession, au nom du roi, de Sainte-Marie et de la baie d'Antongil. En 1644, il établit des postes à Fénériffe et à Manahar; mais bientôt après, la fièvre lui ayant fait perdre le tiers de ses gens, et éclairé par les inconvénients que présentait la position de Sainte-Luce, il l'abandonna pour la presqu'île de Tholangaren, située un peu plus au sud et dans une position plus salubre, qui domine une bonne rade. Pronis y bâtit un fort qui fut successivement agrandi depuis, et dont les ruines portent encore aujourd'hui le nom de *Fort-Dauphin*, que lui avait primitivement donné son fondateur.

Un second vaisseau de cette compagnie, *le Saint-Laurent*, arriva à Madagascar le 1ᵉʳ mai 1644, apportant soixante-dix Français. Dans la même année, un second vaisseau, *le Royal*, renforça la colonie de quatre-vingt-dix autres Français.

Bien dirigée, cette petite colonie, établie au Fort-Dauphin, aurait pu prospérer, mais Pronis, son chef, était un homme sans talents. Administrateur peu intègre, il dissipa pour ses plaisirs, les approvisionnements de l'établissement naissant. L'oisiveté amena la licence, à laquelle succéda bientôt l'esprit de révolte, et Pronis fut mis aux fers par ceux qui lui devaient obéissance. Rendu à la liberté après six mois d'une dure détention par l'arrivée d'Europe d'un bâtiment qui lui amenait un nouveau renfort en hommes, une deuxième sédition ne tarda pas à éclater contre lui, mais avec un résultat différent de la première. Douze des plus mutins furent arrêtés et déportés à la grande *Mascareigne*. Vingt-deux autres insurgés, redoutant le même sort, se retirèrent de l'autre côté de l'île, à la baie de Saint-Augustin. Vers la même époque, Pronis, qui s'était déjà aliéné l'esprit des naturels par des actes arbitraires, se laissa aller à une action révoltante, qui entache à jamais son administration. Incité par le capitaine Le Bourg, qui l'avait délivré de ses fers, et par le sieur Vandermaster, gouverneur hollandais de l'île Maurice, qui était venu au Fort-Dauphin pour chercher des esclaves, Pronis n'eut pas le courage de leur résister, et fit faire main-basse sur des hommes libres venus au Fort pour y apporter des denrées, et leur enleva soixante-treize des leurs. Ce procédé odieux devint la source de beaucoup de malheurs. « C'est ce qui a été cause, dit Flacourt, que depuis ce temps-là il ne se trouva aucun nègre en l'habitation, tant qu'il y a eu navire mouillé à l'ancre, et que les nègres du pays eurent en haine dès ce jour-là les Français, attribuant la faute du chef sur tous les membres. C'est en ceci que le sieur Pronis s'oublia beaucoup de son devoir. »

La Compagnie de l'Orient, instruite par le retour du Saint-Laurent de tous les désordres survenus dans ses affaires, et craignant une perte générale de ses colonies, nomma le sieur de Flacourt, un de ses membres, pour remplacer Pronis. Flacourt partit de France le 19 mai 1648, avec quatre-vingts hommes, et arriva à Madagascar au commencement de décembre la même année. Il ne restait plus au Fort-Dauphin que vingt-huit Français ; le reste, mécontent de Pronis, s'était dispersé.

Flacourt prit les rênes de l'administration d'une main ferme ; il renvoya Pronis en France, et rappela les exilés de Saint-Augustin et de la Grande-Mascareigne, dont il changea le nom en celui de Bourbon, « ne pouvant, dit-il, trouver un nom qui pût mieux quadrer à sa bonté et fertilité, et qui lui appartînt mieux que celui-là. » Les douze exilés de Pronis en étaient revenus *bien sains* et *bien gaillards*, après trois années de séjour sous ce climat qui n'a jamais cessé depuis d'être ce qu'il était jadis, alors que sa clémence permit à ses premiers habitants d'y vivre dans un état de nudité complète. Flacourt s'efforça de relever les affaires de la colonie ; il parvint à engager ou à obliger quelques chefs à se reconnaître sujets du roi de France ; il pacifia le pays d'alentour, et fit commencer des cultures.

Estienne de Flacourt était un homme énergique et éclairé. Ses vues générales étaient sages et prudentes. Il savait mieux que son prédécesseur faire respecter en lui le représentant de l'autorité du roi. Son système, comme gouvernement et comme administration, aurait infailliblement amené, dès le début, la prospérité dans la colonie, si la Compagnie lui avait expédié avec exactitude les secours qu'elle s'était engagée à lui fournir annuellement; mais elle n'en fit rien. Flacourt fut cependant à la hauteur des circonstances si difficiles qui se présentèrent à lui pendant les sept années durant lesquelles il demeura sans communication avec la métropole. Privé de ressources, au milieu d'une population que la triste situation des Français épuisés rendait plus menaçante et plus redoutable, accusé à tort et sans relâche par ses malheureux administrés, que la misère rendait aveugles, il fit tête à tous les obstacles. Il apaisa le mécontentement, fournit aux subsistances nécessaires, et fit en outre entreprendre, dans l'intérieur du pays et le long des côtes, plusieurs voyages d'exploration qui lui servirent à bien connaître la contrée, et plus tard à écrire, avec l'aide de ses propres observations, la curieuse peinture qu'il nous a laissée de la grande île, et que n'ont pu faire oublier jusqu'à ce jour les relations plus modernes des voyageurs qui sont venus après lui. Malgré tous ses efforts, Flacourt ne put empêcher le déclin de la Compagnie, et la colonie allait périr faute de secours, lorsqu'il se décida à repasser en France dans le but d'aller y intercéder, en faveur de l'entreprise, l'appui de quelque grand personnage. « Il y rentra, dit Legentil, non chargé de richesses, mais de connaissances précieuses, » qu'il a consignées dans le livre remarquable sous tant de rapports qu'il publia sous le titre de : *Histoire de la grande île de Madagascar*, et qu'il dédia à Fouquet.

Peu après le départ de Flacourt, qui eut lieu le 12 février 1655, le Fort-Dauphin fut brûlé et entièrement détruit par l'imprudence d'un soldat. Pronis, qui était revenu depuis peu d'Europe, et qui avait été appelé, faute de mieux, à prendre le commandement pendant l'absence de Flacourt, en mourut de chagrin. La direction de la petite colonie tomba alors entre les mains de deux bêtes farouches, Desperriers et son lieutenant Laroche, qui souillèrent le sol malgache de crimes aussi inouïs que gratuits. Et voici dans quelles circonstances : le capitaine Delaforest est tué dans le nord de l'île à la suite d'une rixe avec des naturels qu'il avait fort mal traités. Desperriers reçoit la nouvelle de cette mort. Il s'avise d'en accuser les chefs du pays d'Anossi, situé à plus de deux cents lieues de l'endroit où avait été commis le meurtre. Desperriers entre dans le pays d'Anossi, surprend les habitants en pleine paix et les massacre. Les détails de cette affreuse expédition sont consignés à la suite de l'ouvrage de Flacourt, et ont été reproduits dans l'*Histoire de Madagascar* par M. Macé-Descartes, page 43. Je me dispense volontiers de les rapporter.

En 1656, M. le maréchal de la Meilleraye avait succédé à la Compagnie de l'Orient, trop obérée pour pouvoir continuer ses opérations à Madagascar. Le nouveau concessionnaire y fit passer quelques renforts d'hommes sous le commandement de M. de Champmargou, qui y gouverna de 1660 à 1667. L'administration de Champmargou ne fut pas dépourvue d'intelligence ni de fermeté. Cependant ce gouverneur, à la tête d'une très-petite poignée d'hommes, n'aurait pu résister aux orages qui menaçaient de toutes parts l'établissement qu'il dirigeait, sans les secours d'un brave Français, du nom de Levacher, dit Lacaze, à la générosité, à la valeur et à la prudence duquel on dut plus d'une fois le salut commun. Levacher, mécontent de la conduite de M. de Champmargou à son égard, s'était retiré, avec cinq autres Français, chez le chef de la vallée d'Amboule, Andrian-Rassitate, dont il épousa la fille Andriana-Nung. Il devint bientôt l'idole des indigènes de cette localité, et y acquit la plus grande considération parmi les chefs de la contrée. Loin de chercher à se venger, cet homme généreux, aussi intelligent que brave, et dont la tête avait été mise à prix, n'usa de l'influence qu'il avait acquise que pour se soustraire d'abord à la vengeance de son chef irrité, puis pour le secourir lorsqu'il eut été réconcilié avec lui. Par ses soins, l'abondance reparut au fort, et la paix fut un moment rétablie avec les chefs de la province d'Anossi.

Quelques renforts de loin en loin suspendirent pour quelque temps les malheurs dont cette colonie était menacée, mais la tyrannie des colons et de leurs chefs avait révolté les insulaires; d'un autre côté, le désordre et la confusion qui régnaient parmi les Français avaient affaibli les sentiments de respect et de crainte que la supériorité des connaissances, et surtout celle des armes, leur avaient d'abord inspirés. Tel était l'état des choses au Fort-Dauphin en 1664, lorsque le zèle inconsidéré d'un missionnaire, le père Etienne, provoqua la vengeance que les soins de Lacaze avaient un moment suspendue. La première semaine de Carême de cette même année fut signalée par le massacre de ce malheureux missionnaire et de quatre autres

Français qui l'avaient accompagné chez Andrian Manangha, chef
de Mandrerey, jusqu'alors ami des Français, mais qui, poussé à
bout par les obsessions du missionnaire, en avait ordonné le massacre. La guerre fut allumée de nouveau, Andriau Manangha mar-
chait contre le Fort avec une forte agglomération d'hommes. Dans
ces circonstances critiques, Lacaze intervint, et, à la tête de ses
fidèles *Andrasaces*, sujets de sa femme, il put conjurer les funestes
effets de la guerre qui était le résultat de la conduite impolitique du
religieux.

Pendant que ces événements se passaient à Madagascar, Colbert,
en 1664, présentait à Louis XIV le plan de la Compagnie royale des
Indes orientales, qui fut fondée cette même année sous cette dénomination. Cette nouvelle Société obtint la cession à son profit des
droits concédés à l'ancienne Compagnie, avec le privilége de commerce exclusif pour cinquante ans. Son capital devait être de quinze
millions de livres, et Louis XIV, qui rattachait à cette importante
entreprise de commerce des vues essentiellement politiques sur
Madagascar, intervenait pour le cinquième de cette somme. Son
exemple fut imité de toute la cour, dont la souscription s'éleva à
deux millions ; puis vinrent les cours souveraines et la plupart des
villes du royaume, qui y figurent pour des sommes aussi importantes que les premières. L'ancienne Compagnie de l'Orient, qui
avait obtenu en 1652 une prolongation de quinze années pour son
privilége, s'y trouva intéressée pour une somme de vingt mille livres
à titre d'indemnité, et le duc de Mazarin, fils et unique héritier du
duc de la Meilleraye, qui avait soutenu l'établissement pendant ces
dernières années, fit à la nouvelle Compagnie la cession de tous ses
droits, et s'intéressait pour une somme de cent mille livres. Jamais
entreprise pareille ne fut organisée sous de plus brillants auspices ;
elle était l'objet de la faveur du souverain et l'œuvre de son ministre.
Charpentier, dans sa relation de l'établissement de la Compagnie
française pour le commerce des Indes orientales, nous a conservé,
à son paragraphe 28, la formule de l'édit d'août 1664, enregistré au
parlement le 1er septembre suivant, qui confirmait les droits de la
nouvelle Compagnie. « Sa Majesté, y est-il dit, accorde à perpétuité,
à la Compagnie des Indes orientales la possession de l'île Saint-
Laurent ou de Madagascar, et de toutes les autres terres, places et
îles dont elle pourra s'emparer, soit qu'elles soient abandonnées et
désertes, soit qu'elles soient occupées par les barbares, pour en jouir
en toute propriété, seigneurie et justice, et sans se réserver aucun

droit ni devoir pour tous ces pays, que la seule foi et hommage-lige
que la Compagnie sera tenue de rendre au roi et à ses successeurs,
avec la redevance à chaque mutation de roi, d'une couronne et d'un
sceptre d'or de cent marcs. » Par cette même déclaration, le roi lui
accordait le pouvoir de nommer dans tous les lieux de ses établissements toute sorte d'officiers de justice et de guerre, d'envoyer
des ambassadeurs au nom de Sa Majesté vers les rois des Indes, et
de faire des traités avec eux. Des honneurs et des titres furent promis à ceux qui se distingueraient au service de la Compagnie.

La concession faite par l'édit du mois d'août 1664 fut corroborée
par un nouvel édit du 1er juillet 1665, qui prescrivit de nommer
désormais île Dauphine l'île de Madagascar, qui, depuis sa découverte par les Portugais, avait porté le nom d'île Saint-Laurent, « afin,
dit Charpentier, qu'elle conservât une marque éternelle du temps où
nous avons commencé à y faire un grand établissement. » On trouve
dans ce même édit de 1665 le passage suivant relatif aux droits de
la France sur Madagascar, déjà mentionnés dans l'édit de concession : « Le principal établissement de la Compagnie doit être dans
l'île appelée jusqu'à présent île de Madagascar, que nous avons con-
cédée à ladite Compagnie par notre déclaration du mois d'août 1664,
aux conditions y mentionnées. Nous, étant le seul souverain qui y
ait présentement des forteresses et des habitations. » La même déclaration accordait à la Compagnie le droit de bâtir des châteaux-
forts ou ponts-levis, et le droit de haute, moyenne et basse justice.
Toutefois, le roi se réserve le droit de justice souveraine, l'une des
attributions de sa suzeraineté royale, à l'égard de la nouvelle colonie française.

Le Fort-Dauphin devint alors le chef-lieu de l'île de Madagascar,
à laquelle on donna le beau nom de *France orientale*. On y créa
un conseil souverain qui devait être composé de sept membres. En
attendant son organisation, on y expédia deux magistrats, les sieurs
de Beausse et de Montauban, le premier en qualité de président du
conseil particulier et de premier conseiller au conseil supérieur, et
le second comme juge civil et criminel, ainsi que le comportent
leurs provisions. M. de Beausse fut choisi en outre pour être le dé-
positaire des sceaux du roi destinés à la chancellerie du conseil souverain de l'île. Le grand sceau, au rapport de Charpentier, représen-
tait le roi assis sur le trône avec le manteau royal, la couronne sur
la tête, tenant le sceptre d'une main et la main de justice de l'autre.
Autour de ce grand sceau était gravée la légende suivante : LUDO-

vici XIV Franciæ et Navarræ regis sigillum, ad usum supremi consilii Galliæ orientalis.

Pour témoigner du haut intérêt qu'il prenait à la réussite de ces beaux et grands projets, le roi reçut en audience particulière au Louvre les nouveaux fonctionnaires qui étaient sur le point de quitter Paris pour se rendre à leurs postes. « Sa Majesté, dit Charpentier, leur recommanda sur toutes choses, de rendre la justice avec intégrité et douceur ; de punir indifféremment ceux qui l'auraient mérité par leur mauvaise conduite , et enfin de répondre dignement au choix qu'on avait fait de leurs personnes pour des emplois si considérables. » Les sieurs de Beausse et Montauban firent partie de la première expédition faite par la Compagnie des Indes, et allèrent s'embarquer à Brest, où se trouvaient réunis cinq cents colons engagés au service de la Compagnie, et un convoi de quatre vaisseaux destinés à cette première opération. La flotte mit sous voiles en mars 1665.

Le principal pivot du nouvel établissement devant être Madagascar, où l'on devait fonder de grandes colonies agricoles, où l'on devait rencontrer une population indigène neuve et intéressante, dont la situation réclamait la protection de la Compagnie, aussi bien que les colons dont le sort était l'objet de toute sa sollicitude, on institua des règlements pour la conduite des Français dans l'île. Ces règlements, d'une valeur incontestable pour ce temps, pourraient même aujourd'hui servir de guide dans les rapports des colons européens avec les naturels. En voici quelques articles que j'extrais volontiers de l'ouvrage de Charpentier, parce que ce document est devenu fort rare, et que, avec les divers passages déjà cités, l'on aura à peu près en substance tout ce que sa relation contient de remarquable.

« L'article 3 de ces règlements dit que celui qui prendra par force une femme ou une fille du pays sera puni suivant la rigueur des lois.

» L'article 7 défend à tout Français de faire aucun tort, de prendre ou emporter aucune chose appartenant aux originaires du pays, quelque petite qu'elle soit, à peine de restitution du double pour la première fois, et de punition exemplaire en cas de récidive.

» L'article 11 défend à toutes personnes de faire aucuns partis séparés, ni de s'attrouper pour aller à la guerre contre les originaires du pays, ni d'exiger d'eux aucune chose sous prétexte d'assistance ou autrement, sans ordres préalables des supérieurs, sous peine d'être punis comme perturbateurs du repos public.

» L'article 12 défend très-expressément de vendre aucuns habitants originaires du pays comme esclaves, ni d'en faire trafic, sous peine de la vie ; et enjoint à tous les Français qui en auront ou retiendront à leur service, de les traiter humainement, sans les molester ni outrager, à peine de punition corporelle, s'il y échet.

» L'article 13 dit que toutes les ordonnances du royaume de France seront ponctuellement observées dans ladite île de Madagascar et autres lieux par tous les habitants, sous les peines portées par icelles. »

A ces règlements la Compagnie joignait des recommandations particulières pour la conduite des Français dans l'île, de l'hygiène à suivre lors de leur première installation, pour les rapports des supérieurs avec les administrés, et pour le bien général de tous ; « car, y est-il dit aussi, comme elle prétend que cette île rapporte de grandes utilités à toute la France, elle prétend bien aussi que ceux qui travailleront sur les lieux à lui attirer ces avantages, en jouissent les premiers, et qu'il ne lui soit jamais reproché d'avoir transporté des Français dans un pays si éloigné, pour n'avoir pas soin d'eux, jusque dans leurs plus petits besoins. Elle enjoignait expressément aux gens du conseil d'envoyer, aussitôt leur arrivée sur les lieux, plusieurs brigades dans l'intérieur du pays, pour informer les habitants de nos desseins et pour tâcher de les attacher à nous, par toutes les voies imaginables, en leur faisant entendre que les Français viennent de la part du plus grand roi du monde et de la plus célèbre compagnie de négoce qui ait jamais été formée, afin de trafiquer avec eux et de leur apporter du royaume de France les choses dont ils manquent ; que la parole et la bonne foi seront gardées inviolablement de notre part ; que jamais aucun nègre, ni autre habitant de l'île n'en sera enlevé, ni transporté pour être vendu comme esclave ou pour être contraint de servir ; mais au contraire que les Français leur donneront une protection entière contre ceux qui voudraient leur faire un pareil traitement. »

Tous les Français en état de porter les armes furent divisés en compagnies, sous le commandement de Champmargou, qui fut maintenu commandant militaire, sous les ordres du gouverneur général, M. le marquis de Mondevergue, nommé gouverneur et lieutenant général du roi dans toute l'étendue de l'île Dauphine et de celle de Bourbon, par provisions expédiées le 17 octobre 1665.

Ce fut le 11 juillet 1665, au matin, qu'eut lieu la prise de possession faite au nom du roi et pour le compte de la Compagnie des

Indes orientales, de l'île de Madagascar, qui, selon la volonté de
Louis XIV, devait être le centre des opérations de la Compagnie
dans les mers de l'Inde. Souchu de Rennefort, secrétaire d'Etat de
la France orientale, nous en a conservé les souvenirs dans la relation qu'il publia en 1668, du premier voyage de la Compagnie des
Indes orientales en l'île de Madagascar ou Dauphine. « Je me fis
conduire immédiatement chez le gouverneur, M. de Champmargou.
Tenant en main un original de la déclaration du roi pour l'établissement de la Compagnie des Indes orientales de l'île de Madagascar,
de laquelle Sa Majesté faisait don à ladite Compagnie, je lui dis que
je venais prendre possession de ladite île, au nom du roi. Le gouverneur répondit que, le lendemain, il remettrait l'île de Madagascar entre les mains du porteur des ordres de Sa Majesté. »

En 1667, M. de Mondevergue débarqua au Fort-Dauphin. Il y arrivait en qualité de gouverneur général et amenait avec lui une
flotte de dix vaisseaux. A l'arrivée de M. de Mondevergue, Lacaze,
devenu officier, réconcilia Andrian Manangha avec les Français, et ce
chef, dont l'alliance n'était point à dédaigner, jura obéissance et
fidélité au gouverneur général.

Les instructions, les ordonnances dont le nouveau gouverneur
était porteur, ainsi que les moyens dont il était accompagné, devaient
assurer la réussite de tous les projets de la nouvelle compagnie. Tout
devait faire présager un succès assuré, la protection du roi, les soins
particuliers de Colbert qui présidait souvent lui-même les délibérations du conseil des directeurs institué à Paris. Rien ne répondit
cependant à cette attente légitime. La Compagnie royale avait mal
dirigé ses opérations, mal choisi ses agents. Elle ne tarda pas à
chanceler malgré ses immenses ressources. Ces ressources elles-
mêmes, si considérables, si abondantes, furent peut-être une cause
indirecte de ruine, dans un temps où les entreprises commerciales
étaient si peu formées à la balance de leurs revenus et de leurs dépenses, où ces colossales expéditions financières étaient confiées pour
la plupart du temps à des hommes peu habitués au sage maniement
des capitaux qui leur étaient confiés pour le bien de la France. Le
gaspillage s'était installé dès l'origine au sein même de la Compagnie. Les ressources réunies par le roi et par la partie éclairée de la
société française de cette époque, entretinrent et alimentèrent pendant quelque temps les plus odieuses dilapidations. Il fallut renoncer
aux espérances les plus légitimes. Notre premier établissement sérieux et de grande proportion fut compromis de la manière la plus

désastreuse. Au gaspillage des finances se joignirent encore d'autres causes qui minèrent sourdement cette grande entreprise. Ce fut surtout la mésintelligence des chefs de la colonie, les hostilités fréquentes des naturels, la détestable administration intérieure et enfin la discorde qui divisa bientôt les directeurs de la Compagnie elle-même. Dès le mois de décembre 1667, la proposition d'abandonner l'île Madagascar avait été agitée à Paris dans le conseil même des directeurs. En 1668, la Compagnie obérée, soit par la mauvaise gestion de ses agents à Madagascar, soit par le défaut de payement de plusieurs de ses actionnaires, ayant eu recours au roi, et Louis XIV espérant toujours faire de Madagascar une colonie florissante, lui accorda un secours de deux millions de livres. Louis XIV se fit rendre le compte le plus exact de l'état de cette île par ordre du 24 décembre 1668, et sans qu'il fût autrement question du marquis de Mondevergue, le roi donna au sieur de Champmargou le commandement provisoire de Madagascar. Cependant, en mars 1669, à l'arrivée du vaisseau le *Saint-Jean*, le roi ordonna que le gouvernement fût laissé à M. de Mondevergue ; mais il fit désapprouver par la Compagnie la conduite du conseil, qui s'était en tous points écarté de ses instructions. Malgré ce secours de deux millions, la Compagnie ne put arrêter le déclin de ses affaires ; jetée dans les plus graves embarras, elle fut réduite à faire en 1670 remise de ses droits sur Madagascar entre les mains de Sa Majesté. Le roi se chargea du soin de l'île Dauphine, et par suite supprima le conseil par arrêt du 12 novembre 1670. En même temps, une flotte de neuf vaisseaux arrivait à Madagascar, sous les ordres de l'amiral De la Haye qui s'y fit reconnaître en qualité de général et d'amiral, avec l'autorité de viceroi. Il nomma Champmargou commandant en second, et Lacaze major de l'île.

Lors de la réunion de l'île au domaine de la couronne, M. de Mondevergue eut le choix de rester gouverneur particulier de Madagascar ou de retourner en France. Il prit ce dernier parti et s'embarqua, au mois de février 1671, sur la *Marie*. A son arrivée en France, ce brave officier qui avait gouverné avec sagesse, mais qui avait peut-être mis un peu trop de faiblesse dans l'exécution des ordres du roi touchant le conseil, desservi par M. De la Haye son successeur, et par les directeurs de la Compagnie, fut arrêté en mettant pied à terre à Lorient, et conduit au château de Saumur, où il mourut accablé de chagrin de ne pouvoir se présenter au roi et de se faire écouter. En lui commencent ces procédés étranges qui devaient, un siècle après, ravir à la France trois autres victimes bien autrement illustres, Labourdonnais, Dupleix et Lally.

L'amiral De la Haye était arrivé au Fort-Dauphin muni de pouvoirs illimités. Le sieur Dubois, dans son voyage aux îles Dauphine et Mascareigne, raconte ainsi l'arrivée à Madagascar de l'amiral gouverneur : « Le 24 novembre, M. De la Haye descendit à terre, accompagné des officiers de l'escadre et de ceux de sa maison. Il trouva toute l'infanterie sous les armes pour sa réception. Ils furent en la maison de M. de Mondevergue, lors encore vice-roi ou gouverneur de l'île, en présence duquel et de M. de Champmargou, lieutenant général, de M. de l'Espinay, receveur général, et de plusieurs officiers et personnes notables, M. De la Haye fit ouverture des paquets du roi, et fit faire lecture de ses commissions. »

Le jeudi, 4 décembre, les préparatifs ayant été faits pour la réception de M. De la Haye, en qualité d'admiral gouverneur et lieutenant général pour le roi, la chose fut exécutée ainsi : les troupes d'infanterie, tant de l'île que celle de la flotte du sieur admiral, étant sous les armes, et les Français, habitants en l'île, et plusieurs originaires qui avaient été mandés estant présents, Monsieur l'admiral sortit de son logis, accompagné de messieurs de la Mission et de M. de Grattcloup, maréchal de camp, de M. de la Raturière aide de camp de M. de Champmargou lieutenant général, du sieur Lacase, de plusieurs officiers, garde et maison de M. l'admiral. Ils furent jusque sous la porte du fort, où était dressée une espèce de throsne. Chacun y prit son rang selon sa qualité. L'on imposa silence, et le secrétaire du conseil lut les commissions du roi données en faveur de M. De la Haye par lesquelles il parût que Sa Majesté, voulant maintenir les pays orientaux et peuples d'iceux, qui sont ou seront sous son obéissance, a trouvé ne pouvoir faire un meilleur choix que celui de la personne de M. De la Haye ès qualités sus-dites, lui donnant, Sa Majesté, pouvoir de commander en toutes choses, régir, faire et ordonner tout ainsi que ledit sieur De la Haye le jugerait à propos pour le bien et avantage de Sa Majesté ; mesme pouvoir d'exercer la justice souveraine ès dits pays obéissants, tant sur les ecclésiastiques que sur toutes autres personnes en général. Ensuite de quoi les officiers prêtèrent serment de fidélité à Sa Majesté et d'obéissance à M. De la Haye ; le mesme jour, M. l'admiral prit possession de l'île au nom du Roy. »

Sous le gouvernement de M. de Mondevergue, comme sous celui de l'amiral De la Haye, M. de Champmargou avait continué à résider au Fort-Dauphin avec le titre de commandant militaire. Cet officier se trouvait dans l'île depuis 1660, et par suite de sa triple et essentielle connaissance des hommes, des choses et des lieux, il était appelé à jouer le principal rôle dans la direction des affaires. Un chroniqueur affirme, sans que rien puisse faire juger de la vérité de son assertion, qu'il fit échouer à dessein une expédition dirigée contre un des chefs indigènes, par ordre du dernier gouverneur général, dans le but de dégoûter celui-ci d'un pays, où lui-même regrettait de ne plus occuper que le second rang, après avoir possédé si longtemps le premier. Quoi qu'il en soit, voici ce qui arriva : M. De la Haye, résolu d'éloigner du fort tout ce qui pouvait l'incommoder ou lui porter ombrage, ordonna à Andrian-Ramoussaye, le chef le plus voisin et qui n'était point venu lui rendre hommage, de renvoyer toutes les armes à feu qu'il avait eues des Français, ou qu'il avait achetées d'un petit vaisseau hollandais; sur son refus, il le fit attaquer dans son village par 700 Français et 600 Malgaches conduits par Champmargou et Lacaze. La résistance de ce chef, qui se retira après une fort belle défense, blessa l'amour-propre du nouveau gouverneur et le dégoûta d'un pays où il sentit que ses succès pouvaient dépendre des dispositions de ses subalternes, ayant sur lui l'avantage des connaissances locales; il prit la résolution d'abandonner le Fort-Dauphin et de porter ses forces dans l'Inde. D'après la conduite de l'amiral-gouverneur, et malgré tout ce que nous trouvons dans les documents contemporains, il est à croire que le gouvernement français de cette époque n'avait pas d'idées bien arrêtées de poursuivre quand même les projets formés sur Madagascar : la conduite du chef de la colonie serait inexplicable sans cette supposition. L'abandon subit du Fort-Dauphin par son chef légal eut des suites terribles et fut cause de tous nos malheurs. Le départ de l'amiral fut suivi de la mort du valeureux Lacaze auquel Champmargou survécut peu. Leur successeur, M. de la Bretesche, était gendre de Lacaze; mais il n'en avait ni les talents ni la considération. Se voyant dans l'impossibilité de ramener l'ordre parmi les Français et les naturels, toujours en division depuis la malheureuse affaire de Andrian-Ramoussaye, il désespéra de se maintenir dans l'île avec les débris de la colonie, affaiblie chaque jour par les guerres contre les indigènes et les discordes intestines. L'exemple de M. De la Haye le gagna, et, profitant du passage d'un navire qui se rendait à Surate, il abandonna le pays avec sa famille et quelques Français qui se joignirent à lui. A peine le vaisseau eût-il appareillé qu'on aperçut du bord un signal de détresse qui arrivait

de la terre qu'ils venaient de quitter. On mit immédiatement à la
mer la chaloupe, qui fut assez heureuse pour arriver à temps et recueillir au pied de Fort-Dauphin les malheureux qui venaient d'échapper
au massacre des Français par les indigènes. Ce tragique événement
eut lieu dans la nuit de Noël 1672. Le Gentil (dans son *Voyage dans
les mers de l'Inde*, p. 120, t. IV) raconte que les Français furent surpris sans défense, dans leur église située hors du fort, pendant la
messe de minuit, et que ceux qui purent s'en échapper allèrent avec
quelques femmes du pays chercher asile à l'île Bourbon, où ils s'éta-
blirent. Cet île fortunée, que les chroniqueurs représentent comme
un *pays enchanté et un véritable paradis terrestre*, n'avait, à cette
époque, que fort peu d'habitants. En 1665, M. de Champmargou
après avoir remis ses pouvoirs aux envoyés de la Compagnie, la visita
en compagnie de l'officier qui nous a laissé ses curieux mémoires
sur les affaires de ce temps. Elle n'avait alors que vingt habitants et
venait de recevoir son premier gouverneur, M. Renaud, commandant dans l'île pour le service de MM. de la Compagnie des Indes
orientales. Veuve à jamais de sa primitive parure, de ses hôtes paisibles, il ne lui reste aujourd'hui que son heureux climat. Surchargée
d'une population déshéritée, elle regarde avec amour l'ancien
berceau de ses aïeux et attend avec résignation l'heure où il plaira
à la France de donner le signal du départ.

Telle fut la fin des premiers établissements français de Madagascar. Dans cette première lutte de trente ans contre les difficultés de
toute nature qui se présentèrent alternativement, tout n'a pas été
le fait de l'impéritie des hommes : la fatalité s'en est mêlée un peu,
il faut bien le reconnaître. Quand un homme de grande valeur s'est
rencontré sur les lieux pour créer cette colonie et lui assurer une
consistance qui aurait défié tous les obstacles, les secours lui manquèrent absolument pendant sept longues années d'abandon. Plus
tard, quand cet homme allait reparaître sur les rivages qu'il était
appelé à illustrer, la mort le surprit en chemin. Je veux parler une
dernière fois de Flacourt : Il s'était embarqué le 20 mai 1660 pour
revenir à Madagascar, amenant avec lui les éléments d'une nouvelle
colonie et revêtu du titre de commandant de cette île par lettres patentes du 12 du même mois « en récompense, disent ces mêmes
lettres, du zèle, de l'adresse et de la valeur avec lesquels il avait
précédemment réduit les seigneurs, moitiés des contrées, et chefs
de famille de cette île, à la soumission et à l'obéissance du roi, et à
lui payer les tributs qu'ils payaient auparavant à leurs princes. »

On ne peut dire ce que Flacourt, revêtu d'une grande autorité, connaissant déjà le pays, et soutenu par le crédit du duc de la Meilleraye et de son fils le duc de Mazarin, aurait pu faire à Madagascar. Quel agent la grande Compagnie qui se forma en quatre années plus tard, sous les auspices de Louis XIV et sous l'inspiration de Colbert, eût rencontré en lui ! Mais un combat que Flacourt eut à soutenir le 10 juin à la hauteur de Lisbonne, contre trois pirates barbaresques et dans lequel il périt, fit échouer ses projets et ceux de son protecteur. Madagascar aurait eu probablement en lui son Fernand Cortez et les destinées de la grande île malgache ainsi que celles du monde indien étaient peut-être aussi à jamais changées ! La disparition prématurée de Flacourt a retardé la civilisation de Madagascar de deux siècles.

ATTITUDE DE LA FRANCE A MADAGASCAR, DE LA FIN DU PREMIER ÉTABLISSE-
MENT A 1750. HISTOIRE DE CE PAYS PENDANT LA PREMIÈRE MOITIÉ DU
XVIIIe SIÈCLE.

Depuis le désastre de 1672, la côte orientale de Madagascar, depuis Sainte-Marie jusqu'au nord de l'île, fut souvent visitée et même
habitée par les forbans. Les Français en fréquentaient aussi la côte
orientale, mais sans y avoir d'établissement fixe.

Cependant Louis XIV ne cessa de considérer Madagascar comme
domaine de sa couronne ; et malgré l'abandon de ses sujets, Sa Majesté, par un nouvel édit du 4 juin 1686, prononça la réunion définitive à son domaine de ladite île de Madagascar pour en disposer
en toute propriété, justice et seigneurie.

Par un autre édit du mois de mai 1719, confirmé en juillet 1720,
et par une ordonnance de juin 1725, qui proroge à cinquante ans le
privilége de la Compagnie des Indes, le roi de France, s'en conser-
vant la souveraineté, accorde à la Compagnie le commerce exclusif
de Madagascar.

En 1733, M. de Cossigny, ingénieur, en mission à l'île de France
pour éclairer le ministère sur les rapports contradictoires qui lui
avaient été adressés sur cette colonie, fut par suite envoyé à la baie
d'Antongil pour y former un établissement s'il jugeait la localité
convenable. Après beaucoup d'observations faites avec exactitude pendant environ quatre mois qu'il y passa, Cossigny renonça
à ce projet, ayant trouvé que cette partie était l'une des plus malsaines de l'île.

En 1745, Labourdonnais, alors gouverneur de l'île de France, appelé au secours des établissements français de l'Inde, envoya une
partie de son escadre se ravitailler à la baie d'Antongil, où lui-même

se rendit au mois de mars 1746. Le séjour que fit cet homme célèbre à la baie d'Antongil, où il trouva les moyens de réparer les accidents éprouvés par son escadre dans une tempête qui l'avait assaillie à sa sortie de l'île de France, lui donna le regret de n'avoir pas mieux connu les ressources de Madagascar pendant qu'il était gouverneur des îles de France et Bourbon.

Quant aux naturels de Madagascar, et particulièrement ceux de la côte orientale, un événement indigène, qui eut lieu vers le commencement du siècle dernier, sembla un moment appelé à changer la face des choses dans ce pays. Il n'eut malheureusement que la durée de l'existence de l'homme qui en fut l'auteur.

Dans le temps que les forbans anglais infestaient les mers des Indes, plusieurs de ces pirates s'étaient établis à Madagascar, où, jouissant impunément de leurs brigandages, ils formèrent des espèces de petites souverainetés qui furent longtemps redoutables aux insulaires. Elles s'éteignirent insensiblement par la mort de la plupart des chefs qui les avaient créées; leurs descendants, issus presque généralement des filles des chefs de la côte, et connus à Madagascar sous le nom de *Malattes*, corruption probable du mot mulâtre, bien que beaucoup moins puissants que leurs pères, n'en continuèrent pas moins à exercer un pouvoir accepté des naturels. Ce fut de l'un de ces forbans, nommé *Tom*, que sortit Ratsimilaho, plus connu dans les relations des Européens sous le nom de Tamsimalo. Ce fut de tous les chefs malattes celui qui joua le rôle le plus considérable dans l'histoire de Madagascar pendant le xviiie siècle. Ratsimilaho naquit de la fille d'un chef de l'île Sainte-Marie, et ne connut point son père qui avait péri corps et biens dans la baie d'Antongil, en fuyant devant une frégate qui lui donnait la chasse, pendant que sa mère le portait encore dans son sein. La jeunesse du Malatte fut éprouvée, et ces circonstances diverses occasionnèrent sa fortune politique en développant ses facultés naturelles. Il s'embarqua de bonne heure, et fit plusieurs voyages dans l'Inde, à Bombay et dans d'autres endroits de la côte malabare. La fréquentation des Européens lui avait donné une supériorité sur tous ses collègues, et, rentré sur son petit territoire ou dans sa bourgade, il conçut l'idée de délivrer sa patrie du joug que lui avaient imposé les Tsikouas, aujourd'hui les Bétanimènes, qui, vers la fin du xviie siècle, s'étaient constitués en confédération et étaient devenus puissants sous la conduite de leur chef *Ramanghanou*, dont la domination se faisait vivement sentir sur tous les peuples qui habitaient la région comprise entre Tamatave et

la baie d'Antongil. Ratsimilaho communiqua ses projets à tous les
nombreux petits chefs du pays soumis, qui l'élurent généralissime
et le chargèrent de l'exécution [de son noble dessein en se soumettant à ses ordres. Ces événements se passaient vers 1715, et, en
1720, Ratsimilaho était parvenu à délivrer son pays du joug des
Tsikouas en les refoulant dans leur province. Devenu alors très-
puissant, il s'était créé un royaume de cinquante à soixante lieues
d'étendue sur quinze à vingt de largeur, en un mot, de tout le pays
occupé aujourd'hui par les Betsimissaracs, qui prirent de cet événement, lors du serment qu'ils firent à Ratsimilaho de se constituer
sous son autorité en confédération, le nom qu'ils ont conservé et qui
devait être le seul vestige de ce monument important de leur histoire. Le fondateur de l'unité Betsimissaraca n'étendit pas davantage
ses conquêtes, bien qu'il en eût la possibilité, et se contenta d'entretenir des relations d'amitié avec le roi des Sakalaves, qui lui
donna une de ses filles en mariage. Il fut craint et redouté toute sa
vie sous le titre de *Ra-man-ampoun* (littéralement, qui commande à
la multitude), et termina sa carrière en 1750, à l'âge de soixante ans
environ. A sa mort, deux factions divisèrent la confédération des
Betsimissaracs; l'une, la plus importante, composée des chefs qui
avaient accepté la suzeraineté de Ratsimilaho, voulait reconquérir son
entière indépendance, et refusait d'accepter le fils et successeur du
prince pour chef de la confédération; l'autre, restée fidèle à la mémoire du fondateur de l'unité Betsimissaraca, n'avait pas les forces
nécessaires pour faire rentrer dans le devoir les dissidents. Cette
scission, fatale pour le peuple Betsimissarac, devait porter un jour
des fruits bien amers et que notre génération était destinée à voir.

Andrian-Zanaar, l'héritier de Ratsimilaho, n'avait ni le caractère,
ni l'énergie, ni les capacités de son père. Élevé mollement, comme
le sont la plupart des jeunes Malgaches, fils de grands chefs, il n'a-
vait rien de ce qu'il fallait pour être le continuateur de l'œuvre de
son prédécesseur. Il était du reste fort jeune et n'avait que seize ans
lors de la mort de Ratsimilaho. Sa sœur *Betty*, femme des plus remarquables, avait quelques années de plus que lui; mais, soit par
caractère, soit par éloignement naturel, elle se tint à l'écart des événements qui suivirent la mort de leur père, et se contenta de la petite
souveraineté de l'île Sainte-Marie, dont elle fit don, dans la même
année, à la Compagnie des Indes. Andrian-Zanaar ne put même
conserver une partie des États que lui avait légués Ratsimilaho, et,
forcé de fuir Foulpointe, où on voulait le retenir presque captif, il

vécut longtemps errant et fugitif, accompagné de quelques serviteurs
fidèles. Le gouvernement français de l'île de France, qui n'avait eu
que de bonnes relations avec Ratsimilaho, crut devoir protéger sa famille contre les factions ennemies qui la menaçaient en 1763. M. De
Laval, chef de traite, reçut la mission délicate de rétablir Adrian-
Zanaar et de le faire reconnaître par les chefs de Foulpointe et des
autres cantons. Ce fut dans le voyage entrepris à cette intention,
que Le Gentil l'accompagna, et c'est à ce savant que nous devons les
curieux détails qui ont servi en partie à cette histoire. « M. de Laval,
prudent et sage, dit Le Gentil, fut trois mois à préparer et à disposer
les esprits à Foulpointe, à Maraombe et dans les autres villages des
environs. A force de douceur, de promesses, de sollicitations, de
pourparlers, il vint à bout des chefs, du moins il nous le parut ainsi...
Tout le monde se soumit, au moins pour le moment, et Zanaar arriva bientôt après avec sa flottille ; elle était composée de plus de
quarante pirogues, grandes et belles. A cinq heures du soir, toute
cette flottille était rendue à l'entrée du Barachoua. Il faisait le plus
beau temps du monde, et il me semblait voir ces armées navales des
Grecs si pompeusement décrites par les poëtes, ou au moins la flotte
d'Énée, quoique infiniment inférieure en nombre de vaisseaux à
celle de Zanaar, mais sans doute guère mieux équipée : les vaisseaux d'Énée se halaient au plein comme ceux de Zanaar. » La mission de M. de Laval eut le succès désiré quant à la rentrée du prince
fugitif à Foulpointe ; mais les chefs qui lui prêtèrent serment de
fidélité n'en conservèrent pas moins toute leur indépendance, et le
pouvoir exercé un moment avec éclat par Ratsimilaho s'évanouit à
jamais entre les mains débiles de ses frêles héritiers, que nous verrons successivement apparaître dans le cours de cette histoire.

IV

DEUXIÈME ÉTABLISSEMENT FRANÇAIS A MADAGASCAR.

En 1750, les Français qui fréquentaient alors Madagascar parurent décidés à se rendre aux sollicitations de Ratsimilaho, et à former un établissement fixe sur la côte orientale, en acceptant la cession de l'île Sainte-Marie, qui fut solennellement faite au roi Louis XV et à la nation française par le chef des Betsimissaracs, peu de temps avant sa mort, et renouvelée par un acte souscrit par Betty, sa fille, qui lui avait succédé dans la petite principauté de cette île. La prise de possession en eut lieu le 30 juillet 1750, jour même de la date de l'acte de cession, et le sieur Gosse, ancien chef de traite à Madagascar et ami de Ratsimilaho, fut établi commandant de l'île Sainte-Marie. On lui donna quelques soldats pour surveiller ce poste. Ce nouvel établissement ne fut pas de longue durée. Gosse ne voulut ou ne sut pas se ménager l'amitié des chefs voisins ; il en offensa même quelques-uns, au point de faire naître le désir de la vengeance. Les motifs existaient, l'occasion ne se présentait pas au gré des chefs et de la veuve Ratsimilaho, Mamadiou, dont Gosse s'était fait une ennemie irréconciliable. Averti plusieurs fois par Betty, dont la vigilance l'avait déjà préservée du sort qui le menaçait, loin de changer de conduite, Gosse oublia les intérêts de l'établissement qui lui était confié, et le soin de sa propre conservation, en maltraitant un chef qui était venu acheter un fusil. L'irritation produite par cet événement fut excitée encore par Mamadiou, et dès lors sa perte fut résolue ainsi que celle de tous les Français qui étaient sous ses ordres. Ce complot tramé dans l'ombre à l'insu de Betty ne put être conjuré par elle. L'établissement surpris fut incendié, et la plupart des Français massacrés. Betty accourut sur les lieux pour recueillir les malheureux qui avaient survécu, et les

fit transporter sur la rive opposée, où, grâce aux soins qu'elle leur
fit prodiguer, il n'en mourut aucun.

Dès que cet événement fut connu à l'île de France, un vaisseau
armé en guerre fut expédié avec ordre de venger cet attentat. Le
châtiment fut terrible : beaucoup de villages furent brûlés, des
pirogues remplies d'insulaires furent coulées ; le feu de la mitraille
atteignait les fuyards, et la veuve de Ratsimilaho y fut tuée. Betty
fut amenée à l'île de France pour se justifier, et le gouvernement de
cette colonie lui rendit justice de l'accusation portée contre elle ; il
lui accorda sa protection et sa considération, en lui permettant de
se fixer dans la colonie. Elle retourna plus tard à Madagascar pour
y chercher une faible partie de ce qu'elle y possédait, et revint
s'établir définitivement à l'île de France, où elle termina ses jours
au milieu de l'estime générale que sa conduite noble et désinté-
ressée lui avait attirée. Quelques prétentions qu'elle eût sur l'île
Sainte-Marie, comme lui appartenant de droit, elle craignit, et avec
raison, que les chefs de la côte, et même son frère, ne la laissassent
pas posséder tranquillement ce petit Etat. Elle le donna en propre à
la Compagnie des Indes par un nouvel acte, et préféra la vie sûre
et paisible qu'elle menait à l'île de France, et qu'elle n'eût pas
rencontrée à Sainte-Marie. Voici le portrait que nous en a laissé
Le Gentil. On me le pardonnera bien, parce que cette petite digres-
sion n'est pas tout à fait hors du sujet que je traite, elle servira à
prouver que Madagascar a produit et est susceptible de produire
encore des natures d'élite. « J'ai connu très-particulièrement la
fille de Tamsimilo ou sœur de Zanaar. C'était, sans contredit, une
des plus belles femmes qu'on l'on pût voir. Elle m'a raconté la fin
tragique du commandant de Sainte-Marie ; elle m'assura plus d'une
fois que cet homme n'avait jamais voulu l'écouter ; que s'il eût voulu
suivre ses avis, il se fût sauvé et eût évité le coup qu'on lui porta.
Cette fille policée, j'ose le dire, comme aurait été une Française, joignait à une très-grande beauté les qualités d'un cœur excellent. Elle
était sur le vaisseau de M. de Laval, avec lequel j'ai fait le voyage de
Sainte-Marie et de la baie d'Antongil. »

Depuis le complot de Sainte-Marie, les Français, sans plus tenter
d'établissements autres que de simples postes de traite pour le commerce des bœufs, du riz et des esclaves, ne cessèrent pas de fréquenter la côte depuis le Fort-Dauphin jusqu'à la baie d'Antongil.
On reprit toutefois encore possession, en 1753, de l'île Sainte-Marie
après la seconde donation que nous en fit Betty, et enfin on l'aban-

donna tout à fait en 1761. Deux années après, ainsi que nous l'avons déjà rapporté, l'administration de l'île de France sentant tout le prix qu'il y avait à n'avoir affaire qu'à un seul chef plûtôt qu'à cette multitude de petits tyrans souvent fort exigeants, chercha à concilier ses intérêts avec ses sentiments de générosité, en faisant les tentatives que nous avons relatées en faveur d'Andrian-Zanaar.

Bientôt après, les îles de France et Bourbon ayant été reprises par le roi à la Compagnie des Indes, moyennant une rente de douze cent mille livres, M. Dumas, gouverneur de ces îles pour le roi de France, publia une défense à tout navire, soit de la Compagnie, soit particulier, armé en Europe où ailleurs, de faire aucun commerce depuis le Fort-Dauphin jusqu'à la baie d'Antongil. Les besoins du service du roi l'ayant déterminé à prendre possession du port de Foulpointe, pour y établir la traite au compte de Sa Majesté, un chef de traite et quelques employés sous ses ordres devaient seuls y être envoyés ; mais ces mesures ne durèrent que quelque temps, et bientôt après, en 1768, le projet d'établir une colonie française au Fort-Dauphin reprit un moment faveur. M. le comte de Maudave, qui avait formulé son plan dans un petit mémoire qui fut apprécié par le ministère, y fut envoyé par ordre de la métropole, mais aux frais de la colonie de l'île de France.

V

M. de Maudave, nommé commandant pour le roi dans l'île de Madagascar, se fixa au Fort-Dauphin dont il releva les ruines, et commença son établissement avec quelques cultivateurs, quelques soldats et un petit état-major, mais tout cela en fort petit nombre et avec des ressources plus que modestes. Loin de rencontrer la moindre opposition de la part des chefs des environs, M. de Maudave obtint d'eux la cession au roi en toute souveraineté, d'une étendue de terrain de neuf à dix lieues de superficie. Cette petite colonie semblait promettre quelques succès : le système de son chef, renonçant à l'occupation militaire, était basé sur le travail libre et n'avait pour but principal qu'une colonie agricole, dont le seul objet devait être le commerce. Cependant, dès les premiers mois, les subsides lui manquèrent pour l'installation même de la colonie, et la métropole lui refusa bientôt tout secours. De faux rapports faits par le chevalier Desroches, alors gouverneur de l'île de France, appuyés de l'inconstance du cabinet de Versailles, provenant des fréquents changements de ministres, firent relever cet établissement. M. de Maudave, forcé d'abandonner le Fort-Dauphin, le quitta en août 1769. C'est pendant le séjour de M. de Maudave au Fort-Dauphin que le naturaliste français *Commerson* visita Madagascar.

Les naturels de la province d'Anossi n'avaient conservé aucun souvenir du passage des Français au siècle précédent, et la tradition orale n'en faisait nullement mention. Ils n'avaient pas même, au dire de Le Gentil, le plus vague souvenir des événements qui remontaient à deux ou trois générations à peine.

C'est vers ce même temps qu'on trouve pour la première fois, dans les auteurs, une trace de l'existence de la tribu Hova ; Le Gentil en parle, mais comme un auteur qui n'avait que des données très-vagues. « Il ne m'a paru, à proprement parler, que deux espèces d'hommes à Madagascar, dit-il, toutes les deux noires, qui diffèrent seulement en ce que l'une, pareille à celle d'Afrique ou de Mozambique, est très-noire, a de la laine à la tête, comme on dit, c'est-à-dire des cheveux courts et très-crépus. Cette espèce est en général forte et très-vigoureuse. L'autre espèce habite le centre ou le milieu de l'île : elle n'est pas si noire que la première ; sa couleur est plutôt bronzée, mais elle est surtout remarquable par de grands cheveux longs et plats, qui paraissent incapables de recevoir le moindre pli ; ils en font de longues tresses qu'ils laissent descendre bien au-dessous des épaules. Cette espèce n'a point le nez écrasé ; un visage et une physionomie à l'Européenne ornent souvent un corps très-bien fait. Les femmes y sont très-belles ; mais cette espèce est un peu élancée, sans corpulence, et par conséquent sans forces : ces noirs ont le tempérament très-délicat, aussi on ne les estime point à l'île de France parce qu'ils ne sont pas capables de supporter de rudes travaux, comme feraient les autres nègres ou les Cafres. Cependant ils sont beaucoup plus spirituels et plus adroits que ces derniers. Ces noirs du milieu de Madagascar se nomment *Oves* dans le pays ; ce qu'il y a de remarquable, c'est que les Oves ont une espèce de ressemblance avec les Égyptiens et les Chinois dans l'air et les traits du visage. Il ne serait pas impossible que ces Oves, race inconnue à Flacourt, descendissent des Arabes. » Comme on le voit, Le Gentil ne se livre qu'à des conjectures sur l'origine d'une fraction très-importante de la population de Madagascar. Quant à son assertion pour Flacourt, Le Gentil n'avait probablement pas vu la carte qui accompagne l'ouvrage de cet auteur ; la position de l'Ankove est parfaitement désignée par un cercle pointillé dans lequel sont écrits les mots Vohits et Anghombe. Il est donc à supposer que Flacourt en avait entendu vaguement parler et que le défaut seul de renseignements précis l'aura privé de donner quelques détails dans son texte.

VI

En 1773, le comte polonais Maurice de Benyowski reçut du gouvernement français la mission de fonder un grand établissement à Madagascar. Après sa merveilleuse évasion du Kamtschatka, le comte Benyowski s'était rendu à l'île de France, où il avait conçu l'idée d'un établissement au delà du cap de Bonne-Espérance. Il vint en France en 1772, fut bien accueilli du duc d'Aiguillon, alors premier ministre, à qui il fit part d'un projet d'établissement pour l'île Formose. Mais le premier ministre lui proposa, de la part de Sa Majesté, de former un établissement du même genre à l'île Madagascar. Benyowski accepta l'offre du gouvernement français, et obtint le commandement d'une expédition relativement considérable pour l'époque. Benyowski partit de Lorient vers les premiers mois de l'année 1773, et arriva à l'île de France le 22 *septembre*, où il trouva un détachement de son corps ; le reste était resté à Lorient pour y attendre les moyens de transport. Mais la fortune rapide du célèbre étranger auprès du gouvernement français, avait déjà éveillé contre lui la jalousie des administrateurs de cette île, et dès son arrivée dans cette colonie, Benyowski put s'apercevoir de la disposition fâcheuse des esprits à son égard. Après bien des difficultés déjà suscitées rien qu'au début, il put enfin quitter l'île de France, et vint mouiller dans la baie d'Antongil qui devait être le point central de son établissement, et où déjà il avait fait passer son avant-garde sous la conduite de son premier officier, le capitaine de Sanglier. Ce fut le 14 février 1774 que Benyowski prit possession de l'île de Madagascar au nom du roi de France, et en fut reconnu pour gouverneur général. Il débarqua au fond de la baie d'Antongil, sur les bords de la rivière Tungumbaly, la Tingbale des Européens, dans un endroit qu'il nomma Louisbourg. Les chefs et les députés des districts environnants vinrent immédiatement s'engager par serment à coopérer, en ce qui dépendait d'eux, à la réalisation des plans de prospérité conçus par le chef hardi de la nouvelle expédition. Benyowski s'empressa de construire des forts et d'établir des postes de défense le long de la côte, à Angoutzy, dans l'île Marosse, à Fénériffe, à Foulpointe, à Tamatave, à Manahar et à Antsirak.

Dès les premiers mois de son gouvernement, la colonie fut paisible; une seule peuplade, les Zaffi-Rabé, ayant rompu leurs serments, et menaçant la tranquillité de l'établissement, Benyowski leur acheta leurs villages et sut plus tard échapper à une tentative d'empoisonnement qu'avaient essayée contre lui ces ennemis acharnés. Enfin, poussé à bout, il les contraignit par la force à se réfugier dans les forêts de l'île. Dans la suite les peuplades qui s'attachèrent à Benyowski se chargèrent de la répression des Zaffi-Rabé et de ses autres ennemis. Mais la fièvre avait fait autour du chef de grands et irréparables ravages. Atteint lui-même par le mal, il se fit transporter dans l'île Marosse où l'air lui avait paru moins insalubre qu'à Louisbourg, puis dans une plaine située à neuf lieues environ dans l'intérieur où règne une température bienfaisante, et que, dans leur langage pittoresque, les Malgaches appellent la plaine de la santé.

Cependant la haine jalouse des administrateurs de l'île de France poursuivait sans relâche l'établissement de Madagascar et son nouveau gouverneur général. Un intendant lui fut envoyé de l'île de France. Cet émissaire avait reçu des ordres secrets qui eussent paralysé et ruiné de fond en comble la colonie naissante, sans l'infatigable vigilance de son chef. Ces obstacles, quelle qu'en fût la portée, ne découragèrent pas le comte de Benyowski. Par ses ordres, des interprètes, qu'il avait soin d'accréditer, parcouraient le pays, pénétraient dans les provinces les plus reculées, contractaient des marchés et nouaient en son nom des alliances avec ceux d'entre les chefs qui n'avaient pu assister à la grande assemblée et prêter le serment d'usage. Faisant partager ses vues d'avenir et ses travaux par les indigènes, il perçait de tous côtés des routes et des canaux, construisait des forts et des bâtiments de tout genres.

Chaque jour arrivaient à Louisbourg des députés envoyés par les naturels, soit pour offrir à Benyowski des secours contre les Zaffi-Rabé, soit pour solliciter de lui des traités d'alliance et d'amitié. Dans une excursion que Benyowski fit à Foulpointe, les Bétanimènes,

les Fariaraks et les Betsimissaracs le prirent pour arbitre des diffé-
rends qui les divisaient. Ces peuplades écoutèrent et suivirent avec
respect les conseils du gouverneur français, et conclurent une paix
qui devait avoir les résultats les plus heureux pour la prospérité de la
colonie. Le kabar ou grande assemblée générale, où fut discutée cette
importante affaire, était composé d'environ vingt deux mille naturels.

À son retour à Louisbourg, Benyowski apprit que les Zaffi-Rabé,
au nombre de trois mille, avaient paru en armes dans les environs,
et demandaient à présenter leurs plaintes au gouverneur. Celui-ci
n'hésita pas à se rendre au milieu d'eux, accompagné seulement
d'un interprète. Là, il écouta les plaintes des chefs, et leur répondit
avec succès; mais à peine avait-il achevé son discours, qu'il se vit
entouré et menacé sérieusement par cette peuplade barbare. Il allait
succomber, lorsque cinquante Malgaches, conduits par un officier
européen, arrivèrent à son secours et attaquèrent les Zaffi-Rabé.
Dans cette circonstance, Benyowski échappa à la mort par un mi-
racle, qu'il dut à son sang-froid et à sa rare présence d'esprit. Obligé
de se défendre avec son épée seulement et de se faire jour dans la
mêlée, il fut couché en joue à bout portant par un indigène. Ne
pouvant éviter le coup, Benyowski lui cria avec force, dans la langue
du pays : « *Coquin, ton fusil ne partira pas!* » Le hasard ayant
accompli cette prédiction, le naturel jeta son arme à terre et s'en-
fuit avec ses compagnons, en poussant des cris et en disant : « C'est
un sorcier, nous sommes perdus. »

Trois années s'écoulèrent ainsi, sans qu'aucune nouvelle arrivât
d'Europe pour aider et encourager la nouvelle colonie. Benyowski
aurait infailliblement succombé, dans une telle position, contre les
attaques des Sakalaves du nord, sans les secours que lui prêtèrent
les peuplades de la côte orientale, qui prirent les armes en sa faveur
et repoussèrent plusieurs fois l'ennemi. Abandonné par la métropole, poursuivi sans relâche par les incroyables intrigues du gouvernement de l'île de France, le comte de Benyowski fut amené
alors, peu à peu, à profiter d'une circonstance que le hasard avait
fait naître, et qui devait influer étrangement sur la fin de la carrière
publique de cet homme singulier.

Vers le commencement de l'année 1775, il avait appris qu'une
vieille femme malgache, nommée Suzanne, qu'il avait ramenée avec
lui de l'île de France, disait avoir été vendue aux Français en même
temps que la fille de Ramini, dernier chef suprême de la province
de Manahar. Elle déclarait, en outre, qu'elle reconnaissait en Be-

nyowski le fils de cette princesse, et, par conséquent, l'héritier des *ampandzaka-bé*, dignité souveraine qui s'était éteinte par la mort de Ramini. Les paroles de la vieille Malgache avaient produit une révolution parmi les chefs des environs. Ils s'étaient assemblés plusieurs fois, et après s'être consultés, ils avaient déclaré qu'ils n'attendaient que le moment favorable pour honorer en Benyowski le sang de Ramini. A cette même époque, un vieillard de Manahar, qui se disait inspiré, prédisait que des changements considérables allaient avoir lieu dans le gouvernement de l'île, et que le descendant de Ramini se ferait bientôt connaître. Il n'en fallut pas davantage chez un peuple superstitieux comme le sont tous les peuples dans l'enfance. Les esprits furent vivement agités par ces prophéties.

Le 16 septembre 1776, un cortége, composé de douze cents hommes environ, et précédé des grands chefs, se présenta devant la maison de Benyowski, en lui demandant à lui faire une communication importante. Lorsque les saluts furent échangés, Rafangour, chef de la nation des Sambarives, se leva, et s'adressant au gouverneur, lui dit avec solennité : « Béni soit le jour qui t'a vu naître ! Bénis soient tes parents qui ont pris soin de ton enfance ! Bénie soit l'heure où tu posas ton pied sur le sol de notre île ! Les chefs malgaches ayant entendu dire que le roi de France avait l'intention de te retirer de ce pays et qu'il était fâché contre toi, parce que tu as refusé de faire de nous des esclaves, se sont réunis et ont tenu des kabars pour aviser à ce qu'il fallait faire, si ces rapports étaient vrais. Leur amour pour toi m'oblige en ce jour à te révéler le secret de ta naissance et de tes droits sur cette immense contrée, dont tous les habitants t'adorent. Oui, moi, Rafangour, le seul survivant de la famille de Ramini, je renonce à mes droits sacrés pour te déclarer l'unique héritier légitime de Ramini. Zanaar, le bon génie qui préside à nos kabars, a inspiré à tous les chefs la volonté de te reconnaître pour leur ampandzaka-bé, et de jurer que, loin de t'abandonner jamais, ils protégeront au contraire ta personne, au péril de leur vie, contre les violences des Français. » D'autres discours, empreints des mêmes sentiments, furent prononcés par les principaux chefs, et en quittant leur nouvel ampandzaka-bé, ils lui donnèrent, en se prosternant devant lui jusqu'à terre, les marques d'un respect qui n'est dû à leurs yeux qu'au représentant de la puissance souveraine.

Quand cette manifestation des chefs malgaches fut terminée, trois officiers de la garnison coloniale, accompagnés d'un détachement de cinquante hommes, vinrent trouver le comte de Benyowski et lui déclarèrent fermement que les déloyales intrigues de l'administration de l'île de France les avaient décidés à unir leur sort au sien, et qu'ils étaient résolus à ne l'abandonner jamais. Benyowski crut devoir leur adresser des remontrances pleines de sagesse. Ils répondirent qu'ils s'étaient entendus avec les chefs de la province et qu'aucune considération ne les ferait renoncer à leur projet. Un grand kabar eut lieu le lendemain. Les chefs renouvelèrent leur déclaration de la veille et engagèrent Benyowski, au nom du peuple malgache, à quitter le service du roi de France et à indiquer la province qu'il désirait choisir pour lieu de sa résidence, afin qu'on y bâtît une ville. Benyowski répondit que son intention était bien de se démettre des fonctions de gouverneur général, mais qu'il croyait devoir attendre l'arrivée des commissaires français qui viendraient, dans peu de temps, visiter la colonie, et entre les mains desquels seulement il pouvait se dégager de ses serments envers la France. Il ajouta que, quant à la ville dont on souhaitait la fondation, l'emplacement le plus convenable serait le centre de l'île. Il développa, à cette occasion, le plan de gouvernement qu'il lui paraîtrait convenable d'adopter. Quand il eut fini, un des chefs reçut des indigènes de l'assemblée l'ordre de veiller à ce qu'aucune tentative ne fût commise contre la vie ou la liberté de leur ampandzaka-bé.

Les commissaires royaux, dont avait parlé Benyowski, MM. de Bellecombe et Chevreau, envoyés par le gouvernement jaloux de l'île de France, arrivèrent le 21 septembre 1776, et, jusqu'au 27, ils s'occupèrent à visiter toutes les parties de l'établissement colonial. Ils remirent à Benyowski un certificat constatant la parfaite régularité de son administration, et reçurent de lui la démission de sa charge. Ces formalités accomplies, ils se rembarquèrent précipitamment dans la crainte de subir les atteintes de la fièvre, et ne se firent pas faute, à leur retour, de déprécier les actes de ce gouverneur général. Dès ce moment, Benyowski se considéra comme le chef suprême de Madagascar.

Il convoqua, le 10 octobre, un kabar général des peuples malgaches et remplit toutes les cérémonies du grand serment. Le 11 du même mois, l'acte solennel et définitif qui constatait son élévation à la dignité d'ampandzaka-bé fut lu trois fois à haute voix et signé par trois des plus puissants chefs de l'île, qui étaient *Hyavi*, roi de l'Est, dont Foulpointe était le chef-lieu; *Lambouine*, roi du Nord, et *Rafangour*, chef des Sambarives, habitants des environs d'Antongil. Les

grands chefs de toute la côte orientale, depuis le cap d'Ambre jusqu'au
cap Sainte-Marie, s'étaient rendus à cette assemblée dans laquelle plus
de cinquante mille Malgaches vinrent se prosterner devant leur nouveau souverain. La constitution malgache fut discutée et acceptée
dans les trois séances du 13, du 14 et du 15 de ce mois. Cette constitution contenait dans son premier et principal article l'institution
d'un conseil suprême composé de vingt-deux membres, choisis
parmi les chefs des diverses nations. Ce fut alors que Benyowski
crut le moment venu de faire connaître aux chefs assemblés la nécessité de conclure un traité avec la France ou tout autre pays, afin
d'assurer l'exportation des produits de l'île. Il ajouta qu'il avait l'intention de partir pour accomplir ce projet. Le vieux chef Rafangour
s'écria que c'était courir à sa perte et engagea l'assemblée à ne pas
consentir à un tel dessein. Après une longue et orageuse délibéra-
tion, il fut arrêté que l'ampandzaka-bé se rendrait, ainsi qu'il le souhaitait, en France ou dans un autre pays, avec de pleins pouvoirs
pour traiter, au nom de la nation malgache; mais qu'il prendrait,
avant de partir, l'engagement de revenir à Madagascar, soit qu'il
réussît, soit qu'il échouât dans son entreprise. Enfin, le 10 décembre de cette même année 1776, Benyowski s'embarqua à Louisbourg sur un brick qu'il avait frété. En s'éloignant des rivages de
Madagascar, il put voir avec émotion l'immense concours des naturels
qui s'y étaient rassemblés pour lui souhaiter un heureux voyage et
pour conjurer les maléfices du mauvais génie, s'il tentait de s'attaquer à lui.

A peine arrivé en France, Benyowski eut de longues conférences
où il expliqua au gouvernement métropolitain quelle avait dû être
sa conduite. Il reçut une épée en récompense de ses services qui, du
reste, avaient déjà trouvé en Benjamin Franklin un avocat chaleu-
reux. Ce fut vainement, toutefois, qu'il offrit ses projets de traité à la
France d'abord, puis à l'Autriche et à l'Angleterre.

Le comte de Benyowski, d'après les conseils de Franklin, passa
alors en Amérique où il sut persuader et intéresser la jeune répu-
blique, en lui parlant de ses succès, de ses forts, de ses villes malgaches et de sa grande route royale d'Antongil à Bombetok. Les
Américains lui fournirent quelques subsides pour consolider ces
opérations, mais sans toutefois y attacher un caractère officiel. Son
absence dura ainsi jusqu'en 1785. Le nouveau souverain de Madagascar se décida enfin à reprendre la mer, et, le 7 juillet, il arriva à
l'île de Nossi-bé, dans la baie de Passandava. Il se rendit par terre

à la baie d'Antongil. Le roi du Nord Lambouine, et une foule d'autres chefs l'accueillirent avec le plus vif enthousiasme, ce qui démontrait qu'une absence aussi longue n'avait rien changé à leurs bons sentiments pour lui.

Pendant que le nouveau souverain fortifiait le village d'Amboudirafia dont il avait fait sa capitale, qu'il établissait des postes à Manahar et dans d'autres villages de la province, une expédition destinée à arrêter ses entreprises se préparait contre lui à l'île de France.

Vers la fin d'avril 1786, un détachement de soixante hommes du régiment de Pondichéry, commandés par le sieur Larcher, fut embarqué avec deux pièces de canon sur le navire de guerre la *Louise*, expédié par le gouverneur de cette île, M. de Souillac, et qui vint mouiller d'abord devant Foulpointe. M. Mayeur, resté à Madagascar, en qualité d'interprète et d'agent pour les approvisionnements des îles, fut envoyé vers les naturels du nord d'Antongil pour les détourner de l'obéissance promise à leur ampandzaka-bé, en les menaçant de la prochaine arrivée d'un vaisseau destiné à le combattre.

Informé de ce qui se passait, Benyowski, au lieu de se retirer dans les montagnes ainsi qu'on le lui conseillait, prit la fatale résolution de tenir bon dans son fort, en ordonnant à ses commandants de Manahar et d'Angontzy de se porter à son secours avec tout ce qu'ils pouvaient réunir d'hommes armés. Il est certain, dirent les témoins de cette malheureuse affaire, que si Benyowski avait été secondé; que si, moins confiant dans ses moyens de défense, il eût seulement opposé quelques obstacles au passage des pièces de canon du détachement de M. Larcher, en coupant un pont de vingt à vingt-cinq pieds, qu'il fallait traverser pour arriver jusqu'à lui, ce détachement aurait péri avant de parvenir au pied du fort. Au contraire, le bâtiment mouillé à Angontzy, vers la fin du mois, débarqua de suite le détachement, qui se rendit sans rencontrer aucune résistance et arriva, le 23 mai 1786, au pied du fort Mauritiana, où Benyowski s'était renfermé avec deux Européens, son valet de chambre, un de ses domestiques nommé Frédérick et trente naturels. Un feu de mousqueterie s'engagea entre la troupe et la petite garnison du fort qui, par suite de la retraite des Malgaches, se vit bientôt réduite aux trois Européens. Au moment où Benyowski allait mettre le feu à une pièce de canon chargée de mitraille et pointée sur l'étroit sentier qui conduisait à la position où il s'était retranché, il fut frappé d'une balle au sein droit. Il mourut en brave. Son corps, abandonné sans sépulture, ne fut mis en terre que trois jours après,

à l'arrivée de M. de Lassalle, un de ses officiers, qui lui rendit les
derniers devoirs et qui planta les deux cocotiers que l'on voyait
encore sur sa tombe il y a quelques années.

Telle fut la mort du comte Maurice-Auguste de Benyowski, ma-
gnat de Pologne et de Hongrie ; tel avait été le règne éphémère de
cet homme vraiment supérieur auquel les Français n'ont rendu
qu'une justice tardive. Cependant ceux qui connaissent à fond les
choses, telles qu'elles sont à Madagascar, et qui ont été à même
d'examiner avec impartialité les idées de colonisation et les actes
successifs de ce gouverneur général, s'accordent à dire que sa conduite politique envers les Malgaches, qu'il sut admirablement discipliner, ainsi que ses vues d'administration appropriées au pays, sont
destinées à servir un jour de modèle à quiconque voudra fonder à
Madagascar un établissement sérieux et durable.

Le comte de Benyowski était très-brave, actif, rude travailleur,
entreprenant à l'extrême. Aussi juste que ferme, aussi généreux
qu'énergique, il savait punir et récompenser à propos. Affable et
bon, disent ses contemporains, il aimait à causer ; mais il parlait peu
de lui-même et avait l'art d'écouter avec complaisance. Il s'exprimait
avec une étonnante facilité en neuf langues différentes. Le comte de
Benyowski avait, en un mot, des facultés élevées qu'il devait plus
encore à la nature qu'à la brillante éducation qu'il avait reçue. Il
possédait au plus haut point les qualités nécessaires à ceux que la
Providence a créés pour convaincre, entraîner et dominer les hommes.

Le comte de Benyowski avait été nourri des grands principes de
l'école philosophique du dix-huitième siècle, et c'est à ces principes
de tolérance qu'il a dû principalement les succès obtenus par lui sur
ces peuplades barbares que sa bonté s'était entièrement conciliées. Si
la métropole avait secondé, comme elle avait promis de le faire, ce
hardi et expérimenté novateur, si le gouvernement de l'île de France
n'avait pas incessamment entravé de toute la puissance de son
inertie l'établissement nouveau, nul doute que le comte de Benyowski
n'eût donné pour toujours à la France cette grande et belle colonie.

Benyowski n'avait que quarante-cinq ans, à l'époque de sa mort.
C'était un bel homme de cinq pieds six pouces, à la figure ronde, à
l'air martial ; il avait de beaux yeux noirs, les cheveux d'un brun
foncé, les sourcils fournis, le nez un peu gros et les lèvres minces ;
bien fait, il boitait des suites d'une blessure reçue dans les guerres de
Pologne. Tel est le portrait qu'en a fait un homme qui a vécu près de
lui et qui s'est toujours honoré de l'avoir servi. Quant aux naturels,

ils l'ont regretté, et se sont toujours reprochés de l'avoir abandonné par crainte des menaces de l'interprète Mayeur.

La mort du comte de Benyowski arrêta la civilisation des peuples de Madagascar. Cet homme, que quelques-uns des administrateurs de l'île de France se sont attachés à calomnier, que Cossigny et Rochon n'ont pas craint de représenter comme un vil brigand en exécration aux peuples de Madagascar et à ceux qui s'étaient liés à son sort, avait de grandes vues et les qualités nécessaires pour les accomplir. Ses détracteurs ne se doutaient guère que leurs propres ouvrages seraient précisément de précieux documents où l'on devait trouver un jour les pièces justificatives qui font ressortir davantage cette grande figure.

La dépouille de Benyowski, consistant en une demi-piastre, ses armes, sa croix de Saint-Louis et son cordon du Saint-Empire, prouve bien que cet homme extraordinaire ne pouvait guère compter que sur les ressources de son génie pour acquérir le pouvoir qu'il se serait sans doute assuré par son activité, sa libéralité et son exacte justice envers ceux qu'il avait acceptés pour sujets.

Tous les faits singuliers qui se rattachent au passage du comte de Benyowski à Madagascar se sont passés tels qu'on les trouve racontés et tels qu'ils sont consignés dans les curieux mémoires qui nous ont été laissés par lui. Ils furent publiés pour la première fois en anglais, à Londres en 1790, puis traduits en français et édités à Paris, en 1791. Benyowski les a racontés avec une fidélité qu'il est bien aisé d'apprécier quand on a quelque connaissance de Madagascar. Leur véracité, du reste, est confirmée par les notes manuscrites d'un interprète de l'établissement, M. Mayeur, dont les opinions différaient beaucoup de celles de Benywoski, mais qui, tout en combattant ses principes, n'a jamais contredit ses assertions. C'est sans doute pendant sa traversée de Madagascar en Europe que le comte écrivit ses mémoires, qui font partie aujourd'hui de la collection des manuscrits de la Bibliothèque du *British Museum.* « Ces mémoires, dit **M.** Macé-Descartes, sont semés de récits touchants qui attestent des vues élevées et le plus noble cœur dans celui qui en est à la fois l'auteur et le héros. » Les détails authentiques et peu connus qui ont trait aux derniers moments du comte ont été puisés dans plusieurs lettres et dans les rapports au gouvernement de l'île de France après la destruction de son empire éphémère.

VII

HISTOIRE DE MADAGASCAR DEPUIS LA DESTRUCTION DES ÉTABLISSEMENTS
DE BENYOWSKI EN 1786 JUSQU'EN 1815.

Après la mort du noble et malheureux Benyowski, et l'abandon
des établissements qu'il avait formés, la France n'eut plus à Madagascar qu'un commerce d'escale et n'y conserva que quelques postes
de traite sous la direction d'un agent commercial, et sous la protection d'un détachement militaire fourni par la garnison de l'île de
France.

En 1790, l'administration de cette île reprit le droit exclusif de la
traite des bœufs.

En 1792, l'un des commissaires envoyés par le roi et la Constituante aux établissements français au delà du Cap de Bonne-Espérance visita Madagascar, où il fit quelques règlements qu'il laissa au
chef de traite pour être exécutés après son départ. M. Lescalier avait
mission d'étudier la grande terre et d'y choisir une position avantageuse pour la colonisation. Lescalier, homme compétent, adressa
au gouvernement un rapport tout à fait convenable. Il attribuait
l'insuccès de toutes les tentatives antérieures, principalement au
mauvais esprit qui y avait présidé.

En 1794, le commerce de Madagascar fut déclaré libre pour les
habitants des îles de France et de Bourbon; mais toujours fallait-il
une autorisation spéciale pour aller s'établir et commercer dans les
ports de la côte de l'Est, occupés par les agents du gouvernement.

En 1796, les agents du directoire exécutif, Bacco et Burnel, renvoyés de l'île de France, relâchèrent à Madagascar et donnèrent au
sieur François, chef de traite, des ordres concernant les envois à
faire aux îles de France et Bourbon.

En 1801, l'administration de l'île de France confia une mission d'exploration à M. Bory Saint-Vincent. Cet officier distingué déclara que Madagascar seul pouvait donner à la France une position forte dans la mer des Indes, et que cette grande île lui paraissait appelée un jour à remplacer Saint-Domingue.

A la fin de 1801, M. de Magallon, gouverneur de l'île de France, mécontent de la conduite de Zaca-Vola, chef de Foulpointe, donna l'ordre à l'agent français de faire arrêter et transférer ce chef à l'île de France, et de pourvoir à son remplacement, en choisissant pour chef un autre membre de la même famille. Zaca-Vola était petit-fils d'Andrian-Zanaar, et avait pour père Hyavi, contemporain de Benyowski, et alors le chef le plus important de la côte. L'on pourrait s'étonner d'un ordre semblable, si l'on ne faisait observer ici que toujours l'administration des îles avait conservé une grande influence parmi les chefs et les naturels de la côte, et de Foulpointe particulièrement, en leur accordant une sorte de subside régulier en poudre à canon et menus objets, et surtout en ayant soin de faire paraître de temps à autre quelques bâtiments de guerre dans leurs ports. On se souvient, sans doute, de l'intervention efficace de l'agent français, M. de Laval, pour rétablir l'aïeul de Zaca-Vola à Foulpointe, en 1763.

En 1804, le capitaine-général De Caen envoya à Madagascar un officier du génie, le capitaine Mecusson, pour reconnaître les ports et les positions militaires qui pourraient faciliter à la France les moyens de s'assurer la possession de ses côtes. D'après les rapports qui lui furent faits, le capitaine-général jugea convenable de prescrire de nouvelles dispositions pour le maintien des établissements français à Madagascar. Il divisa ces établissements en deux départements, celui du Nord et celui du Sud ; il y plaça et distribua des agents, sous les ordres et la direction d'un agent général. Il établit dans les différents ports des règles de police, d'ordre et de discipline, qui n'existaient pas avant lui. Il ordonna que le chef-lieu des établissements français à Madagascar, qui avait été jusque-là à Foulpointe, fût à Tamatave, et il munit ce lieu d'ouvrages de défense, de garnison et d'artillerie. Il décida même que les Français qui y viendraient habiter seraient organisés en corps de milice, sous le titre de gardes nationales. L'administration vigilante du général De Caen, si remarquable à tant de titres pour les îles, s'étendit jusqu'à Madagascar. Il avait projeté un canal pour la conduite des eaux à Tamatave, et avait en conséquence imposé un droit de sortie sur les noirs de traite, dont le produit devait être employé à cet ouvrage et autres d'utilité publique, et avait arrêté d'y attacher les hommes de l'île de France et de Bourbon, qui pourraient être condamnés à la déportation.

Tel était l'état des établissements français de Madagascar sous l'autorité de M. Sylvain Roux, agent du gouvernement, lorsque le 18 février 1811, la corvette anglaise *l'Eclipse*, commandée par le capitaine Lynne, parut devant Tamatave, et en vertu de la capitulation de l'île de France, du 3 décembre 1810, somma M. Sylvain Roux de remettre à S. M. B. le fort de Tamatave et tous les autres établissements sous ses ordres. Déjà informé de la reddition de l'île de France et des termes de la capitulation, M. Sylvain Roux ne pouvant désormais rien attendre de ce côté, rendit sans difficulté le poste de Tamatave ainsi que tous les établissements qui en dépendaient, mais avec des conditions très-honorables. Peu de temps après, le nouveau gouvernement de l'île y fit passer une assez forte garnison que les maladies moissonnèrent en partie, ce qui décida le gouvernement à la rappeler et à n'y laisser que des agents, à l'instar de ce qui se pratiquait du temps des Français.

Quant aux populations du littoral de Madagascar, et particulièrement celles de la côte orientale avec lesquelles les Français avaient conservé des relations suivies, rien de considérable ne s'était opéré quant à leur organisation politique.

Depuis la mort de Ratsimilaho et la destruction des établissements de Benyowski, ces peuples avaient continué à vivre dans les mêmes conditions sociales et se trouvaient gouvernés par une foule de petits chefs indépendants les uns des autres, et la plupart se disant Malattes d'origine. Ces nouveaux chefs, devenus fort nombreux, ne tardèrent pas à faire le malheur du pays, par les guerres permanentes qu'ils soutenaient entre eux et connues dans le pays sous le nom de guerres des Malattes. Non-seulement ils donnaient asile aux esclaves fugitifs, dont ils se faisaient des satellites, qui les aidaient dans leurs déprédations à main armée, mais encore ils rançonnaient les individus dont ils convoitaient les biens, à l'aide de procès injustes qu'ils leur intentaient. Si on se refusait de se soumettre à leurs exigences, ils enlevaient un des membres de la famille récalcitrante, et le tenaient sous la menace d'une mort prochaine, jusqu'à ce qu'il eût été racheté au prix arbitraire qu'ils mettaient à sa rançon : on a vu donner jusqu'à vingt esclaves pour un seul homme dans ces circonstances pénibles.

Les Betsimissaracs souffraient avec résignation ces exactions révoltantes. Elevés dans le respect et la crainte des Malattes , ils s'empressaient généralement de les satisfaire, dans l'espoir, par leur soumission, de les amener à se départir d'une partie de leurs prétentions. Mais les revers que ces chefs éprouvèrent dans diverses guerres ayant porté atteinte à leur considération, l'influence morale qu'ils exerçaient, et qui reposait surtout sur le prestige d'un vain titre, en fut considérablement diminuée, et à quelques années de là ils secouèrent le joug dans une révolution très-pacifique, dans laquelle le peuple usa de la victoire avec une grande modération. Les chefs malattes, pris au dépourvu, cédèrent à ce subit et menaçant orage, trop heureux, en restituant ce qui leur fut réclamé , de conserver les biens légitimement acquis et le titre dont ils étaient si vains.

Au commencement de ce siècle, lors de la réorganisation des comptoirs de traite de Madagascar, les plus importantes de ces factoreries étaient celles de la province des Betsimissaracs. Comme la possession d'aucun de ces points ne nous était alors disputée ni enviée par aucune puissance européenne, il avait dû suffire de construire sur chacun d'eux une enceinte palissadée, tant pour la demeure de l'agent commercial, que pour servir d'appui aux échanges et de retraite aux marchands, en cas d'agression de la part des indigènes, toujours si faciles à mécontenter, et que le moindre caprice de leurs chefs pouvait porter aux résolutions extrêmes. Il y avait donc dans chacune de ces factoreries deux autorités distinctes, souvent peu amies ou secrètement jalouses l'une de l'autre : l'autorité indigène, toujours libre, par son veto, de suspendre les échanges, qui faisait payer plus ou moins cher les licences qu'elle accordait et pressurait quelquefois les traitants; et l'autorité française, chargée de veiller aux intérêts de ses nationaux et à ceux du gouvernement. Le rôle de cette dernière était difficile ; il fallait, sans mécontenter le chef indigène, savoir le maintenir dans les limites du pacte convenu et résister aux exigences injustes et d'autant plus souvent répétées qu'on se montrait plus facile à les accueillir.

M. Sylvain Roux, dernier agent du gouvernement de l'île de France à Madagascar, n'eut point ce talent. Après avoir transporté sa résidence de Foulpointe à Tamatave, mieux situé pour le commerce de l'intérieur, il fut bientôt en mésintelligence avec le chef d'Yvondrou, Tsimandré, maître de la navigation des lacs, par l'importante position qu'il occupait à leur embouchure, et le chassa de sa résidence, pour mettre à sa place un Malgache appelé *Fiche*, qui lui était dévoué. Cette mesure, prise sans doute dans l'intérêt du commerce en général, lui suscita de nombreux ennemis. Parmi ceux-ci, Tsassé, chef de Foulpointe et descendant à la cinquième généra-tion du forban de l'île Sainte-Marie, père de Ratsimilaho, fut le plus redoutable; mais un secours débarqué à propos par la division du général Hamelin fit triompher encore M. Roux, et Foulpointe reçut à son tour, en 1809, un chef indigène de l'agent français de Tamatave.

Les îles de France et Bourbon étant tombées au pouvoir des Anglais en 1810, M. Sylvain Roux dut livrer aussi les comptoirs qui en dépendaient, laissant à Madagascar, entre les chefs qu'il avait violemment dépossédés, des germes de guerre qui ne devaient pas tarder à éclater.

Il y avait alors, parmi les traitants de Tamatave, un homme obscur mais habile, qui profita de ces troubles pour s'élever; il s'appelait Jean-René. C'était un mulâtre de l'île de France, ancien interprète de M. Roux et qui était le frère utérin du nouveau chef d'Yvondrou. Il insinua aux traitants, ses confrères, que les chefs dépossédés ayant des représailles à exercer contre les blancs, il était à craindre que celui de Tamatave ne cherchât à favoriser le retour de ces chefs; qu'ainsi il était de leur intérêt commun de se débarrasser d'un tel chef, et que, s'ils voulaient l'aider à le chasser, il pourrait, de con-cert avec son frère, leur assurer la tranquillité qu'ils étaient exposés à perdre. Devenu ainsi le maître de Tamatave, cet homme naturelle-ment lâche, mais politique habile, entreprenant et rusé tout à la fois, devint le principal agent de la ligue dont son frère, aussi brave qu'il était actif et intelligent dans la guerre de détail, eut à soutenir tout le poids. Le chef héréditaire de Tamatave était le Malatte *Tsialan*, que Jean-René parvint à chasser dans les bois en captant ses propres sujets à l'aide de largesses et par le secours d'une garde dévouée d'esclaves cafres qu'il s'était procurés. Les Anglais qui nous avaient remplacés à Madagascar, demeurèrent simples spectateurs des guer-res que les mesures rigoureuses de M. Roux firent éclater, et que l'usurpation de Jean-René ne fit qu'envenimer; ils cultivèrent seule-ment, par des présents, l'amitié de ce nouveau chef qui protégeait le commerce de son ancienne patrie et les intérêts de ceux qui avaient contribué à son élévation.

Cette indifférence apparente envers Madagascar de la part de l'ad-ministration anglaise de l'île de France ne devait pas durer long-temps, et cessa même bientôt pour être remplacée par la plus vive sollicitude, dès que l'île Bourbon nous fut rendue, à la paix de 1814 qui nous enleva l'île de France.

VIII

Pendant que ces différents événements se passaient sur la côte orientale de Madagascar, un événement bien autrement important et qui devait avoir bientôt les suites les plus graves pour les populations du littoral avait lieu au centre de l'île, chez la tribu hova que nous avons déjà fait connaître en partie dans la description ethnographique que nous avons donnée des peuplades de Madagascar. C'était la formation de l'unité politique de cette tribu, mouvement indigène spontané et dû rien qu'à l'habileté d'un seul homme, sans le concours d'aucun élément étranger. Si, à quelques années de là, la constitution nouvelle de la tribu hova servit aux projets d'une puissance rivale et jalouse de la France, nous ne devons pas moins reconnaître toute la part qui lui revient dans l'acte qui l'a placée en position de servir d'instrument à une politique astucieuse qui alla la chercher pour la pousser ensuite chez toutes les autres peuplades.

Je ferai en peu de mots l'historique de la puissance hova :

A la fin du siècle dernier, les Hovas vivaient encore retirés dans les stériles vallées qui avaient donné refuge à leurs ancêtres, et se trouvaient divisés, ainsi que toutes les autres tribus malgaches, en une foule de petits États indépendants les uns des autres, et perpétuellement en guerre voisins contre voisins, dans le but de s'enlever des prisonniers de part et d'autre, et de les vendre à la côte, ou le plus souvent encore à quelques traitants que l'appât du gain conduisait jusque dans ces régions reculées. Un chef de cette race, aussi intelligent que brave, et qui avait eu quelques succès importants sur ses voisins, conçut l'idée de réunir sous sa domination tous les petits districts indépendants du pays d'Ankove. Ce chef entreprenant, à

qui revient la gloire d'avoir le premier songé à créer l'unité dans
une tribu à Madagascar depuis Ratsimilaho et qui fut plus heureux
que son devancier, se nommait Andrian-Ampouïene. Il commandait primitivement un petit canton situé à dix ou douze lieues du
district d'Himerna ou Émirne, dont la ville Tananarive, devenue sa
conquête, fut érigée par lui en capitale de ses nouveaux États et
devint aussi sa résidence. La conquête du district d'Émirne consolida
toutes les autres ; car de ce point central et culminant, le fondateur
de la puissance hova pouvait tout surveiller et tout maintenir dans
son obéissance. Cette conquête avait une grande importance aux
yeux de ce peuple, et ce qui le prouve, c'est le nom du pays conquis
ajouté à celui du conquérant hova en reconnaissance et comme
marque caractéristique de ses exploits. On le désigna toujours depuis
sous la dénomination d'Andrian-Ampouïene-Émirne, désignation
sous laquelle sa mémoire a été conservée, même parmi ses captifs
dont j'ai connu quelques-uns à Bourbon pendant mon enfance.
Possédant des moyens et des ressources que lui assuraient ses nombreux sujets, Andrian-Ampouïene envahit le territoire des tribus
voisines. Il porta la guerre chez les Betsileos, les Antsianacs, et il
avait déjà franchi l'escarpement oriental du plateau d'Ankove pour
faire la conquête du pays d'Ankaya, lorsque sa mort, arrivée en 1810,
vint mettre un terme à ses succès. Il eut pour successeur son fils
Radama, dont l'amour pour la guerre et l'aptitude à la faire justifiè-
rent l'opinion avantageuse que son père avait conçue de lui. On as-
sure que, charmé des heureuses dispositions de ce jeune prince, le
père le désigna pour lui succéder au détriment de ses autres enfants,
tous plus âgés que lui, mais nés d'une autre mère, ce qui devait donner lieu à des troubles graves qu'Andrian-Ampouïene prévint lui-
même en les faisant mettre à mort. Radama poursuivit les projets de
son père en achevant la conquête des Ant-Ankayes et des Bezon-
zons, et en portant ses armes chez les Antsianacs dont le dernier chef,
après s'être défendu héroïquement, se soumit en 1815, et devint l'un
des principaux lieutenants de Radama et épousa sa sœur. A cela se
borne toute la part qui revient aux Hovas dans les affaires de Madagascar ; tout ce qui va suivre bientôt ne fut que l'œuvre commune de
la puissance qui s'était élevée par les talents d'Andrian-Ampouïene
et d'un élément étranger qui se glissa furtivement dans cette île.
Vers l'année 1815, Radama était donc le plus puissant roi de l'île, ou
du moins celui dont la renommée s'était le plus répandue dans les
pays voisins, lorsque, à notre réapparition à Madagascar, les Anglais

devinrent les auxiliaires de ce prince dans l'exécution de ses ambitieux projets.

Ainsi, pendant que le pouvoir, chez les Hovas, se concentrait entre les mains d'un seul homme capable et entreprenant ; que cette tribu, jusqu'alors molestée et rançonnée dans la personne de ceux d'entre ses membres qui s'aventuraient jusqu'à la côte pour y trafiquer, par tous les chefs des différents districts qu'il leur fallut traverser, devenait par son organisation récente une puissance relativement redoutable pour les autres peuplades malgaches, celles-ci présentaient l'immense inconvénient de laisser à la tête de leurs affaires une infinité de petits chefs, désunis entre eux et dépourvus de considération et d'influence : ceci se passait précisément dans un moment où menacées d'être envahies, les tribus de la côte auraient eu besoin de trouver dans leur sein des hommes possédant la confiance de la nation et les qualités morales indispensables dans les moments de crise.

Tel était donc l'état politique de Madagascar lorsque le gouvernement français de la Restauration s'occupa d'y fonder un nouvel établissement.

IX

Le gouvernement de la Restauration, forcé de laisser l'île de
France aux Anglais, avait apprécié toute l'étendue d'un tel sacrifice,
et chercha à y suppléer en fondant à Madagascar un établissement
militaire qui eût un port comme l'île que nous avons perdue. Ce
projet, utile aux intérêts de la marine française, était, par ce fait,
de nature à exciter la jalousie des Anglais. Puisqu'ils nous avaient
ravi l'île de France en raison de son importance politique, ils ne
devaient pas voir sans appréhension des tentatives ayant pour but
de nous dédommager de cette perte par une nouvelle colonie destinée à nous offrir un jour les mêmes avantages. En conséquence,
sir Robert Farquhar, gouverneur de l'île Maurice, par sa dépêche du
25 mai 1816 au gouverneur de Bourbon, revendiqua la possession
exclusive de tout Madagascar pour le compte de l'Angleterre, sous
le prétexte que cette île ayant été cédée à la Grande-Bretagne sous
la dénomination générale de dépendances de l'île de France, il ne
voulait en permettre le commerce aux Français qu'autant qu'il leur
en accordait la licence.

Voici comment il s'exprimait :

« Par une dépêche des ministres de Sa Majesté, en date du 2 novembre 1815, il m'est ordonné de regarder l'île de Madagascar
comme ayant été cédée à la Grande-Bretagne sous la dénomination
générale de dépendances de l'île de France; il m'est également
enjoint de maintenir et de réserver pour l'Angleterre l'exercice
exclusif de tous les droits dont la France jouissait autrefois. »

Et plus bas, dans la même dépêche, on lisait encore :

« Dans le cas où la colonie de Bourbon aurait, ou craindrait d'avoir besoin des approvisionnements que l'on tirait jusqu'à ce jour de Madagascar, et où son gouvernement demanderait à celui de Maurice la permission de commercer avec ladite île, M. Farquhar devait se considérer comme autorisé à accorder des licences aux navires français, pour qu'un commerce fût établi entre Bourbon et certains points de Madagascar. »

Cette prétention exorbitante ayant été repoussée, les deux gouverneurs de Bourbon et de Maurice en référèrent à leurs cabinets respectifs qui reconnurent, après s'être entendus, *que Madagascar ne faisait pas partie des établissements cédés par la France à la Grande-Bretagne, par le traité de Paris, sous la dénomination générale de dépendances de l'île de France*, et sir Robert Farquhar reçut de son gouvernement, sous la date du 18 octobre 1816, l'ordre de se conformer à cette décision.

Dès que l'administration de Bourbon fut informée de ce résultat, elle envoya à l'île de France M. Martin Lacroix en réclamer l'exécution auprès du gouvernement anglais; mais celui-ci, vivement contrarié de la tournure qu'avait prise cette affaire, chercha divers prétextes pour éviter de se conformer aux ordres qu'il avait reçus. Sa lettre du 8 septembre 1817 à l'envoyé français, mise en regard de sa dépêche du 25 mai 1816 rapportée plus haut, donnera une juste idée de la loyauté de sir Robert Farquhar dans cette transaction.

« Ma dépêche, dit-il, du 30 août dernier à Leurs Excellences messieurs les administrateurs de Bourbon, contenant tout ce que j'avais à leur dire sur la remise des établissements appartenant à la France dans l'île de Madagascar au 1ᵉʳ janvier 1792, je me bornerai, dans cette réponse à la lettre du 3 courant que vous m'avez fait l'honneur de m'écrire, à vous rappeler les observations que j'ai cru devoir vous faire dans la conférence que vous citez :

» Que je considérais le territoire de Madagascar comme la propriété des naturels;—Que je n'ai formé aucun établissement aux lieux où les Français avaient des postes en 1792, qu'ainsi je n'avais rien à remettre; — Que m'étant convaincu que le commerce de Madagascar était indispensable à l'existence des deux colonies, je devais, dans les circonstances actuelles, regarder ce commerce (autant que cela dépendait de moi) comme également libre aux habitants de Maurice et de Bourbon; — Qu'au reste, j'avais demandé des ordres exprès à mon gouvernement sur ce point d'une si haute importance... »

Dans la conférence mentionnée dans cette lettre, et dont M. Martin Lacroix rendit compte aux administrateurs de Bourbon, le 31 août précédent, M. Farquhar avait été jusqu'à dire à l'envoyé français : « Qu'il était de son devoir d'attendre la réponse aux explications qu'il avait envoyées à son gouvernement avant de concourir franchement à écarter les difficultés qui pourraient s'élever dans l'exécution des ordres qu'il avait reçus. »

Ainsi, lorsque par une fausse interprétation du traité de Paris on se crut substitué à la France dans la souveraineté de Madagascar, cette souveraineté devait être sans partage, à tel point que le gouverneur de Maurice ne voulait permettre le commerce de cette île aux Français, qu'autant qu'ils lui en demanderaient l'autorisation; mais lorsque, par une plus juste interprétation du même traité, l'île de Madagascar fut reconnue, par les cabinets de Londres et de Paris, ne pas faire partie des établissements cédés par la France à la Grande-Bretagne, M. Farquhar veut dès lors la considérer comme un pays libre, devant être également ouvert aux deux nations.

Cette nouvelle et injuste prétention fut réfutée avec force et talent, bien que sans succès, par l'administration de Bourbon, dans sa dépêche du 7 novembre suivant.

Le gouverneur anglais laissa sans réponse toutes les observations de l'administration de Bourbon, et, fidèle au plan de conduite qu'il s'était tracé à l'avance, il persista à considérer Madagascar comme un pays libre sur lequel la France n'avait pas plus de droits que la Grande-Bretagne; il donna même dès lors une plus grande extension aux relations politiques qu'il avait entamées avec différents chefs de l'île, bien que les administrateurs de Bourbon lui déclarassent qu'elles étaient incompatibles avec l'exercice des droits de souveraineté que l'Angleterre venait de nous reconnaître.

Ces relations politiques avaient surtout pour but principal de nous susciter des ennuis. Après avoir échoué dans un essai de colonisation qu'il tenta en 1815, au port Louquez, lieu où les Anglais, ayant révolté les naturels par leur orgueil et leurs injustices, furent presque tous massacrés, M. Farquhar, loin de se décourager de cet échec, porta ses vues plus haut. « Informé, dit M. Fortuné Albrand, qu'il existait dans l'intérieur de l'île de Madagascar un prince puissant, despote et ambitieux, il conçut l'habile projet de se l'attacher par les bienfaits de la civilisation, d'éveiller en lui la soif des conquêtes, de le pousser à l'envahissement de l'île

entière, de le reconnaître pour roi de Madagascar, et de faire, de ce
roi de sa création, l'ennemi naturel de nos droits et de nos projets
d'établissement. » (Mémoire que M. Albrand rédigea en 1825, pour
éclairer le gouvernement sur la véritable situation de l'établissement
de Sainte-Marie.)

Pour mieux masquer ce projet, le gouverneur de Maurice le rattacha
habilement à une œuvre éminemment philanthropique, l'abolition de
la traite des nègres, pour laquelle il avait reçu des ordres de son gouvernement, et devant laquelle la question politique s'effaçait aux yeux
des personnes peu versées dans les affaires de ces contrées lointaines.
En conséquence, pendant que M. Farquhar envoyait de nouveau un
agent sur la côte est pour relier ses relations brusquement inter-
rompues avec les chefs voisins du port Louquez et avec mission aussi
de s'aboucher également avec les chefs de la côte nord-ouest, il
expédiait dans l'intérieur de l'île, vers Radama, un ancien traitant,
M. Chardenaux, pour l'engager à conclure un traité de commerce
avec l'Angleterre et à envoyer à Maurice quelques enfants de sa
famille qui y seraient élevés aux frais du gouvernement. La mission de
M. Chardenaux eut tout le succès désiré : Radama, appréciant tous
les avantages qu'il pouvait retirer de l'alliance proposée pour la
réussite de ses vues ambitieuses, accéda avec empressement aux
différentes ouvertures que M. Chardenaux avait à lui faire, et celui-ci
revint à Maurice, où il arriva le 10 septembre 1816 sur la corvette la
Tyne, amenant avec lui deux jeunes frères de Radama, l'un Marou-
tafique, âgé de 12 à 13 ans, l'autre Rahovi, moins âgé d'environ une
année. Ces enfants furent confiés aux soins d'un instituteur pris dans
les rangs de l'armée, le sergent James Hastie, qui vint demeurer
avec eux au château du Réduit.

Enhardi par cette marque de confiance de la part de Radama, sir
Robert Farquhar expédia, en qualité d'agent général à Tananarive, le
capitaine Lesage qui revenait du port Louquez, où il avait obtenu la punition des assassins du sieur Bleuman chargé de la première tentative
qu'avait faite le gouverneur de Maurice en cet endroit. Le capitaine
Lesage partit avec plusieurs personnes chargées de le seconder dans
les observations qu'il devait faire en traversant le pays, de la côte à
Tananarive. On avait eu soin de le munir d'une escorte d'une trentaine de soldats, destinés à frapper les regards du monarque hova par
l'appareil de la discipline et de l'uniforme européens; enfin il était
porteur de riches présents qui devaient achever de gagner les bonnes
grâces de Radama.

7

Après avoir séjourné quelque temps à Tamatave, où il parvint à
séduire, par des dons et des promesses, le chef Jean-René, Lesage
témoigna le désir d'entreprendre un voyage dans l'intérieur et de
visiter Radama, dont il avait entendu parler, disait-il, comme d'un
homme extraordinaire. Jean-René, alors enthousiaste des Anglais,
loin de s'opposer à son départ, lui facilita les moyens de l'exécuter
en lui procurant des hommes pour le transporter avec sa suite et ses
bagages. Le chef de Tamatave était loin de penser qu'il travaillait
ainsi à la destruction de sa propre indépendance. Fiche, son frère,
chef d'Yvondrou, qui connaissait mieux les Anglais, se montra plus
prévoyant et moins facile à séduire. Depuis l'arrivée de M. Lesage, il
venait fréquemment à Tamatave, et toujours pour reprocher à Jean-
René son trop de confiance, et lui prédire qu'il aurait bientôt sujet
de s'en repentir ; mais celui-ci, aveuglé par l'espoir de la considération et de la puissance que l'on avait eu soin de lui faire entrevoir
comme récompense de son concours, demeura sourd à ces sages et
utiles avertissements.

Il paraît que Fiche poussa l'esprit d'hostilité contre les Anglais
jusqu'à leur refuser des pirogues et des vivres pour la première partie de leur voyage. Quoi qu'il en soit, le capitaine Lesage se mit en
marche vers Tananarive, au milieu de la saison la plus défavorable
de l'année. Sa petite troupe, diminuée par les fièvres et les fatigues,
atteignit enfin la capitale des Hovas, et Lesage y fit son entrée solennelle au milieu d'une immense population accourue pour voir les
étrangers.

Arrivé malade ainsi que la plupart de ses compagnons, Lesage ne
put s'occuper de sa mission que le mois suivant. Au sortir d'une
longue période d'insensibilité, il apprit la mort de sept de ses compagnons. Il se hâta dès lors de remplir sa mission et fit le serment du
sang, avec Radama, le 14 janvier 1817. Ce ne fut que le 4 février
suivant qu'ils arrêtèrent les bases d'un traité secret qui devait être
ratifié plus tard par le gouverneur de Maurice. Le lendemain, l'envoyé anglais prit congé du roi, laissant auprès de lui deux militaires
pour instruire son armée aux manœuvres européennes. L'un, nommé
Brady, simple sergent, se fit aimer par ses qualités et parvint aux
plus hautes dignités hovas ; l'autre se rendit, au contraire, odieux
aux naturels par son extrême sévérité, et ne joua aucun rôle important à Madagascar. A peine arrivé à Tamatave, Lesage, dont l'état
laissait peu d'espoir de guérison, s'empressa de retourner à Maurice
pour y rendre compte de sa mission. Il ne ramenait des personnes de sa

suite que onze soldats et deux des employés. Lesage donnait d'ailleurs l'assurance des dispositions de Radama à seconder les vues du gouvernement pour l'abolition de la traite des esclaves, en recevant du gouvernement anglais une somme annuelle de 75,000 francs à titre d'indemnité, pour le dédommager de la diminution que devait nécessairement apporter à ses revenus la cessation du commerce des esclaves.

A quelque temps de là, le gouverneur de Maurice, se disposant à partir pour l'Angleterre, en vertu d'un congé, fit prévenir Radama de son prochain départ, du retour de ses frères à Madagascar, et de l'intention où il était de les faire accompagner par leur instituteur Hastie, chargé de mettre la dernière main au traité déjà existant entre eux. Hastie, sergent dans un régiment en garnison à l'île Maurice, était un homme adroit, insinuant, peu scrupuleux sur le choix de ses moyens d'action. Il était appelé à acquérir un jour une grande influence à la cour de Tananarive. Ce fut lui qui reconduisit à Madagascar, en 1817, sur la frégate *le Phaéton*, les jeunes princes confiés à ses soins, et muni d'instructions secrètes auprès de Radama.

Au moment même où *le Phaéton* approchait des côtes de Madagascar, Radama, enhardi par ses premiers succès, et par l'appui qu'il devait trouver sur la côte de la part de ses récents alliés, avait traversé sans difficultés toute la province des Bétanimènes, à la tête de vingt-cinq mille hommes, et menaçait d'envahir le territoire de Fiche et de Jean-René. Un tel déploiement de forces, inconnu jusqu'alors à Madagascar, commença à donner des craintes sérieuses au chef de Tamatave. Il reconnut trop tard la vérité des prédictions de Fiche, et la fausseté des promesses de l'agent anglais Pye, qui avait succédé à Lesage, et l'avait assuré de l'appui de son gouvernement en l'engageant à rester dans l'inaction, lui peignant Radama comme le chef d'une horde de sauvages, qui n'oserait pas s'attaquer à lui. Il lui fallut donc se mettre à la hâte en état de résister au torrent dévastateur qui descendait des montagnes. Fiche abandonna momentanément Yvondrou, pour venir, avec ses sujets et ses alliés, se réunir, à Tamatave, aux forces que son frère voulait y concentrer.

Jean-René réussit en peu de temps à entourer la place d'une double rangée de palissades, flanquées aux angles et aux endroits faibles de *Toubis* (petits forts), et défendues par deux pièces de campagne en bronze, qui avaient appartenu à l'ancien agent français, et sur l'effet desquelles il comptait beaucoup pour jeter l'épouvante

parmi les troupes de Radama. Il espérait aussi trouver dans les traitants français, que le trafic des esclaves avait attirés sur la côte, des
auxiliaires intelligents et disposés à faire le service de ces deux
pièces de canon; il comptait d'autant plus sur ce concours, que son
autorité, en se substituant à celle des petits chefs de la côte, avait
supprimé une foule de vexations tyranniques auxquelles les commerçants européens étaient soumis avant lui.

Les traitants approuvèrent les dispositions de Jean-René, et s'engagèrent à le soutenir de tout leur pouvoir; mais Radama étant venu
camper près de la rivière de Monaarez, les plus influents d'entre eux,
aveuglés par l'espoir d'obtenir, à des conditions avantageuses, les
esclaves que le conquérant traînait, disait-on, à la suite de son armée, manquèrent à leurs promesses, et se rendirent à son camp
pendant la nuit. Jean-René, réduit à ses propres ressources, dans
une place mal défendue, tomba dans le découragement, malgré les
exhortations de son intrépide frère, qui n'avait que des forces médiocres et des soldats peu dévoués. Le chef de Tamatave était occupé
des moyens de sortir honorablement de sa position fâcheuse, lorsque
l'agent anglais Pye et Brady intervinrent comme médiateurs auprès
de Radama. Celui-ci, qui croyait à son ennemi des ressources imposantes, et qui n'avait eu jusqu'alors en sa possession aucun port de
mer, était pressé d'entrer à Tamatave, et consentit à traiter d'égal à
égal avec Jean-René.

Dès que Fiche entendit parler de négociations, il s'emporta violemment contre son frère, et ne voulant pas rester témoin du traité
honteux qui se préparait, il se fit transporter avec sa famille à l'île
aux Prunes, par le capitaine François Arnaux. Il se montra du reste
fort prudent en agissant ainsi, car il savait que du moment où le roi
d'Émirne s'emparerait de sa personne, rien ne pourrait le sauver de
la mort. Il l'avait trop profondément blessé par une épithète injurieuse
dans une assemblée qui s'était tenue quelque temps auparavant.

L'agent anglais, voulant favoriser les vues de Radama, décida
Jean-René à fixer un jour pour arrêter les conditions du traité. Il fut
convenu que le chef de Tamatave se rendrait à moitié chemin de
Manaarez, accompagné d'un détachement de sa garde, et que
Radama, avec un nombre égal de soldats, le viendrait joindre au
rendez-vous fixé.

L'entrevue eut lieu, et les parties étant tombées d'accord, un
projet de traité fut signé le jour même sous l'influence de l'agent
anglais. Radama y reconnut Jean-René comme chef héréditaire de

Tamatave ; mais il lui enleva la souveraineté du pays des Bétanimènes qu'il venait de soumettre, et l'investit seulement du titre de
gouverneur général de cette province. Jean-René fut obligé de subir
cette clause qui le mettait sous la suzeraineté du roi des Hovas,
pressé qu'il était par les circonstances et les instances de M. Pye,
qui venait de recevoir des instructions de l'île Maurice par lesquelles
le gouvernement anglais ne reconnaissait que Radama pour roi de
Madagascar. Le traité garantissait en outre la liberté et la franchise
du port de Tamatave pour les sujets hovas, et contenait des clauses
d'alliance offensive et défensive entre les deux chefs en maintenant
toujours le droit de suzerain au roi d'Émirne.

Un grand kabar eut lieu le lendemain à Manaarez ; Jean-René s'y
rendit avec ses principaux officiers pour faire le serment du sang
avec Radama, qui voulait cimenter leur union d'une manière solennelle devant les deux peuples.

Après avoir ainsi heureusement terminé cette grande affaire qui
le rendait sans coup férir, et rien que par l'officieux concours des
Anglais, maître des deux plus importantes provinces de Madagascar,
Radama, ayant fait les dispositions nécessaires pour l'exécution du
traité de Manaarez, reprit la route de Tananarive, tandis que le pré-
cepteur de ses frères, James Hastie, qui, entre autres présents, conduisait au roi des Hovas, des chevaux de prix, luxe inconnu encore à
Madagascar, se voyait obligé de suivre un chemin plus long et plus
praticable pour amener ces bêtes dans l'Ankove. Il arriva dans la
capitale le 16 août 1817. Radama le reçut avec solennité et l'installa
dans la maison qui lui était destinée. Le chef hova portait alors pour
la première fois un habit d'uniforme rouge et un chapeau militaire,
ainsi qu'un pantalon bleu et des bottes vertes que lui avait envoyés
le gouverneur de Maurice. Hastie avait alors pour mission principale
de toucher à une question bien délicate pour les intérêts de la nation
hova, et de lever toutes les difficultés qui se présenteraient. C'était
l'abolition de la vente des esclaves qui se pratiquait alors sur une
grande échelle, et qui était l'unique branche de revenu de cette population. Les hésitations de Radama furent longues, mais vaincu par
l'adresse du nouvel agent et les promesses qu'il lui fit, le souverain
hova finit par accéder à ces sollicitations, non sans éprouver de
vives difficultés de la part du peuple, consulté à ce sujet dans un
kabar qui eut lieu à Tananarive. Le bon sens populaire vit clairement
dans cette affaire, que les Anglais n'attachaient tant d'importance à
cette mesure que parce qu'elle leur était avantageuse. Un orateur

hardi demanda, à haute voix, si le roi était devenu l'esclave des Anglais pour sacrifier ainsi les intérêts de la nation. Ces paroles piquèrent cruellement l'amour-propre de Radama, qui déclara alors qu'il était le maître de son peuple et qu'il le forcerait bien à l'obéissance. James Hastie eut le soin de l'entretenir dans ces dispositions violentes qui le servaient à merveille, et, le lendemain même, il fut convenu que le traité serait signé à Tamatave par les ministres du roi d'Émirne et par l'agent anglais, Pye, au nom de sir Robert Farquhar. A cette occasion, le roi hova eut à réprimer le mécontentement général en ordonnant l'exécution de trois femmes qui tenaient de près à sa famille et qui avaient osé murmurer plus hautement que les autres contre sa décision.

L'accès de colère qui s'était emparé de Radama s'étant éteint bientôt, il parut se repentir de s'être trop hâté dans sa détermination ; mais James Hastie sut agir avec une telle habileté que ce traité célèbre, dont le but principal était de faire pénétrer l'influence anglaise au cœur même de la grande île malgache, fut signé le 23 octobre 1817, par les ambassadeurs de Radama d'une part, et d'autre part, par M. Pye, agant anglais à Madagascar, résidant momentanément à Tamatave, et M. Stanfell, capitaine du *Phaéton*. Voici le texte de ce traité, que nous devons, ainsi que les deux autres, qui trouveront leur place plus loin, aux recherches de M. Macé-Descostes pour son consciencieux et substantiel ouvrage sur Madagascar que nous avons déjà eu occasion de citer.

TRAITÉ DU 23 OCTOBRE 1817. «M. le vice-amiral Robert Torvmshend Farquhar, capitaine général, gouverneur et commandant en chef de l'île Maurice et de ses dépendances, représenté par ses mandataires, M. le capitaine Stanfell, de la marine royale, commandant le bâtiment de Sa Majesté *le Phaéton*, T. R. Pye, agent du gouvernement anglais à Madagascar, les sus-nommés revêtus de pleins pouvoirs, d'une part;

» Et Radama, roi de Madagascar et de ses dépendances, représenté par ses mandataires, Ratzalika, Rampoule, Ramanou et Raciahato, ayant reçu pleins pouvoirs de S. M. le roi de Madagascar, d'autre part;

» Ont fait la convention suivante : Art. 1er. Les parties contractantes conviennent respectivement de maintenir et perpétuer à jamais la confiance, l'amitié et la fraternité qui existent entre elles, et qui sont déclarées par ces présentes. — Art. 2. Les deux parties contractantes s'engagent, par les présentes, à faire cesser entièrement à partir de la date de ce traité, dans l'étendue des États du roi Radama, toute vente ou toute cession d'esclaves ou de personnes quelconques, pour les transporter du territoire de Madagascar dans le pays, l'île ou l'État d'un autre prince ou d'un autre gouvernement, quel qu'il soit. Radama, roi de Madagascar, fera une proclamation et une loi interdisant à tous ses sujets ou à toutes personnes dépendant de lui ou de ses États, de vendre aucun esclave pour être exporté de Madagascar; d'aider, de faciliter ou de favoriser une pareille vente, sous peine pour le contrevenant d'être réduit lui-même en esclavage. — Art. 3. En considération de la concession faite par Radama, roi de Madagascar; et par sa nation, et comme témoignage de parfaite satisfaction, les mandataires de Son Excellence le gouverneur de Maurice s'engagent à payer annuellement à Radama, pour l'indemniser de la diminution de revenus résultant des présentes, lesdits articles suivants : 1,000 dollars en or, 1,000 dollars en argent, 100 barils de poudre de 100 livres chacun, 100 mousquets anglais avec accessoires complets, 10,000 pierres à fusil, 400 gilets rouges, 400 chemises, 400 pantalons, 400 paires de souliers, 400 schakos, 400 montures de fusils, 12 sabres de sergent avec ceinturons, 400 pièces de toile blanche de l'Inde, 200 pièces de toile bleue, un habit d'uniforme avec chapeau et bottes ; le *tout complet*, pour le roi Radama, et deux chevaux.

» Lesquels objets seront délivrés sur le vu d'un certificat constatant que les lois, règlements et proclamations susdits ont été exécutés pendant le trimestre précédent. Ce certificat sera signé par Radama, et approuvé par l'agent de Son Excellence le gouverneur Farquhar, résidant à la cour de Radama. — Art. 4. En outre, les parties contractantes conviennent mutuellement de protéger le roi de Johanna (Anjouan), fidèle ami et allié de l'Angleterre, contre les déprédations auxquelles il est en butte depuis plusieurs années de la part des habitants des petits États situés sur la côte de Madagascar, et de mettre tout en œuvre, avec l'aide de leurs sujets, alliés et partisans, pour parvenir à l'abolition de ce système de piraterie. A cet effet, des proclamations seront faites par Radama et le gouverneur de Maurice, défendant à qui que ce soit de prendre part à aucun acte de cette nature; des copies de ces proclamations seront distribuées principalement dans les ports de mer situés sur la côte de Madagascar. ».

Une proclamation des ministres de Radama promulgua le traité, menaçant de l'esclavage et de la confiscation de ses biens toute personne coupable de la vente d'un esclave destiné à l'exportation. Hastie partit alors pour l'île Maurice, où il reçut les félicitations de sir Robert Farquhar, puis il se hâta de retourher, avec de nouvelles instructions, en qualité d'agent anglais, auprès de Radama, qui lui témoigna aussi sa satisfaction de la conclusion de cette affaire, et fit publier en français et en malgache la proclamation de ses ministres sur les divers points de l'île.

Tel était l'état où M. Farquhar avait laissé les relations de Madagascar avec l'île Maurice, en quittant cette colonie, le 19 novembre 1817, pour se rendre en Angleterre.

Radama se montra scrupuleux observateur du traité qu'il avait signé et qui lui avait tant coûté. Il n'en fut pas de même de l'autre partie contractante. Le major général Hall, chargé par intérim du gouvernement de l'île Maurice, en l'absence de M. Farquhar, n'ayant pas sur l'île de Madagascar les mêmes idées que ce gouverneur, et ne visant qu'aux moyens de réduire les dépenses de l'administration qui lui était provisoirement confiée, ne jugea pas à propos ni de remplir les conditions du traité, ni de conserver un agent près de Radama; en conséquence Hastie fut rappelé et le payement du subside refusé.

Radama apprit cette violation inattendue et ne voulut pas d'abord y croire, mais force lui fut bientôt de se rendre à l'évidence. Se croyant alors trompé, il ne dissimula ni son mécontentement ni ses nouvelles dispositions à accueillir et à soutenir les prétentions du gouvernement français de l'île Bourbon à former un établissement à Madagascar, de préférence aux Anglais. La traite fut de nouveau permise. Plusieurs chefs de la côte, que la crainte de Radama et les présents de sir R. Farquhar avaient seuls maintenus jusqu'alors, laissèrent éclater leurs véritables préférences, et l'on ne saurait dire jusqu'à quel point les eût pu conduire cette disposition générale des esprits si, dans ce temps, le gouvernement de l'île Bourbon se fût trouvé en état de se mettre au lieu et place de la nation dont Radama venait d'être dupe, en remplaçant les subsides et les présents auxquels le gouvernement de Maurice l'avait accoutumé, en formant des établissements en différents points de la côte, et en entretenant près de Radama un agent propre à le maintenir dans ses nouveaux sentiments pour les intérêts français. Mais la lenteur du gouvernement de Bourbon à profiter de ces circonstances si favorables alors, l'exiguïté des moyens employés dans l'expédition qui devait bientôt avoir lieu, le rappel du général Hall, et de la part de son successeur, le général Darling, une conduite plus conforme au traité, servirent, à ramener Radama et, par conséquent, les chefs de la côte à leurs premiers sentiments envers M. Farquhar qui, aussitôt après son retour à Maurice, en 1820, s'occupa immédiatement de renouer tous les liens relâchés par le général Hall.

X

Les difficultés élevées par le gouverneur Farquhar au sujet de la rétrocession de nos comptoirs à Madagascar, n'arrêtaient pas le gouvernement français dans l'exécution de ses projets sur cette île; fort de l'interprétation donnée au traité de Paris par le cabinet anglais, il s'occupa aussitôt du choix du lieu le plus propre à remplir ses vues. Depuis l'abandon des établissements successivement formés au Fort-Dauphin et à la baie d'Antongil, nous n'avions eu à Madagascar que de simples postes de traite; mais, avant 1811, l'île de France nous appartenait et nous pouvions encore conserver l'espoir de rentrer dans nos droits sur Saint-Domingue. Après la conclusion des traités de 1814 et de 1815, la situation de la France relativement à ses possessions coloniales se trouva totalement changée. L'île de France avait passé sous la domination anglaise; la soumission de Saint-Domingue était plus qu'incertaine; l'abolition de la traite, stipulée dans l'un et l'autre traité, présageait la décadence des Antilles, de la Guyane et de Bourbon, et cette dernière île étant dépourvue de port, nous n'avions plus à l'est du cap de Bonne-Espérance un seul point de relâche où, en temps de guerre, nos vaisseaux pussent trouver un abri et se ravitailler. Le temps paraissait donc venu d'examiner attentivement si Madagascar pouvait nous rendre ce que nous avions perdu et se prêter à des établissements avantageux à notre marine et à notre commerce.

En mars 1817, les administrateurs de l'île Bourbon furent chargés, par M. le vicomte Dubouchage, alors ministre de la marine et des colonies, de faire procéder à la reprise de possession de ces établissements et d'envoyer provisoirement sur les lieux un agent commercial, avec le nombre d'hommes nécessaire pour faire respecter le pavillon français.

M. le vicomte Dubouchage chargea, dans cette vue, M. le conseiller d'Etat Forestier, vice-président du comité de la marine, de rechercher dans les documents existants aux archives de ce ministère quel parti la France pouvait tirer de ses anciennes possessions de Madagascar. Ces documents étant peu nombreux et peu propres surtout à faire connaître l'état réel du pays, M. Forestier consulta M. Sylvain Roux, dernier agent français à Tamatave, qui se trouvait alors à Paris, ainsi qu'un ancien chef de traite, qui avait également résidé plusieurs années à Madagascar, et il rédigea un Mémoire où, après avoir exposé la nécessité d'étendre les relations de notre commerce, de donner une plus grande activité à notre navigation, d'ouvrir de nouveaux débouchés aux produits de l'agriculture et de l'industrie française, et de fournir des moyens d'existence à l'excédant de la population du royaume, qui commençait à prendre un accroissement inquiétant pour l'avenir, il proposait de fonder un établissement colonial d'une certaine importance sur la côte orientale de Madagascar.

Cette côte, la seule où la France eût autrefois possédé de pareils établissements, lui semblait, par sa position rapprochée de Bourbon, le point le plus favorable à des projets de colonisation. La petite île de Sainte-Marie, qui en était très-voisine, offrait, à son avis, une réunion d'avantages propres à fixer d'abord le choix du gouvernement. Le canal qui la séparait de la côte orientale de Madagascar formait une rade belle, sûre et d'un abord facile en tout temps ; et vis-à-vis se trouvait le port de Tintingue, susceptible de devenir un grand arsenal maritime. Former un premier établissement à Sainte-Marie ; se porter à Tintingue aussitôt que cet établissement serait suffisamment consolidé, de là s'avancer et s'étendre sur la grande île, à mesure que les moyens de colonisation seraient acquis ; employer à la culture les naturels du pays, en les traitant soit comme esclaves, soit comme des engagés qui, après quatorze années, seraient affranchis et pourraient participer, comme habitants de la colonie, à la distribution des terres : tel était le plan développé dans le Mémoire de M. Forestier, qui proposait de composer la première expédition d'un administrateur en chef, de quatorze officiers civils, de cent treize officiers, sous-officiers et soldats, et de cent vingt colons, en tout deux cent quarante-huit personnes, et d'affecter aux frais de cette expédition une somme de douze cent mille francs.

En présence des charges qui posaient alors sur la France, il était impossible de songer pour le moment à une grande dépense, et même à une dépense moindre. Le nouveau ministre de la marine, M. le comte Molé, décida l'ajournement de l'expédition projetée jusqu'en 1819, espérant qu'à cette époque la situation des finances permettrait au gouvernement de se livrer à ces entreprises d'un si grand intérêt pour l'avenir maritime et colonial de la France.

M. le comte Molé mit toutefois le temps à profit pour se procurer des notions positives sur la côte de Madagascar, et notamment sur Tintingue et Sainte-Marie.

Une commission spéciale, nommée par lui, placée sous les ordres de M. Sylvain Roux, et composée d'un ingénieur-géographe, de l'arpenteur, du jardinier-botaniste du roi, à Bourbon, et d'un colon de cette île, fut chargée d'aller explorer les lieux et de reconnaître le point où il serait possible de former un établissement de culture et de commerce. Cette exploration, à laquelle concoururent M. le baron de Mackau, alors capitaine de frégate, et son état-major, eut lieu pendant les quatre derniers mois de 1818. Les explorateurs visitèrent successivement Tamatave, Foulpointe, et tout le littoral jusqu'à Tintingue et Sainte-Marie.

Ils reprirent solennellement possession de Sainte-Marie le 15 octobre 1818, et de Tintingue, le 4 novembre suivant, en présence des chefs et des principaux habitants du pays, réunis en kabar ou assemblée générale. L'exploration terminée, ils revinrent à Bourbon et y consignèrent le résultat de leurs observations dans des rapports où Tintingue et Sainte-Marie furent présentés comme les points les plus convenables pour la formation d'établissements coloniaux.

Tintingue, situé sur la grande terre, vis-à-vis de l'île Sainte-Marie, possédait un port magnifique, à l'abri de tous les vents et capable de contenir jusqu'à des vaisseaux de haut bord. Le pays avoisinant était remarquable par sa fécondité, abondant en bois précieux pour les constructions maritimes, et arrosé par plusieurs rivières considérables, dont toutes avaient leur embouchure dans la rade. Les explorateurs regardaient ce point comme offrant toutes les facilités désirables pour fonder des établissements de culture; mais ils pensaient, surtout M. Sylvain Roux, que le premier établissement devait être fondé dans la petite île de Sainte-Marie, qui était beaucoup plus saine que la grande terre, et qui, à cause de sa position insulaire, offrait plus de sûreté politique.

Cette île, d'environ douze lieues de long sur deux ou trois de largeur, est séparée de la côte orientale de Madagascar par un canal large d'une lieue et un quart, dont sa partie la plus étroite vis-à-vis de la Pointe-à-Larée, est de quatre lieues en face de Tintingue. Suivant les explorateurs, on y trouvait un bon port, qui, quoique peu étendu, pouvait recevoir des frégates. A l'est, les côtes de l'île étaient inattaquables, à cause des récifs qui les environnaient, et à l'ouest la défense en était facile au moyen de quelques travaux peu dispendieux. Les terres paraissaient d'assez bonne qualité et favorables à la culture de la plupart des productions intertropicales. De nombreux ruisseaux et des rivières y coulaient dans tous les sens. Les bois propres aux constructions navales croissaient abondamment dans l'île, et l'on pouvait se procurer sur les lieux mêmes, tous les matériaux nécessaires pour bâtir. La population de Sainte-Marie ne s'élevait pas à plus de mille à douze cents âmes; mais l'île pouvait aisément fournir du travail à vingt-cinq ou trente mille Européens.

Les explorateurs s'accordaient à déclarer que le climat de la côte orientale de Madagascar n'était point aussi insalubre qu'on le pensait généralement. Sainte-Marie leur paraissait d'ailleurs susceptible d'être considérablement assainie par le desséchement de quelques marais et par la mise en culture d'une portion du territoire. L'exploration fournissait, au reste, une preuve assez concluante en faveur de la salubrité du pays; car, pendant les quatre mois qu'elle avait duré, malgré l'influence de la mauvaise saison, malgré les fièvres pernicieuses dont plusieurs des explorateurs furent atteints, on n'eut à regretter qu'un seul homme sur un personnel de cent cinquante individus.

Loin de contester nos droits à la propriété de Sainte-Marie, les chefs et les habitants s'étaient empressés d'en reconnaître la validité. Plusieurs d'entre eux se souvenaient de la cession de l'île à la compagnie des Indes, faite en 1750 par Béti. Les explorateurs avaient retrouvé quelques débris d'édifices de construction européenne, notamment une pyramide en pierre, de forme quadranglaire et tronquée, sur laquelle étaient gravées les armes de France au-dessus de celles de la compagnie des Indes, avec le millésime de 1753. C'était même en ce lieu qu'ils avaient arboré le pavillon national pour constater la reprise de possession.

Le meilleur accueil avait été fait aux explorateurs dans tous les lieux où ils s'étaient montrés. Jean-René, mulâtre d'origine française, ancien interprète du gouvernement français et devenu chef de Tamatave, et Tsifanin, chef de Tintingue, les avaient surtout reçus avec des témoignages de satisfaction et d'amitié; et la confiance que les Français inspirèrent fut si grande, que le premier remit Berora, son neveu et son fils adoptif, et le second Manditsara, son petit-fils, au commandant de l'expédition avec prière de faire élever ces deux enfants dans un collége de France.

M. Sylvain Roux ayant obtenu l'autorisation de revenir en France pour y rétablir sa santé, altérée par les travaux de l'exploration, et pour y donner en même temps au ministère de le marine tous les éclaircissements désirables sur l'objet de sa mission, partit de Bourbon en 1819, emmenant avec lui les deux princes malgaches. Il arriva sur la fin de juillet à Paris, où M. le baron de Mackau s'était lui-même rendu quelque temps auparavant. Il était porteur d'une lettre, dans laquelle Jean-René implorait la bienveillance du roi en faveur de son neveu, protestant de sa soumission au monarque français, et annonçait qu'il avait appris avec la plus grande joie l'intention où la France était de former de grands établissements à Madagascar, et suppliait enfin Sa Majesté de lui envoyer des savants et des professeurs pour instruire les peuples qu'il gouvernait. M. le baron Portal, alors ministre de la marine, mit cette lettre sous les yeux du roi, et lui présenta en même temps les deux jeunes princes malgaches, qui furent placés dans un établissement public pour y faire leur éducation.

M. Sylvain Roux, en reprenant possession des anciens comptoirs français de la côte orientale de Madagascar, s'était borné à arborer notre pavillon à Tintingue et à Sainte-Marie. Pour assurer le respect qui lui était dû et veiller à la conservation de nos droits, M. le baron Milius, gouverneur de l'île Bourbon, jugea convenable d'établir des postes militaires sur ces deux points; et le 7 juillet 1819, la goëlette du roi l'*Amarante*, commandée par M. l'enseigne de vaisseau Frappas, partit de Bourbon, ayant à bord les détachements destinés à y être placés.

Afin de rendre ce voyage utile au gouvernement de Madagascar, M. Milius fit embarquer à bord de *l'Amarante* M. Schneider, ingénieur géographe, qui avait été déjà employé dans l'exploration exécutée par M. Sylvain Roux, et M. Albrand, professeur au collége de l'île Bourbon, pour explorer, conjointement avec M. Frappas, la côte de Madagascar, depuis Sainte-Marie jusqu'au Fort-Dauphin, et reprendre possession de ce dernier point. La petite expédition arriva, le 19 juin 1819, à Sainte-Marie. Les nouveaux explorateurs ne virent point Sainte-Marie et Tintingue d'un œil aussi favorable que ceux qui les avaient précédés. Sainte-Marie, à cause des marais insalubres qui la couvraient en partie, de son sol sablonneux et pierreux, de la qualité inférieure de ses eaux, leur parut présenter peu d'avantages pour des entreprises agricoles ; ils la considérèrent seulement comme un point militaire propre à couvrir d'autres établissements. S'ils jugèrent Tintingue susceptible d'être occupé, ce ne fut également que comme position militaire et comme point de relâche. Ils en trouvèrent la rade très-belle ; mais, à leur avis, il n'existait point de contrée plus marécageuse et plus insalubre, et la terre, pour y devenir cultivable, exigeait des travaux immenses de desséchement.

L'Amarante se rendit de Tintingue à Tamatave et ensuite au Fort-Dauphin, où les Français furent parfaitement accueillis des naturels. M. Albrand reprit possession, le 1er août 1819, du Fort-Dauphin, qui n'était plus alors qu'un amas de ruines recouvertes de lianes et de plantes grimpantes. Cependant une partie de l'ancien fort, le magasin à poudre et la porte d'entrée subsistaient encore. M. Albrand reprit en même temps possession de Sainte-Luce, ancien établissement français situé à peu de distance.

De tous les points de la côte orientale de Madagascar, le Fort-Dauphin parut aux explorateurs celui où l'on pouvait espérer s'établir avec le plus d'avantages et de facilité. Selon eux, c'était l'endroit le plus sain de l'île. L'élévation moyenne de la température semblait devoir permettre d'y cultiver avec un égal succès les végétaux de l'Europe et ceux des colonies. Le terrain y était fertile.

Les premières difficultés avaient disparu, car les défrichements avaient eu lieu dans plusieurs parties, et les vivres étaient abondants. Les moussons rendaient les communications avec Bourbon toujours promptes. Enfin la rade, quoique moins belle que celle de Tintingue, était d'un facile accès, et pouvait être mise à l'abri de tous les vents au moyen d'une jetée dont la construction serait peu dispendieuse. En transmettant au ministère de la marine les rapports des nouveaux explorateurs, M. Milius fit connaître au ministre qu'il partageait leur opinion sur la préférence à donner à la presqu'île du Fort Dauphin, pour la formation d'un établissement colonial. Le caractère indolent et soupçonneux des habitants de Sainte-Marie, et surtout le peu de salubrité du pays, justifiaient à ses yeux cette préférence. Il ne voyait, au surplus, ni moins d'avantages ni moins de dangers à s'établir à Sainte-Marie, plutôt que sur un point quelconque du littoral de la Grande-Terre, le Fort-Dauphin excepté. Quel que fût, au reste, le lieu à choisir, le projet d'un établissement à Madagascar ne lui semblait réalisable qu'autant que le gouvernement se déterminerait à faire des dépenses considérables.

Quelques mois avant la réception de ces rapports, le ministre de la marine avait été dans le cas de pressentir le conseil des ministres sur le projet de coloniser Madagascar, en commençant par s'établir à Sainte-Marie, et par occuper Tintingue, ainsi que l'avaient proposé, d'abord M. Forestier, et ensuite M. Sylvain Roux, dans son rapport sur l'exploration dont l'avait chargé le ministère de la marine. Le conseil des ministres ne parut pas éloigné de donner suite à ce plan; mais il pensa que, dans les circonstances où l'on se trouvait alors, on ne pouvait espérer de le voir accueillir par les chambres législatives qu'autant que les dépenses en seraient très-modérées. M. Sylvain Roux se montrait fort ardent à faire adopter ses vues; mais M. le baron Portal, avant de prendre aucune détermination, crut devoir soumettre le plan projeté à l'examen d'une commission composée, sous la présidence de M. le conseiller d'Etat Forestier, de MM. de Mackau, Sylvain Roux et Frappas, qui se trouvaient alors tous trois réunis à Paris.

Les deux premières questions que la commission se posa furent celles de savoir si le gouvernement devait fonder une colonie agricole à Madagascar, ou se borner simplement à y ouvrir un port aux bâtiments français naviguant au delà du cap de Bonne-Espérance. La création d'une colonie intertropicale entraînait avec elle des difficultés, des dépenses et des embarras politiques qui frappèrent la commission. Depuis deux cents ans on avait, à diverses reprises et toujours sans succès, tenté de fonder à Madagascar des établissements coloniaux. Fallait-il renouveler les sacrifices d'hommes et d'argent qu'avaient coûtés ces tentatives, sans être plus sûr qu'on ne l'était de la réussite ? La commission ne le pensait pas. En supposant que l'on se déterminât pour l'affirmative, à quelle localité donner la préférence ? Les partisans d'une colonisation dans le sud-est de l'île vantaient la salubrité du littoral, la douceur des habitants, la fertilité des terres; tandis que les partisans d'une colonisation dans le nord-est prétendaient que l'air, la terre et les hommes étaient, à peu de chose près, les mêmes partout. Ces avis divergents étaient fondés, chose étrange ! sur des observations et des reconnaissances également faites sur les lieux par chacun de ceux qui les soutenaient.

Au milieu de ce conflit d'opinions, une seule vérité parut incontestée à la commission, c'est qu'il n'existait sur toute la côte orientale, depuis la baie d'Antongil jusqu'au Fort-Dauphin, qu'un seul lieu où des vaisseaux pussent entrer et séjourner sans péril, et ce lieu était Tintingue.

Or, dans le cas même de la création d'une colonie agricole, comme on ne pouvait admettre qu'il fût raisonnable de fonder une semblable colonie à 3,500 lieues de la France, sans posséder un port, la commission était d'avis que le choix du gouvernement devait s'arrêter sur le port de Tintingue, qui n'avait pas besoin, comme le Fort-Dauphin, de la construction, nécessairement très-dispendieuse, d'une jetée, pour offrir aux bâtiments un mouillage exempt de dangers. Si Tintingue semblait mériter la préférence sous le rapport maritime, la commission n'osait affirmer que ce lieu présentât les mêmes avantages sous le rapport agricole. Non que la terre n'y fût fertile, les eaux abondantes, la végétation riche et vigoureuse ; mais les marais profonds qui l'entouraient, les miasmes insalubres qui s'en exhalaient, les travaux qu'il eût fallu faire pour assainir le sol, et l'embarras enfin de se défendre au milieu d'une population inquiète et nombreuse, étaient autant de motifs qui, dans son opinion, devaient engager le gouvernement à se borner d'abord à fonder un port à Tintingue. La prudence et l'économie s'accordaient d'ailleurs pour conseiller un tel parti. Sainte-Marie étant la clef du port de Tintingue, et offrant par sa position insulaire des garanties de sécurité qui ne se trouvaient dans aucune autre partie de Madagascar, la commission pensait que, dans les premiers temps, il suffirait de s'établir dans cette île. Là, avec peu d'hommes et une dépense modérée, on pourrait jeter les fondements d'une colonie susceptible de s'étendre plus tard sur la grande terre de Madagascar. Tout en formant un établissement maritime à Sainte-Marie, on s'y livrerait à des essais de culture, ainsi qu'à la pêche de la baleine, industrie très-profitable dans ces parages, et l'on chercherait à attirer peu à peu le commerce de son côté. L'occupation de Sainte-Marie n'empêcherait point d'arborer à Tintingue le pavillon français, d'y construire un magasin pour des agrès et apparaux, d'y entretenir une petite garnison, et de permettre aux colons, habitués à fréquenter Madagascar, de s'y transporter avec leurs esclaves et leur industrie. Ce système était, aux yeux de la commission, le seul qui pût à la fois donner à la France un port au delà du cap de Bonne-Espérance, et lui promettre pour l'avenir la possession d'une colonie agricole.

Quant aux moyens d'exécution, la commission était d'avis qu'ils fussent renfermés dans les limites d'une judicieuse économie ; l'administration locale devait être réduite aux agents strictement nécessaires, et le détachement militaire, destiné à prendre possession de Sainte-Marie et de Tintingue, se composer d'environ soixante officiers, sous-officiers et soldats ; ces derniers eussent été tous ouvriers, pour ne pas multiplier les consommateurs sans nécessité. Dans les premiers temps, on ne transporterait dans la colonie aucun cultivateur, soit de France, soit de l'île Bourbon. Les administrateurs et les officiers seraient les premiers colons, et l'on se bornerait à louer un certain nombre de noirs, pour y être employés à la culture des denrées de première nécessité. Enfin, la même réserve et la même économie présideraient à tous les élémen ts de la colonisation, et si ces modestes essais étaient couronnés de succès, on trouverait plus tard toute facilité pour en élargir les bases et po ur obtenir des chambres législatives les fonds nécessaires. Telles étaient, en résumé, les vues de la commission présidée par M. le conseiller d'Etat Forestier.

Dans le but de rendre un port à la navigation française dans les mers de l'Inde, M. le baron Portal accueillit le plan proposé par la commission ; mais, avant de prendre un parti définitif, il voulut encore s'éclairer de l'avis de M. le capitaine de vaisseau Freycinet, qui était sur le point de quitter la France pour aller remplacer M. le baron Milius, en qualité de commandant et administrateur de Bourbon. M. de Freycinet déclara qu'il partageait l'opinion de la commission, non-seulement quant au but essentiel qu'il s'agissait d'atteindre, mais aussi quant aux principaux moyens à employer pour réussir. M. le baron Portal n'hésita plus dès lors à donner son adhésion pleine et entière au plan présenté par la commission. Il le soumit au conseil des ministres, qui en adopta les bases. Il fit ensuite agréer au roi et aux chambres l'essai de colonisation de Sainte-Marie, en le réduisant toutefois à des proportions qui, suffisantes pour agir avec fruit, ne pussent cependant compromettre de trop graves intérêts, si les résultats de l'entreprise ne répondaient pas à ce qu'on devait raisonnablement en attendre. Les fonds extraordinaires affectés à cet essai furent limités à la somme de 700,000 francs répartis de la manière suivante : 480,000 francs sur l'exercice 1820, pour frais d'expédition et de premier établissement; 93,000 francs pour chacune des années 1821 et 1822, et 94,000 francs pour 1823.

L'expédition destinée à jeter les fondements de l'établissement projeté, fut composée de soixante-dix-neuf individus, lesquels comprenaient, outre le personnel du service colonial, une compagnie de soixante officiers et ouvriers militaires de la marine, et six colons volontaires, hommes et femmes. On affecta au transport de ce personnel et du matériel de l'expédition, la gabarre *la Normande* et la goëlette *la Bacchante*. Ces deux bâtiments de l'État furent destinés à rester à Sainte-Marie ; le premier pour servir de caserne, de magasin, d'hôpital et de batterie flottante, jusqu'au moment où l'on serait en mesure de séjourner à terre avec sécurité ; le second, pour entretenir les communications, tant avec les divers points de la grande terre qu'avec l'île Bourbon. M. Sylvain Roux, qui avant 1811 avait résidé plusieurs années à Tamatave, en qualité d'agent français, qui avait présidé en 1818 à l'exploration de la côte orientale de Madagascar, et qui, d'ailleurs, était lié d'amitié avec Jean-René, l'un des chefs les plus influents de l'île, se trouvait naturellement désigné pour diriger une entreprise dont il avait, conjointement avec M. Forestier, suggéré la première idée, et dont il n'avait cessé depuis lors de poursuivre la réalisation. Il fut donc nommé chef de l'expédition, avec le titre de commandant particulier des établissements français à Madagascar, mais placé sous la surveillance et sous les ordres du gouverneur de Bourbon.

Les instructions que le ministre de la marine remit à M. Sylvain Roux avant son départ furent concertées avec la commission présidée par M. Forestier. Elles firent connaître au chef de l'expédition que l'objet que le gouvernement se proposait était d'assurer la possession du port de Tintingue à la France ; de n'y entretenir d'abord qu'un simple poste ; de s'établir solidement à Sainte-Marie, et de créer dans cette île des cultures libres, à l'aide des colons militaires qui y étaient transportés, et des noirs travailleurs qui seraient ou loués aux chefs malgaches, ou achetés d'eux, et, dans ce dernier cas, déclarés libres immédiatement, moyennant un engagement temporaire de leurs services ; d'encourager la culture des denrées dites coloniales par les indigènes, soit qu'ils s'y livrassent pour leur propre compte, soit qu'ils consentissent à s'en occuper pour le compte des colons français, sous la condition des salaires convenus ; d'attirer par la suite à Sainte-Marie et d'y installer utilement, selon qu'il y aurait lieu, non-seulement le trop-plein de la population libre de Bourbon, mais encore tous autres immigrants qu'il serait reconnu utile d'y appeler ; de n'opérer dans les cultures que graduellement, de proche en proche, et lorsqu'on serait en mesure de le faire sans danger ; et cependant d'entretenir et d'étendre le commerce déjà existant de Madagascar, en blé, riz, bestiaux, bois, etc., et autres productions de l'intérieur, qui pouvaient ajouter aux moyens d'échange ; et d'inspirer de plus en plus aux naturels le

goût des objets provenant de notre industrie ; de nous concilier, par
une conduite juste, bienveillante, habile et ferme, l'estime, la confiance et l'amitié des indigènes, seuls gages solides du succès de
l'établissement projeté ; de nous insinuer graduellement dans le
territoire et dans la population, par des conventions de gré à gré
mutuellement avantageuses, par des mariages avec les filles du pays,
et par la fusion des intérêts réciproques.

Les mêmes instructions autorisèrent le commandant particulier
à consolider, par quelques légers sacrifices, les acquisitions liti-
gieuses, pour peu qu'il y eût contestation sur les droits de possession anciennement acquis à la France, plutôt que de laisser la
moindre incertitude sur la légitimité de nos droits. Enfin, elles lui
recommandèrent d'user d'une grande circonspection dans ses rapports avec les Anglais qui fréquenteraient Madagascar ; mais d'employer tous les moyens que permettrait la prudence pour empêcher
qu'ils n'exerçassent sur les chefs malgaches une influence nuisible à
nos intérêts.

Cette dernière recommandation était particulièrement motivée
par la conduite que le gouverneur de l'île Maurice avait tenue durant
les dernières années. Du moment où la France avait paru tourner
ses vues sur Madagascar, M. Farquhar s'était occupé à les traverser.
Les instructions de M. Sylvain Roux insistèrent vivement sur la
nécessité de cultiver, par tous les moyens possibles, les bonnes
dispositions que Radama, roi des Hovas, et Jean-Réné paraissaient
conserver à l'égard des Français, malgré les efforts de la politique anglaise. Quant au régime intérieur de l'établissement, rien n'avait été
négligé par le département de la marine pour qu'il fût satisfaisant.

La conservation de la santé des hommes composant l'expédition
avait été surtout l'objet de sa prévoyance. On avait songé au cas où
l'insalubrité contestée de l'île Sainte-Marie serait, après une expérience suffisante, reconnue telle que les colons ne pussent la supporter. Le commandant particulier des établissements de Madagascar avait ordre alors de s'entendre avec le gouvernement de
Bourbon pour la translation de la colonie sur un autre point.

L'expédition, retardée par la nécessité où l'on fut d'attendre que
le fonds de quatre cent vingt mille francs qui devait y être affecté
fût voté par les chambres, ne partit de Brest que le 7 juin 1821, et
arriva à Sainte-Marie sur la fin du mois d'octobre de la même
année.

Pendant que se préparait en France l'expédition confiée à M. Sylvain Roux, l'attention du gouvernement de Bourbon se porta un moment sur Madagascar, et voici à quelle occasion.

Le vasselage imposé à Jean-René, par l'intermédiaire des agents anglais, ne tarda pas cependant à lui être utile. Deux années après, au commencement de 1820, son frère Fiche, qui, par sa bravoure et la position qu'il occupait à Yvondrou, était le plus ferme appui du chef de Tamatave, ayant été surpris par une nuit d'orage et massacré dans son propre *touhi*, Jean-René se trouva dès lors seul en butte à la haine de ses ennemis. Vivement pressé par eux, il eut recours à l'intervention de son puissant suzerain qui lui envoya un secours de trois mille Hovas, et le Malatte Tsassé fut alors définitivement chassé de Foulpointe avec tous ses adhérents. Quant aux Hovas, n'ayant nul intérêt encore à se fixer sur les côtes, ils s'en retournèrent dans leurs montagnes, dès que leur vassal n'eut plus besoin de leur appui.

Ces deux expéditions des Hovas, à deux années d'intervalle, inspirèrent une terreur profonde aux habitants de la côte, trop désunis entre eux pour résister à ce peuple relativement puissant, mû par la volonté d'un seul homme, et excité, d'ailleurs, par l'appât du gain qu'il pourrait faire dans ce pays infiniment plus riche que le sien, sinon en argent, du moins par l'importance du commerce qu'il faisait avec les colonies voisines. Le gouverneur de Bourbon, sentant l'avantage qu'il pourrait y avoir pour la France à se ménager l'alliance d'un tel peuple, conçut le projet, vers le milieu de 1820, d'envoyer un homme intelligent auprès de Radama pour travailler à combattre l'influence anglaise qui commençait à y prévaloir et tendait à nous y créer des ennemis. Son choix se porta sur M. Fortuné Albrand, et M. Carayon, officier d'artillerie, fut désigné pour commander la petite garde d'honneur qu'on jugea convenable de lui donner. Les préparatifs étaient en partie terminés et le jour de l'embarquement fixé, lorsque un incident imprévu fit avorter cet important projet. Un botaniste, envoyé de France par le ministre de l'intérieur, pour explorer Madagascar, étant arrivé à Bourbon au moment où ces messieurs allaient partir, le gouverneur, M. Milius, guidé par un misérable esprit d'économie, saisit cette occasion de faire servir les fonds alloués seulement pour la mission scientifique, à parer, en même temps, à une partie de ceux que devait coûter la mission diplomatique ; mais n'osant sans doute avouer un tel projet, il prit un moyen détourné pour l'exécuter. Une somme de sept mille cinq cents francs avait été allouée à M. Albrand pour subvenir aux frais de transport et aux dépenses imprévues qui pourraient se présenter pendant son séjour chez les Hovas. Muni de la pièce ordonnancée à l'*encre rouge* et de la main du gouverneur, il se rend au trésor pour percevoir cette somme ; mais là, il apprend avec étonnement qu'on a reçu l'ordre de ne pas la lui payer. M. Albrand se rend aussitôt chez le gouverneur pour lui demander l'explication d'un fait aussi étrange ; il en reçoit la réponse suivante : « Je me suis trompé, monsieur, dans cette affaire ; ce n'est pas quinze cents *piastres* que j'ai eu l'intention de vous accorder, mais seulement quinze cents *francs;* il ne m'est pas possible de vous allouer cette première somme sans y être préalablement autorisé par le ministre ; j'aime mieux renoncer à vous charger de la mission que j'avais d'abord voulu vous confier... C'est à vous de voir si les quinze cents francs peuvent vous suffire. »

Quinze cents francs pour les dépenses imprévues d'un chargé d'affaires à la cour d'un petit Roi étranger, et auquel on avait voulu donner une escorte d'hommes, lorsque les Anglais venaient de dépenser deux cent mille francs en cadeaux offerts à ce même prince, et auquel, l'année suivante, vu le traité du 10 octobre 1821, il devaient allouer pendant six ans une forte subvention ! Le voyage d'un simple particulier qui voudrait visiter l'Ankove, et qui n'aurait ni présents à offrir, ni relations à nouer, ne coûte pas moins de trois mille francs ; je puis donner de bons renseignements à ce sujet. De tels rapprochements ont leur utilité, quelque pénibles qu'ils soient à faire, parce qu'ils expriment mieux que toute autre chose la différence des succès obtenus dans les pays lointains par la France et l'Angleterre. C'est dans cette occasion décisive que se justifia une fois de plus le reproche que les Anglais nous adressent à propos de la parcimonie qui préside dans la plupart de nos tentatives lointaines, et auquel motif ils attribuent justement le peu de succès de nos entreprises. (*The naturally parcimonious disposition of the French government.*) Mais poursuivons notre récit en attendant que l'étude du passé nous serve pour l'avenir. MM. Albrand et Carayon furent donc remplacés par le botaniste ; et celui-ci, plein de présomption et sans aucune expérience du climat de Madagascar, dont il croyait qu'on exagérait le danger, étant mort quelques jours après son arrivée dans cette île, la France se trouva sans représentant auprès de Radama, dans le moment où les Anglais s'efforçaient de le rendre hostile à nos intérêts.

Vers ces temps, la fortune mena auprès du roi des Hovas un Français obscur, du nom de Robin. Cet homme, simple sous-officier dans la garnison de Bourbon, s'était enfui de cette colonie à Madagascar, après quelques fautes graves contre la discipline. Il arriva à Tananarive en 1819, gagna bientôt les bonnes grâces de Radama, auquel il apprit à parler et à écrire le français, et s'éleva successivement jusqu'au grade de général dans l'armée malgache, après avoir tenu une petite école primaire qu'il avait obtenu l'autorisation d'ouvrir. Qu'on juge par là s'il nous eût été facile d'établir auprès de ce pouvoir une influence salutaire aux intérêts de tous.

XI

Après avoir perdu l'occasion de soustraire les Hovas à l'influence étrangère qui travaillait à leur inspirer de l'aversion pour nous, nous eussions dû au moins chercher à unir nos intérêts à ceux des peuples du littoral qu'ils vinrent subjuguer, et faire pour ceux-ci ce que les Anglais firent pour les premiers, afin d'avoir en eux des auxiliaires contre l'invasion qui menaçait de bouleverser tout le pays, et devait rendre impraticable l'accomplissement de nos projets. Mais combien le gouvernement français d'alors fut loin de porter ses vues si haut ! Forcé par le manque de fonds d'ajourner ses projets sur la grande terre, il laissa tout le temps à nos rivaux d'y bouleverser tout le pays que nous avions l'intention d'occuper plus tard. Aussi les instructions données à M. Sylvain Roux, chargé de s'établir à l'île Sainte-Marie, pouvaient-elles faire pressentir le résultat qu'aurait une telle entreprise ? A la tête d'une faible expédition, sans pouvoir ni moyens d'action sur la grande terre, n'ayant pas même la direction politique des affaires, qui fut spécialement donnée au gouverneur de Bourbon, trop éloigné du théâtre des événements pour en suivre l'ensemble et le but, M. Sylvain Roux, malgré son titre de commandant particulier des établissements français de Madagascar, ne fut, par le fait, que le délégué d'une administration supérieure, astreint à suivre rigoureusement ses ordres, et ne pouvant chercher à profiter des événements qui pouvaient surgir, sans encourir une grave responsabilité.

L'expédition fut bien accueillie des indigènes de Sainte-Marie, dont on obtint immédiatement, moyennant un prix réglé à l'amiable, la cession de trois villages. Les cases n'étant point habitables pour des blancs, et le projet étant d'ailleurs de s'établir d'abord sur un îlot situé à l'entrée de la baie, et connu sous le nom d'*îlot Madame*, on se contenta de déposer dans les villages acquis une partie du matériel, et l'on s'occupa des travaux de terrassements et de constructions à faire dans l'îlot. Ces travaux continuèrent sans interruption jusqu'à la fin de décembre. C'était l'époque où commençait la saison de l'hivernage, et sa pernicieuse influence ne tarda pas à se faire sentir. Dans les premiers jours du mois de janvier 1822, un grand nombre de maladies se déclarèrent parmi les ouvriers militaires et les équipages des bâtiments, et comme il n'avait pas encore été possible de construire un hôpital à terre, il fallut soigner les malades à bord de la gabarre *la Normande*. Le défaut d'espace et d'air y accrut les progrès du mal. Les deux officiers de santé, qui n'étaient point acclimatés, en éprouvèrent bientôt à leur tour les effets, et à la fin du mois de janvier 1822 il ne restait plus sur pied qu'un petit nombre de marins et d'ouvriers et un seul enseigne de vaisseau. M. Sylvain Roux fut frappé lui-même par la maladie et ne se rétablit qu'avec peine. Les pertes qu'éprouva cette petite expédition furent désastreuses. Dans sa lettre du 12 avril au gouverneur de Bourbon, le commandant particulier de Sainte-Marie s'exprime ainsi : « Nous ne sommes pas heureux, car depuis le 1er mars jusqu'à ce jour, voilà trente-six hommes morts à ajouter aux quarante-sept premiers, sur deux cents hommes dont se compose l'effectif.

Des pertes considérables, indépendamment des vides irréparables qu'elles laissèrent dans les diverses branches du service, jetèrent le découragement le plus complet parmi ceux qui survécurent, et entre ces derniers, plusieurs qui furent envoyés à Bourbon pour rétablir leur santé, n'ayant été ni renvoyés à leur poste ni remplacés, M. Sylvain Roux se trouva, dès le milieu de la première année, n'avoir plus qu'une cinquantaine d'hommes sous ses ordres, dont une partie, appartenant à l'équipage de *la Normande*, lui fut même plus tard retirée.

Un mois après l'installation de l'expédition à Sainte-Marie, la corvette anglaise *le Menaï* était venue mouiller en rade de cette île, et son commandant, le capitaine *Moresby*, eut l'imprudence de sommer M. Sylvain Roux de lui dire de quel droit et à quel titre les Français étaient venus s'établir en ce pays, et quels étaient leurs projets sur Madagascar. M. Sylvain Roux avait répondu qu'il agissait en vertu des ordres du roi de France; qu'il avait informé de sa mission le gouverneur du cap de Bonne-Espérance, lors de sa relâche dans cette colonie; que, du reste, il ne croyait point être obligé de faire connaître les lieux de la côte où il pourrait lui convenir d'établir ses postes; que toute l'île appartenait à la France, et qu'il protestait d'avance contre toute atteinte qui serait portée à son droit de propriété.

Cet événement donna lieu à quelques explications entre le gouverneur de Bourbon et le gouverneur de Maurice. Ce dernier en profita pour déclarer, premièrement : qu'il ne considérait Madagascar que comme une puissance indépendante, actuellement unie avec le roi d'Angleterre par des traités d'alliance et d'amitié, et sur le territoire de laquelle aucune nation n'avait de droits de propriété, hors ceux que cette puissance serait disposée à admettre; secondement, qu'il avait été notifié par cette même puissance, au gouvernement de Maurice et au commandant des forces navales britanniques dans ces mers, qu'elle ne reconnaissait de droit de propriété sur le territoire de Madagascar à aucune nation européenne.

La doctrine établie par cette déclaration différait étrangement de celle que le même gouverneur avait professée lorsque, considérant l'Angleterre comme substituée aux droits de la France sur Madagascar par la cession de l'île Maurice et de ses dépendances, il avait prétendu, en 1816, au nom de son gouvernement, à la propriété et la souveraineté de nos anciennes possessions de Madagascar. A cette époque, l'Angleterre se prévalait du droit absolu et exclusif de souveraineté qu'elle prétendait lui avoir été conféré par cession de la France, et ce droit de souveraineté sur toute l'île de Malgache lui paraissait si complet, qu'elle entendait s'en réserver le commerce, et n'y laisser participer la France même qu'aux conditions qu'il lui plairait d'établir. Mais lorsqu'il fut reconnu que Madagascar n'avait point été compris dans la cession consentie par la France, le gouvernement de Maurice ne vit plus dans notre ancienne colonie qu'un pays indépendant. Cette même déclaration et la conduite ultérieure des Anglais en ces parages ne purent laisser aux commandants de Bourbon et de Sainte-Marie aucun doute sur les mauvaises dispositions qu'apporterait à nos projets l'influence qu'ils exerçaient auprès des deux principaux chefs du pays.

Dans la vue sans doute de lutter contre cette influence, le commandant de Sainte-Marie reçut, le 20 mars 1822, une déclaration d'obédience et de vassalité de la part de douze princes et chefs de la contrée de Tanibé. Par cet acte, les chefs malgaches se soumirent à la domination de la France, s'engagèrent à défendre ses intérêts contre toute nation européenne, malgache ou autre, et promirent de ne contracter aucune alliance sans son consentement. Ces manifestations, soit qu'elles eussent été provoquées, soit qu'elles fussent l'effet d'une résolution spontanée des chefs malgaches, comme M. Sylvain Roux crut pouvoir le déclarer, furent un nouveau motif pour les Anglais d'encourager Radama dans ses prétentions à la souveraineté de toute l'île.

En effet, dès le 13 avril 1822, ce chef de la petite tribu des Hovas, qui avait conquis la côte orientale et qui en opprimait déjà les peuples nos alliés, fit publier une proclamation qui déclarait nulle toute cession de territoire qu'il n'aurait pas ratifiée ; et afin de montrer qu'il était disposé à appuyer cette arrogante prétention par la force, il envoya sur la même côte un corps de trois mille soldats hovas. Ces soldats, que commandait un de ses lieutenants nommé Rafaralahy, étaient accompagnés de M. Hastie, agent britannique accrédité près de Radama, d'un officier du génie anglais et de quelques autres militaires de la même nation. Sur la fin de juin 1822, ils s'emparèrent de Foulpointe, ancien chef-lieu des établissements français de Madagascar, et placèrent leur camp près de la pierre même qui constatait les droits de la France.

Cette invasion donna lieu, le 7 juillet suivant, à une nouvelle réunion des chefs de Tanibé. Ils reconnurent une seconde fois les anciens droits de la France sur leur pays, renouvelèrent la déclaration de vasselage faite par eux le 20 mars précédent, et s'adressèrent en même temps au commandant des Hovas, à Foulpointe, pour lui notifier que s'étant soumis à la France, ils ne reconnaîtraient point d'autre domination. M. Sylvain Roux n'en fut pas moins obligé de souffrir patiemment l'établissement militaire des Hovas sur la côte. Il n'y avait alors à Sainte-Marie aucun bâtiment de guerre ; et d'un autre côté, on ne pouvait attaquer les Hovas avec les débris de l'expédition réduite à un petit nombre d'hommes affaiblis et découragés.

M. Sylvain Roux s'empressa d'informer de cet état de choses le gouverneur de Bourbon, qui crut penser sagement que, dans la situation précaire où se trouvait l'établissement de Sainte-Marie, et même dans l'intérêt des vues ultérieures de la France, il importait de ne pas prendre l'initiative des hostilités. Il écrivit dans ce sens à M. Sylvain Roux, et se borna à lui envoyer quelques bâtiments armés destinés à veiller à la sûreté de l'établissement et à coopérer à sa défense en cas d'agression. Les Hovas, de leur côté, restèrent stationnés à Foulpointe ; et l'année 1822 s'acheva sans aucun mouvement nouveau de leur part et sans événements de quelque importance pour Sainte-Marie.

Cependant M. de Freycinet avait plusieurs fois témoigné, dans sa correspondance avec le département de la marine, les inquiétudes que lui donnaient le peu de capacité de M. Sylvain Roux, son esprit aventureux et le désordre de son administration intérieure. La révocation de cet agent fut en conséquence prononcée. En notifiant cette décision à M. de Freycinet, le ministre de la marine le chargeait de prendre la direction ultérieure de la colonisation de Madagascar, l'autorisant à adopter les mesures que dans sa prudence il jugerait les plus conformes aux véritables intérêts de la France.

M. Sylvain Roux atteint de nouveau de la fièvre, accablé par les chagrins et les embarras de sa situation, mourut le 2 avril 1823, peu de temps avant que la nouvelle officielle de sa disgrâce parvînt à Madagascar.

M. de Freycinet, nomma pour le remplacer, M. *Blévec, capitaine du génie*, déjà attaché à Sainte-Marie et alors en congé à l'île Maurice, sa patrie.

La conduite de M. Sylvain Roux, bien que répréhensible dans son administration pour sa négligence et son inaptitude aux affaires et à les diriger, mérite toutefois quelques éloges. Si on a le droit de lui reprocher d'être arrivé à Madagascar avec une expédition dont il était responsable, précisément au commencement de la mauvaise saison (1er novembre 1821), et d'avoir négligé de construire en débarquant un hôpital pour recevoir les hommes qui allaient être inévitablement atteints par l'insalubrité du climat ; si son attitude vis-à-vis du commandant anglais Moresby fut de nature à lui enlever l'estime de ses subordonnés et la confiance de ses supérieurs ; si sa conduite fut antipolitique et même injuste avec le Malatte Tsassé, vieille connaissance qu'il avait expulsée de Foulpointe onze années auparavant et contre laquelle il conserva toujours une fâcheuse rancune, il vit clair dans sa situation politique, et il n'a pas tenu qu'à lui que nous n'eussions, dès le principe, une explication sérieuse avec les Hovas.

Voici comment s'exprimait ce fonctionnaire dans sa lettre du 11 août 1822, au gouverneur de Bourbon : « Il ne s'agit pas ici du gouvernement anglais ni de ses agents ; ce sont des Hovas qui viennent, sans titres ni droits, prendre un pays appartenant à la France. Les laisserons-nous paisiblement s'établir à Foulpointe ? Cette condescendance ne pourrait que les enhardir à venir occuper Tintingue et nous bloquer à Sainte-Marie en nous retirant toute communication avec la Pointe-à-Larrée, par laquelle nous faisons venir nos bœufs, nos riz et autres approvisionnements. »

Le gouverneur lui répondit le 9 septembre suivant : « que, depuis longtemps il suit la marche politique des choses : qu'il en a très-régulièrement informé le ministre depuis son arrivée à Bourbon et ne lui a pas laissé ignorer combien les circonstances deviennent pressantes ; qu'il réclame depuis longtemps des décisions formelles sur des points très-délicats et non prévus ; qu'il attend des ordres très-prochainement qui nous retireront d'un état fâcheux que ne comporte pas la dignité de la France ; qu'il rend justice aux sentiments qui excitent son indignation, mais que les Anglais nous tendent un piége dans lequel il ne se reprochera pas d'avoir donné. »

Dans un tel état de choses, les seuls moyens qui eussent pu être efficaces à Madagascar étaient l'emploi de forces suffisantes pour réprimer vivement et dès le début l'insolence des Hovas, poussés contre nous par les agents anglais. C'était aussi la pensée du gouverneur de Bourbon, et une manifestation sérieuse qui n'aurait peut-être pas demandé alors la présence de plus d'un bataillon sur les rivages de cette île pouvait avoir d'autant plus de chances de succès que l'on pouvait encore compter sur le concours réel des populations du littoral récemment subjuguées et encore toutes frémissantes de leur situation nouvelle. Mais l'administration de Bourbon n'osa prendre sur elle la responsabilité d'un pareil mouvement, de crainte de donner aux Anglais un prétexte de prendre fait et cause pour les Hovas.

« Otez, disait le gouverneur de Bourbon au commandant de Sainte-Marie, l'alliance des Anglais avec eux, et nos déterminations ne seront plus gênées ; mais cette alliance nous astreint à une exacte circonspection et ne nous permet pas de porter les premiers coups, dans la crainte, si nous devenions les agresseurs, de voir les Anglais prendre parti pour leur allié. »

En conséquence, le gouverneur de Bourbon prescrivit au commandant particulier *d'éviter de devenir l'agresseur, mais de se défendre à outrance s'il était attaqué.*

Je me permettrai ici un rapprochement qui n'est point sans valeur pour la circonstance. Vers ces mêmes temps où Madagascar se ressentait si vivement de l'intervention des Anglais dans ses affaires intérieures, la politique de sir Robert Farquhar avait, sur un autre point des mêmes mers, d'aussi dignes représentants, et toujours de la même nation. Mais grâce à la vigilance et à la ténacité de ceux qu'ils attaquèrent aussi sourdement que nous autres à Madagascar, cette même politique obtint un résultat bien différent.

Sous l'influence de leur domination provisoire dans la Malaisie, les peuples de l'archipel avaient senti s'éveiller en eux des velléités d'indépendance. A la rétrocession de ces colonies, des séditions et des soulèvements se manifestèrent partout, et le gouvernement hollandais mit huit années pour rétablir son influence sur les différents points qui furent successivement le théâtre des troubles les plus graves. L'énergie des autorités néerlandaises réprima sans peine tous ces désordres, mais dans l'île de Sumatra la lutte fut plus vive que partout ailleurs. L'appui secret de l'Angleterre encourageait sur ce point la résistance des indigènes. L'établissement anglais de Bencoulen était presque en guerre ouverte avec le comptoir hollandais de Padang. Vaincue en 1821 dans l'Etat de Palembang, où elle avait soutenu de ses vœux et de ses conseils le sultan révolté, la politique anglaise revint, en 1824, à des vues plus loyales. Le zèle des agents de Bencoulen fut désapprouvé par la métropole, et la pensée d'éviter de nouveaux contacts entre les deux dominations fut accueillie par le cabinet britannique. Les Hollandais durent se retirer de l'Inde continentale, et les Anglais consentirent de leur côté à évacuer l'archipel indien. L'île de Banca avait été le prix de l'établissement de Cochin, cédé par le gouvernement des Pays-Bas à celui de la Grande-Bretagne; la ville de Malacca fut livrée par la Hollande en échange de Bencoulen. Les Anglais n'imposèrent qu'une condition à leur retraite : ils voulurent demeurer garants de l'indépendance de l'Etat d'Achem, afin d'éloigner plus sûrement leurs rivaux des côtes de l'Indoustan et du détroit de Malacca.

Le traité du 17 mars 1824 entre la Grande-Bretagne et la Hollande fut pour celle-ci la reconnaissance la plus éclatante, la consécration la moins équivoque de ses droits sur les anciennes possessions que s'était un moment attribuées la compagnie des Indes.

S'il faut en croire des révélations récentes, le cabinet britannique ne s'était proposé de conquérir l'île de Java, lorsque cette colonie passa sous sa domination, de 1811 à 1816, que pour l'abandonner au gouvernement des princes indigènes. Il reconnut heureusement les funestes conséquences qu'entraînerait pour la population même de Java cet acte de vandalisme politique, et, mieux inspiré, il laissa ses agents raffermir par quelques mesures vigoureuses le prestige de l'autorité européenne qu'avaient singulièrement affaibli les dernières secousses occasionnées par le changement de domination. En 1816, la Hollande rentra en possession de ses colonies, et une nouvelle ère s'ouvrit pour les peuples de l'archipel indien (Voir dans la *Revue des Deux-Mondes*, du 1ᵉʳ janvier 1853, un excellent article de M. Jurien de la Gravière.)

Que n'en a-t-il été de même pour Madagascar !

Si le gouvernement de la Restauration eût fait son devoir en manifestant la moindre fermeté contre leurs sourdes menées, les Anglais se seraient indubitablement retirés de la grande terre malgache, en nous laissant le champ libre, et aux populations du littoral la certitude de résister avantageusement contre l'ennemi commun.

Après la mort de M. Sylvain Roux, l'établissement de l'île Sainte-Marie se trouvant sans officier pour le commander, les employés civils et militaires se réunirent, sous la présidence du médecin en chef, pour nommer un successeur provisoire au commandant décédé. Leur choix se porta sur M. Fortuné Albrand, le principal colon de l'île, et qui n'appartenait en aucune manière à l'administration, mais qui, à tant de titres, se trouvait si digne de cette haute distinction. M. Carayon, officier d'artillerie, venu en congé dans cette île, fut également choisi pour commander les troupes de la petite colonie.

L'établissement de Sainte-Marie se trouvait alors dans un état déplorable sous le triple rapport politique, administratif et moral. Réduit à une quarantaine d'Européens, en désaccord avec les Hovas de Foulpointe, dont les actes et les prétentions étaient incompatibles avec nos droits de souveraineté, n'ayant pas d'officier pour commander la garnison, ni de réduit fortifié pour la mettre à l'abri d'une surprise, elle avait de plus à redouter l'animosité des indigènes, que M. S. Roux s'était aliénés par ses démêlés intempestifs avec le Malaîte Tsassé. Calmer ceux-ci, rétablir l'ordre dans les dernières branches du service, travailler aux fortifications et armer les nègres engagés pour ajouter aux faibles moyens de défense que nous possédions, tels furent les travaux qui attirèrent particulièrement l'attention des deux administrateurs provisoires. Ces dispositions défensives, qui ne pouvaient être complétées qu'avec le temps, ne furent pas, heureusement, d'une utilité immédiate ; les indigènes, que l'on craignait le plus d'abord, ayant paru se calmer à la nouvelle de la mort de celui qui les avait mécontentés, soit par la confiance que leur inspirait son successeur, soit par suite de l'attitude que conserva l'établissement, dont tous les membres, animés par

la crainte d'un même danger, concoururent, à l'envi, à l'exécution
des mesures prises par ceux sous les ordres desquels ils s'étaient
volontairement placés.

M. Blevec, par son arrivée, fit cesser cette administration provisoire, dont il était le chef légal, et en recommanda tous les actes au
gouverneur de Bourbon. Les services rendus par MM. Albrand et
Carayon furent justement appréciés par le ministre et jugés dignes
d'une haute récompense ; ils furent l'un et l'autre nommés cheva-
liers de la Légion d'honneur.

Le gouverneur de Bourbon renouvela à M. Blevec les dernières
instructions qu'il avait données à M. S. Roux ; mais comme, avec
les forces dont on disposait alors, il était impossible de défendre à la
fois l'île Sainte-Marie, Tintingue et la Pointe-à-Larrée sur la grande
terre nominativement désignés pour être défendus, le gouverneur
de Bourbon consentit qu'on se bornât à la défense de la petite île
où nous étions établis, et qu'on protestât contre l'occupation de la
côte opposée, afin de maintenir les droits de la France dans toute
leur intégrité, en attendant que le gouvernement eût fait connaître
ses intentions.

Ainsi que l'avait bien prévu M. S. Roux, cette inaction de notre
part ne fit qu'enhardir les Hovas dans leurs projets de conquête.
Radama arriva, en effet, à Foulpointe, à la tête d'une nouvelle
armée, dans le mois de juillet 1823 ; et vers la fin de ce mois, des
troupes hovas se rendirent à la Pointe-à-Larrée, qui est située vis-
à-vis de Sainte-Marie, incendièrent les villages de Fondaraze et de
Tintingue, pillèrent tout sur leur passage et enlevèrent même un
troupeau de bœufs que l'administration de Sainte-Marie avait laissé
en dépôt à la Pointe-à-Larrée. Radama revendiqua alors, pour la
seconde fois, par sa dépêche du 4 août, au commandant de Sainte-
Marie, la souveraineté exclusive de tout Madagascar.

« Cette téméraire déclaration, dit M. Albrand, dans le Mémoire
déjà cité, faite déjà depuis un an, n'ayant pas même provoqué de
notre part l'apparence d'une mesure de rigueur, les Hovas n'hésitè-
rent plus à donner la réalité de la force aux droits imaginaires qu'ils
venaient de se créer. En conséquence, ils marchèrent sur la Pointe-
à-Larrée, s'emparèrent de Tintingue, soumirent à leur puissance
tous les chefs qui s'étaient reconnus les vassaux du roi de France, et ac-
compagnèrent ces actes hostiles d'ironiques protestations d'amitié
pour les Français. Je passe sous silence le pillage des approvisionnements de la garnison de l'île Sainte-Marie : ces insultes ne purent être

comptées au milieu d'actes si attentatoires à la souveraineté de la France. »

M. Blevec jugea qu'il ne pouvait passer de telles déprédations sous silence. Il choisit donc ce moment pour protester contre ces prétentions et ces envahissements, et contre le prétendu titre de *roi de Madagascar,* qu'on invoquait pour les légitimer. Voici, *in extenso,* la protestation solennelle qui fut rédigée à cette occasion, et approuvée dans la séance du conseil d'administration de l'île Sainte-Marie, du 15 août 1823.

PROTESTATION DU COMMANDANT DE SAINTE-MARIE. « Aussitôt que la paix, heureusement établie entre les puissances européennes, eut permis au gouvernement français de tourner de nouveau ses vues sur Madagascar, un de ses premiers soins fut de se mettre en possession des droits qu'il avait autrefois exercés dans cette île, et de replacer, aux termes des traités, le pavillon de Sa Majesté Très-Chrétienne sur les divers points qui avaient appartenu à la France, au 1ᵉʳ janvier 1792. À cet effet, une expédition fut dirigée de la métropole sur la côte est de Madagascar, avec ordre d'y rétablir l'autorité de la France, et dans le but spécial et hautement annoncé d'y préparer l'établissement futur d'une colonie.

» Cette expédition passa successivement par Tamatave et Foulpointe, et visita toute la côte jusqu'à Tintingue et Sainte-Marie : elle reprit solennellement possession de ces deux derniers lieux, et annonça aux chefs et aux naturels qui les habitaient l'arrivée prochaine d'une expédition plus considérable, destinée à occuper militairement l'île Sainte-Marie. Presque dans le même temps, et pour compléter ces mesures, le gouvernement de Bourbon fit reprendre possession, au nom de Sa Majesté Très-Chrétienne, du Fort-Dauphin et de Sainte-Luce, et y plaça une garnison qui y est encore entretenue. Ces diverses préoccupations n'excitèrent et ne pouvaient exciter aucune réclamation. Fondées sur des droits anciens et non contestés, et conformes aux traités récents, elles étaient vues d'ailleurs avec plaisir par les peuples des côtes qui, fatigués d'une longue suite de guerre et de dissensions intestines, trouvaient dans l'établissement des Français au milieu d'eux un gage de paix, de protection et de stabilité pour l'avenir. Le roi Radama lui-même, à qui le gouvernement de Bourbon crut devoir ne pas laisser ignorer les projets de la France, ne fit entendre à ce sujet aucune observation, et parut joindre son assentiment à celui des autres princes de Madagascar.

» Dans cet état de choses, la France, fidèle à ses promesses, fit occuper l'île Sainte-Marie. La nation des Betsimsaracs, réunie à la Pointe-à-Larrée dans un kabar solennel, en l'absence de toute force militaire et de tout agent français, renouvela son serment d'allégeance à Sa Majesté le Roi de France : les princes Tsifanin, Tsassé et Tsimarouvola et autres chefs de cette côte, joignirent leurs serments à ceux de leurs tribus, se placèrent volontairement sous la protection de Sa Majesté Très-Chrétienne et lui jurèrent obéissance et fidélité. Ainsi donc, nos droits sur la côte orientale de Madagascar, fondés sur l'ancienneté, la durée et l'authenticité de plusieurs occupations successives, attestés par des monuments encore existants, renouvelés par les reprises de possession qui venaient d'avoir lieu, confirmés par des traités récents et sanctionnés, enfin, par l'assentiment libre et unanime des chefs et des tribus de la côte, semblaient établis à l'abri de toute contestation, lorsqu'un bruit vague se répandit que le roi des Hovas élevait des prétentions à la souveraineté de Sainte-Marie.

» Une nouvelle aussi invraisemblable fut accueillie d'abord avec défiance. On ne pouvait croire que le roi des Hovas rompait ainsi, sans provocation, sans motif apparent, les liens qu'avaient dès longtemps formés entre son peuple et les Français d'anciennes habitudes de commerce et de constants rapports d'amitié. On ne pouvait d'ailleurs imaginer sur quel titre se fondaient d'aussi étranges prétentions de la part d'un gouvernement qui n'avait jamais exercé, soit directement, soit indirectement, les plus légers droits sur Sainte-Marie ; et, dans l'absence de tout document officiel, on commençait à mettre au rang des fables un bruit si dénué de probabilité, lorsqu'on fut informé qu'un corps d'armée hova venait d'entrer à Foulpointe, ancien chef-lieu des établissements français à Madagascar, et avait établi son camp sur la pierre même où sont gravés les droits de la France.

» Quelque étrange que dût paraître une pareille conduite de la part d'un allié, le gouvernement de Sainte-Marie n'en demeura pas moins fidèle au système de modération qu'il s'était prescrit ; et voyant le chef hova persister dans ses protestations d'amitié pour la France et respecter le monument de nos droits, il crut devoir ne regarder l'occupation de Foulpointe que comme la conséquence d'hostilités survenues entre les peuplades indigènes (hostilités étrangères à nos vues et à nos droits) ; et peu étonné, d'ailleurs, de voir un gouvernement encore mal affermi dans la carrière de la civilisation, manquer dès ses premiers pas aux procédés des nations civilisées, il crut devoir s'abstenir de faire usage des forces navales dont il disposait à cette époque sur les côtes de Madagascar, et au moyen desquelles il lui eût été facile de rejeter les Hovas dans l'intérieur.

» Cette modération ne servit qu'à enhardir le gouvernement hova, et ce ne fut pas sans étonnement qu'on reçut peu après, à Sainte-Marie, une déclaration écrite au nom de Rafarahah, commandant du corps stationné à Foulpointe, et par laquelle cet officier, contestant aux Français le droit de s'établir à Sainte-Marie, revendiquait pour son maître, le roi des Hovas, la souveraineté de l'île de Madagascar tout entière. Déjà de pareilles insinuations avaient été adressées au gouvernement de Bourbon, mais elles l'avaient été par l'organe d'un étranger, et il crut devoir, par ce seul motif, s'abstenir d'y répondre. Mais une communication officielle faite au nom de Radama par un de ses principaux officiers ne pouvait rester sans réponse ; aussi fut-elle prompte et explicite. Le commandant de Sainte-Marie déclara à Rafarahah que le gouvernement français ne reconnaissait à Radama aucun droit à s'immiscer dans les relations politiques de la France avec les peuples de la côte orientale de Madagascar : il rappela les droits anciens et incontestables de Sa Majesté Très-Chrétienne, et, protestant du désir et de l'espoir qu'il conservait encore de maintenir la paix, demanda une entrevue avec le roi des Hovas.

» Ce prince, évitant de s'expliquer sur la question politique, se borna à répondre qu'il viendrait bientôt visiter la côte orientale, et fixa à cette époque l'entrevue demandée. C'est alors que quelques Hovas, détachés en petit nombre de Foulpointe, s'avancèrent jusqu'à la rivière de *Simiugné*, prodiguant sur leur route la menace envers les *Betsimsaracs*, l'insulte envers le gouvernement français, prêchant à main armée l'obéissance à *Radama*, et par conséquent la trahison aux chefs et aux tribus qui avaient déjà prêté serment au roi de France.

» Des démarches aussi hostiles n'étaient point ignorées du gouvernement de Sainte-Marie. Il lui eût été facile de les déjouer ; mais, désireux de conserver la paix et espérant que l'entrevue promise amènerait le roi des Hovas à se désister de ses injustes prétentions, il ne crut pas devoir donner une attention sérieuse à des manœuvres obscures, indignes d'un souverain, qu'on pouvait croire ignorées de lui et qu'il lui était si facile de désavouer.

» Telle était la situation des choses, lorsque de nouvelles insultes, commises sans provocation, sans prétexte et avec tous les caractères d'une hostilité ouverte, sont venues avertir le gouvernement de

Sainte-Marie que le temps de la modération était passé. Une troupe indisciplinée a parcouru toute la côte, sous le commandement de Ramananouloun ; elle a dispersé, égorgé ou réduit en esclavage, au nom de Radama, les Betsimsaracs, sujets de Sa Majesté Très-Chrétienne ; elle a incendié leurs villages, pillé leurs propriétés, et pour que rien ne manquât à l'hostilité d'une telle conduite, leur chef n'a pas craint d'attenter à la propriété du gouvernement français et de faire enlever ou tuer de nombreux troupeaux faisant partie de l'approvisionnement de Sainte-Marie, malgré les réclamations de l'agent à la garde duquel ils étaient confiés ; enfin joignant l'insulte à la violence, il n'a pas craint de faire dire au commandant de Sainte-Marie que lui et ses soldats ne devaient se considérer que comme des marchands établis à Sainte-Marie, sous l'autorisation de Radama, et y commerçant aux conditions qu'il lui plairait de prescrire.

» D'aussi outrageantes prétentions exprimées dans un langage aussi peu mesuré, et accompagnées de procédés si contraires au droit des gens, avertissent enfin le gouvernement français qu'il ne peut, sans manquer à sa propre dignité et à la justice due à ses sujets et à ses alliés, demeurer plus longtemps insensible aux provocations si gratuitement dirigées contre lui.

» En conséquence, le commandant de Sainte-Marie, considérant que les injustes prétentions du roi Radama ne reposent que sur son prétendu titre de roi de Madagascar qui, n'étant fondé ni en droit ni en fait, ne peut être considéré que comme un véritable abus de mots qui ne saurait lui-même constituer un droit, *Proteste* solennellement au nom de Sa Majesté Louis XVIII, roi de France et de Navarre, et des chefs malgaches ses vassaux, contre le prétendu titre de roi de Madagascar illégalement pris par le roi des Hovas et contre toutes les conséquences directes ou indirectes qu'on voudrait en faire résulter ; *Déclare* qu'il ne reconnaît au roi des Hovas aucun titre à la possession légitime de quelque partie que ce soit de la côte orientale de Madagascar ; *Proteste* contre toute occupation faite ou à faire des points de cette côte dépendant de Sa Majesté Très-Chrétienne ; *Proteste*, en outre, contre toute concession qu'on pourrait ou qu'on aurait pu extorquer aux divers chefs malgaches qui se sont reconnus dépendants de Sa Majesté Très-Chrétienne ; concessions qui seraient évidemment l'ouvrage de la séduction ou de la violence, et qui, en admettant qu'elles fussent volontaires, ne pourraient annuler les déclarations antérieures des mêmes chefs, ni, à plus forte raison, les droits anciens et imprescriptibles de la France. Fait à l'Hôtel du gouvernement du Port-Louis, île Sainte-Marie, le 15 août 1823. »

Cette protestation, que nous devons à la publication de M. Carayon, ne fait, ainsi que le remarque l'auteur de l'*Histoire de l'établissement français de Madagascar sous la Restauration*, nullement mention des Anglais, bien qu'ils fussent à la tête des troupes hovas, et qu'ils en dirigeassent les chefs par leurs conseils, et cela afin d'éviter d'ajouter aux nombreuses difficultés de notre position. Elle fut portée au roi des Hovas, qui était alors à Foulpointe, par le commandant de la goëlette la *Bacchante*, M. de Molitard. Jean-René, présent à la réception de cette pièce, fut chargé par le roi d'en interpréter le contenu ; mais n'ayant pu dissimuler l'émotion que cette lecture lui faisait éprouver, et Radama lui ayant demandé avec inquiétude ce que cela pouvait être, il remit la dépêche à l'agent anglais, en lui disant : « Tenez, Monsieur, il s'agit d'une affaire grave, que vos conseils ont amenée et à laquelle, par conséquent, il vous appartient de répondre ! »

Le roi lui-même, d'abord affecté de cette manifestation du commandant de Sainte-Marie, pria le capitaine de *la Bacchante* de lui témoigner de sa part le désir qu'il avait de conférer avec lui, ou avec la personne qu'il lui plairait d'envoyer à sa place, et lui déclara en outre, que non-seulement il n'avait nulle prétention à la souveraineté de cette petite île, mais *qu'il ne se serait même pas emparé de Tintingue, de la Pointe-à-Larrée et autres points de cette côte, si nous y eussions été établis.* (Rapport du capitaine de *la Bacchante* au commandant de Sainte-Marie, du 21 août 1823.)

M. Blevec, en réponse à ces ouvertures du roi des Hovas, s'empressa d'envoyer M. Albrand auprès de lui, ne croyant pas, dans une telle circonstance, pouvoir s'absenter lui-même ; mais Radama, contrairement au désir qu'il avait exprimé, refusa de recevoir l'envoyé français, soit que Jean-René, juste appréciateur du mérite de M. Albrand, redoutât l'influence qu'il pourrait exercer sur l'esprit de ce prince, avide de nouveautés et anciennement attaché aux Français, soit que l'agent anglais, parfaitement au courant de la timidité de notre politique et de la nullité de nos moyens d'action en ce moment critique, lui eût fait entrevoir qu'il s'était mal-à-propos alarmé d'une menace qui ne devait pas être suivie d'effet.

Le résultat des explications verbales données par Radama au commandant de *la Bacchante* avait été « qu'il reconnaissait comme appartenant en toute propriété à la France l'île Sainte-Marie, vendue autrefois à cette puissance par les naturels ; mais qu'il ne reconnais-

sait, ni à la France, ni à aucune puissance étrangère des droits à la
possession d'aucune partie de la grande île de Madagascar ; qu'il
permettait seulement aux étrangers de toute nation de venir s'y
établir en se soumettant aux lois de son royaume ; et qu'à l'égard du
titre de roi de Madagascar, il le prenait, parce qu'il était le seul dans
l'île qui fût capable de le soutenir. »

Vers le milieu du mois de septembre, Radama, après avoir adressé
à M. Blevec un manifeste rédigé dans le sens de ce qui précède,
sembla un moment vouloir attaquer Sainte-Marie ; mais il n'exécuta
point ce dessein, et se dirigea bientôt vers le nord de l'île pour aller
châtier, disait-il, les naturels qui avaient levé l'étendard de la révolte. Il laissa néanmoins des détachements hovas plus ou moins
forts sur divers points de la côte orientale, et Foulpointe resta occupé
par ses soldats. Il n'est pas inutile de faire observer ici que, pendant
son séjour sur la côte, Radama fut constamment entouré de militaires et de marins anglais. Le capitaine Moorson, commandant la
frégate de Sa Majesté Britannique, *l'Ariadne,* alors mouillée à Foulpointe, reçut plusieurs fois à son bord le roi des Hovas, en lui rendant tous les honneurs dus à la royauté. Les toasts les plus empressés étaient portés dans ces occasions.

Il n'est pas hors de propos non plus de faire remarquer jusqu'à
quel point allait, du reste, la sincérité des Hovas dans leur démonstration d'amitié envers les Anglais. Lorsque le roi se rendait sur la
frégate, ils exigeaient que plusieurs officiers du bâtiment anglais
restassent en otage, de peur que le roi ne leur fût enlevé par ses
fidèles alliés. Chaque fois que le navire faisait un mouvement, la
foule assemblée sur le rivage manifestait par ses cris la plus vive
inquiétude. C'est la même frégate *l'Ariadne* qui transporta Radama
et sa suite dans la baie d'Antongil, d'où il se rendit dans le Nord.

Dès que, par l'effet du départ de l'armée de Radama, le pays eut
recouvré quelque tranquillité, les travaux de défense militaire, d'utilité publique et de culture furent repris à Sainte-Marie.

Au commencement de l'année 1825, le personnel attaché au
service de l'établissement se composait de soixante-treize blancs et
de cent quatre-vingt-deux noirs, engagés par l'administration locale. Un certain nombre de ces noirs, organisés militairement par
M. Blevec, lors de l'irruption de Radama sur la côte, étaient alternativement occupés aux travaux publics et à ceux de la culture. Indépendamment des colons amenés de France par M. Sylvain Roux et
devenus propriétaires, plusieurs traitants, précédemment fixés à

Madagascar, avaient formé des établissements à Sainte-Marie, et ils avaient pris aussi à leur service une centaine de noirs engagés.

Les maladies qui, chaque année, avaient marqué le retour de l'hivernage, jointes aux travaux de défense et au service militaire qu'avaient nécessités les invasions dont l'île s'était vue menacée, avaient beaucoup nui au développement de l'agriculture. Cependant on comptait à Sainte-Marie, dans les premiers mois de 1824, cinq habitations. L'expérience avait fait reconnaître que le sol de Sainte-Marie était en général de mauvaise qualité, à l'exception d'une zone étroite qui se trouvait au milieu de l'île, et qui formait environ le cinquième de la totalité de sa superficie. C'était la seule portion du territoire que les naturels cultivassent régulièrement, et elle leur appartenait en propre. Il n'était guère possible d'y former plus de quinze à vingt habitations. La chaleur et l'humidité du climat paraissaient très-favorables à toutes les cultures coloniales, excepté peut-être à celle du cotonnier. D'après la nature du terrain, on avait lieu de présumer que le sol contenait des mines de fer; dans tous les cas, on y trouvait en abondance les matériaux propres aux constructions, tels que pierres, chaux, et terre à briques. Sainte-Marie était d'ailleurs avantageusement placée pour la pêche de la baleine, dont les naturels faisaient leur principale occupation, et son port était de bonne tenue.

D'après un tel état de choses, il n'était guère permis sans doute d'espérer que le noyau d'établissement qui existait dans l'île pût acquérir par la suite quelque importance sous le rapport de l'agriculture; d'un autre côté, la situation politique du pays interdisait de songer alors à coloniser Tintingue.

Cependant la possession de Sainte-Marie donnait les moyens de se porter sur la grande terre dès que les circonstances se montreraient plus favorables, et, en attendant, elle nous mettait à même de protéger les comptoirs d'escale que l'on jugerait utile d'y établir. Elle pouvait d'ailleurs servir d'entrepôt, soit pour le commerce de la France et de Bourbon, soit pour l'approvisionnement de cette dernière colonie en riz et en bestiaux. Bientôt, grâce à l'activité imprimée aux travaux, Sainte-Marie allait se trouver pourvue d'un quai de carénage, et c'était un grand avantage en perspective que d'avoir les moyens de réparer nos bâtiments sans recourir aux chantiers de l'île Maurice.

Ces considérations déterminèrent l'administration de la marine à ne point renoncer au projet de coloniser Sainte-Marie, malgré les

difficultés que son exécution avait jusqu'alors rencontrées, et qu'elle
devait vraisemblablement rencontrer encore. Le conseil d'amirauté,
consulté, émit un avis en ce sens. Il proposa même l'augmentation
successive jusqu'à mille du nombre des noirs engagés par l'administration locale, et leur répartition en deux compagnies commandées par des blancs, l'une de pionniers, l'autre d'ouvriers militaires,
pour l'exécution des travaux publics et la défense de l'île. Ces propositions furent adoptées, en partie, par l'administration de la marine,
qui, pour mieux assurer encore la sûreté de l'établissement, destina
deux bâtiments armés en guerre à stationner sur les côtes de l'île.

Mais pendant que tout se passait en projets de la part de la
France, les Hovas poussés tous les jours par les Anglais faisaient un
pas en avant et s'emparaient de tout le littoral de la côte orientale,
et Radama, de son côté, ne cherchait plus que l'occasion d'agir hos-
tilement à notre égard. S'il existait à Madagascar un point dont la
possession nous fût légitimement acquise, c'était assurément le
Fort-Dauphin. Il était donc difficile de penser que Radama pût songer
à envahir une contrée où jamais un Hova n'avait paru, et avec laquelle
ce prince n'avait même eu, à aucune époque, la moindre communication. On était d'autant plus fondé à repousser cette pensée qu'il avait
souvent répété lui-même qu'il ne se serait point établi à Foulpointe,
s'il eût trouvé ce point occupé par les Français.

Cependant, vers la fin du mois de février 1825, un corps de troupes
hovas d'environ quatre mille hommes, sous la conduite de Ramanaoul
(le même général désigné dans la protestation de M. Blevec sous
le nom de Ramananouloun), vint camper à peu de distance du Fort-
Dauphin, alors occupé par un poste français composé d'un officier et
de cinq soldats; le général des Hovas notifia à l'officier français qu'il
était envoyé par Radama pour prendre possession du Fort-Dauphin.
Cette prétention ayant été repoussée, il fut convenu entre les deux
chefs qu'aucun acte d'hostilité n'aurait lieu pendant deux mois, afin
de laisser à l'officier français le temps de recevoir des ordres du
gouverneur de Bourbon. Mais au mépris de cette convention, les
Hovas, profitant des facilités que leur donnait l'armistice, se portè-
rent, le 14 mars 1825, sur le fort et y entrèrent de vive force. Le pavillon français fut arraché et remplacé par celui de Radama, l'officier
et les cinq soldats furent faits prisonniers; mais on les remit presque
aussitôt en liberté, en leur rendant tout ce qui leur appartenait.

M. de Freycinet ne se dissimula point la gravité de cet événement; il crut toutefois devoir s'abstenir d'une vengeance qu'il con-

sidéra comme devant être sans utilité, d'après le peu de forces dont il pouvait disposer. Il lui parut d'ailleurs qu'il fallait temporiser jusqu'à ce que le gouvernement de la métropole lui eût fait connaître ses intentions. Il se borna donc à envoyer chercher le détachement français, qui s'était réfugié à Sainte-Luce.

L'influence anglaise, qui dans l'opinion de M. de Freycinet avait déterminé l'agression du Fort-Dauphin par les Hovas, ne tarda pas à se montrer plus ouvertement et d'une manière fort préjudiciable à nos intérêts.

Par un décret publié officiellement dans la gazette de Maurice, le 18 juin 1825, Radama permit l'entrée de tous les navires anglais dans les ports de Madagascar, moyennant un droit de 5 pour 100, sur la valeur des marchandises, et il autorisa les Anglais à résider dans l'île, à y commercer, à y construire des navires, à y bâtir des maisons et à y cultiver des terres. M. de Freycinet ne doutait point que Radama, qui n'avait pas fait sans quelque crainte sa première irruption à Foulpointe, ne consentît, si on le réclamait, à nous appliquer les dispositions de ce décret, et ne s'abstînt d'inquiéter les Français qui s'établiraient individuellement à Madagascar ; mais, dans l'état des choses, la mesure prise par le roi des Hovas lui paraissait une nouvelle manifestation du refus qu'il faisait de reconnaître nos droits, et il la considérait, non-seulement comme donnant aux Anglais la faculté de disposer en maître des ports de l'île, mais comme devant encore leur procurer pour l'avenir les moyens de mettre obstacle aux vues de la France sur Madagascar.

Quoi qu'il en fût, de nouveaux événements vinrent bientôt compliquer la situation politique de l'île. Deux soulèvements y éclatèrent au mois de juillet 1825 contre les Hovas : l'une dans le Tanibé, province des Betsimsaracs, du côté de Foulpointe ; l'autre dans la province d'Anossi, du côté du Fort-Dauphin.

Le commandant de Sainte-Marie ne fut point étranger au premier ; les Hovas ne l'ignorèrent pas. Ce commandant avait, depuis longtemps, mis tous ses soins à exciter l'esprit de mécontentement qui régnait parmi les indigènes, et, au moment de la révolte, il leur fournit de la poudre de guerre et reçut dans l'île quelques prisonniers hovas. L'insurrection fut promptement réprimée dans la province des Betsimsaracs par les troupes de Radama, et le brave Tsifanin, notre plus fidèle allié, y perdit la vie. Le gouverneur de Bourbon blâma le commandant de Sainte-Marie de s'être avancé dans cette circonstance, puisqu'il n'avait pas les moyens de soutenir efficacement les indigènes. Du reste, les Anglais, de leur côté, avaient pris une part plus active encore à l'événement. Un de leurs bâtiments avait servi au transport des troupes hovas sur divers points de la côte où s'était manifestée l'insurrection, et leur agent Hastie, débarqué à la Pointe-à-Larrée, à la tête d'un corps de Hovas, avait puissamment contribué à replacer le pays des Betsimsaracs sous l'obéissance de Radama.

Les habitants de la province d'Anossi, renforcés par leurs voisins, les Antatchimes, s'étaient réunis au nombre de dix mille et avaient également pris les armes pour secouer le joug des Hovas ; mais, comme ils agissaient aussi en ennemis à l'égard des blancs, les traitants français établis sur la côte avaient été forcés de se réfugier à Bourbon avec leurs familles et leurs esclaves. Le général hova Ramanaoul, le même qui, après s'être emparé du Fort-Dauphin, occupait ce poste avec seize ou dix-huit cents hommes, envoya contre les insurgés un détachement de cinq cents hommes, qui les mit en déroute après un court combat. Toutefois, les vainqueurs s'étant engagés dans les bois à la poursuite des fuyards, y furent bientôt accablés par le nombre et périrent tous.

Après avoir obtenu dans leur défaite ce faible avantage, les insurgés se montrèrent avec plus de confiance et finirent par cerner les Hovas, qui s'étaient retranchés au nombre de mille à douze cents sur le plateau du Fort-Dauphin. Cette situation était critique, et, pour en sortir, Ramanaoul ne vit d'autre moyen que de s'adresser au gouverneur de Bourbon. Il lui écrivit pour le prier de faire parvenir à Tamatave deux paquets destinés, l'un à Radama, l'autre à Jean-René ; cette démarche plaça M. de Freycinet dans une position délicate. L'occasion était favorable pour rentrer en possession du Fort-Dauphin. Il suffisait d'envoyer un bâtiment de guerre sur les lieux, pour exterminer les troupes qui l'occupaient ; mais ce coup de main n'eût eu d'autre résultat que la reprise momentanée de notre ancien poste, car le gouverneur de Bourbon n'avait point de forces disponibles pour continuer la guerre.

Or, un tel succès, demeurant isolé, ne pouvait porter atteinte à la puissance de Radama, et fermait la voie à toute conciliation, tandis qu'un acte de générosité pouvait frapper l'esprit du roi malgache. M. de Freycinet répondit donc à la confiance de Ramanaoul en faisant parvenir les paquets de ce général à Tamatave. Il profita de l'occasion pour écrire à Radama. Après lui avoir rappelé brièvement les actes d'hostilités dont les Français avaient à se plaindre, il lui offrait de désigner, de part et d'autre, une personne de confiance, pour arriver à la conclusion d'un traité d'alliance et d'amitié.

Rafasalaby, chef des troupes hovas à Foulpointe, sur qui la noble conduite du gouverneur de Bourbon, dans cette circonstance, avait paru faire une grande impression, avait aussi dépêché un courrier à son souverain, pour lui représenter l'importance de s'entendre avec le gouvernement français. Le roi des Hovas répondit à M. de Freycinet, le 23 août 1825. Dans cette réponse, dont chaque expression trahissait l'emploi d'une plume anglaise (*Précis des établissements français à Madagascar*, publié par le Ministère de la marine, p. 40), Radama reproduisait hautement ses prétentions à la souveraineté exclusive de Madagascar, et terminait en disant qu'il accueillerait honorablement à Tananarive, sa capitale, une députation solennelle qui lui serait envoyée pour la négociation projetée. M. de Freycinet ne trouva pas qu'il fût convenable d'accéder à une pareille proposition, et l'affaire en resta là.

Dans cette année 1825, des fautes graves au point de vue de la politique générale furent commises par l'administration de l'île Bourbon; elle fut plus que timide et contribua malheureusement beaucoup trop par sa réserve à compromettre l'avenir. Lors du soulèvement des Betsimsaracs, au mois de juillet, la circonstance était décisive, le mouvement qui venait de s'opérer était lié à un soulèvement général de l'île entière contre les Hovas. Au Nord, au Sud, à Bombetok et au cap de l'Est, les peuples étaient en armes comme au Fort-Dauphin. Notre politique et notre devoir étaient évidemment de nous mettre à la tête d'un mouvement aussi considérable, de l'activer de toutes nos forces disponibles et de notre influence morale, de forcer Radama à la paix, de rétablir, avec nos droits, l'indépendance des peuples de Madagascar, et de fonder ainsi notre politique sur une vaste et puissante communauté d'intérêts.

Ce plan n'était ni compliqué, ni dispendieux, mais il demandait à être adopté sans retard et exécuté avec fermeté et activité. Il fallait se décider promptement à Bourbon et envoyer à Madagascar toutes les forces disponibles de cette colonie; mais au lieu de suivre un plan de cette nature et de combattre ouvertement l'influence étrangère qui mettait tant de cynisme dans sa participation au bouleversement de ce pays qu'il nous importait tant de défendre, la conduite du commandant de Sainte-Marie fut désapprouvée; les insurgés, attaqués les uns après les autres, combattus par l'Angleterre et abandonnés par la France, durent pour la seconde fois tendre la tête au joug. On eut encore à déplorer dans ces tristes circonstances la conduite de quelques traitants qui se mirent à la tête des Hovas, afin de les aider à combattre et à repousser les Betsimsaracs nos alliés. M. Blevec, dans sa lettre du 22 juillet 1825, au gouverneur de Bourbon, appelle la vindicte de celui-ci sur plusieurs de ces individus qu'il qualifie à juste titre d'indignes Français.

Cette occasion dernière de nous joindre à eux fut perdue pour toujours. On laissa les Betsimsaracs agir sans concert, sans chefs, sans confiance mutuelle ; il arriva ce qui arrive toujours en pareil cas : le petit nombre discipliné triompha d'une multitude abandonnée, et les Betsimsaracs surent bientôt quel devait être le châtiment imposé par le vainqueur. (Voir pour la suite de l'établissement de Sainte-Marie, le chapitre XIII, expédition de 1829 ; consulter également pour tout ce que nous avons avancé ici le *Précis sur les établissements français de Madagascar*, publié par le ministère de la marine, imprimerie royale, 1836. Le *mémoire de M. Fortuné Albrand, papiers du ministère de la marine, et l'histoire de l'établissement français de Madagascar pendant la Restauration*, de M. Carayon, Paris, 1845.)

XII

RADAMA ET LES ANGLAIS. CONQUÊTE HOVA. LES MISSIONNAIRES. MORT DE
RADAMA. AVÉNEMENT DE RANAVALO.

Aussitôt que sir Robert Farquhar eut repris les rènes du gouvernement de Maurice, il songea à réparer l'échec survenu aux intérêts anglais en son absence par la faute du général Hall. Il envoya de nouveau Hastie vers Radama pour lui annoncer son retour, les compliments de sa part, en lui remettant au nom du roi de la Grande-Bretagne des présents aussi riches que bien choisis.

Cette démarche appuyée du récit de tous les procédés employés en Angleterre à l'égard du jeune prince, *parent de Radama*, qui y avait été envoyé, et en était revenu émerveillé de tout ce qu'il avait vu et entièrement satisfait de la manière dont il avait été traité par le roi et ses ministres, fut suivie d'une ambassade chargée de la part de Radama de donner à M. Farquhar toutes les assurances de ses dispositions à maintenir et à resserrer de plus en plus l'union de son peuple à celui de la Grande-Bretagne. Les ambassadeurs hovas, Rateffi et Émirien-Simirète, débarqués au Port-Louis de la gabarre *l'Élisa*, le 24 novembre 1820, furent reçus avec tous les honneurs qui avaient été rendus quelques années auparavant aux deux frères de Radama. Dès lors furent rétablies, sur le même pied que par le passé, les relations entre Radama et M. Farquhar, qui en conséquence put voir sans trop s'inquiéter les tentatives que firent peu de temps après les Français pour s'établir à Sainte-Marie et sur les autres points dont nous avons transcrit l'histoire dans les chapitres précédents.

Établi de nouveau auprès de Radama en qualité d'agent du gouvernement anglais, Hastie parvint, à force de démarches, d'activité et d'adresse, à vaincre la répugnance de Radama et de ses ministres pour l'abolition de la traite des esclaves qui, un instant défendue,

avait recommencé et se poursuivait alors avec activité. Le traité fut
signé et le commerce des esclaves aboli de nouveau. Voici cette
pièce.

Traité additionnel fait a Tananarive, le 11 octobre 1820. « En
vertu du traité conclu, à la date du 23 octobre 1817, entre S. M. Radama, roi de Madagascar, et son Excellence M. le vice-amiral
R. T. Farquhar, capitaine général, gouverneur et commandant en
chef de l'île Maurice et de ses dépendances, l'abolition de la traite
des esclaves sera et demeurera à jamais respectée. Les parties contractantes s'engagent séparément à accomplir les articles et conditions dudit traité avec la fidélité la plus scrupuleuse.

» Par suite du traité sus-énoncé, lequel traité a été ratifié par
ordre de Sa Majesté Britannique, et accepté ce jour par Sa Majesté
le roi de Madagascar, les conventions suivantes ont été faites entre
M. James Hastie, agent du gouvernement, représentant Son Excellence le gouverneur Farquhar, et le roi Radama. M. Hastie s'engage,
au nom de son gouvernement, à emmener vingt sujets libres de
Sa Majesté le roi Radama, qui seront élevés dans l'étude de différentes professions d'artisans, telles que d'orfèvre, bijoutier, tisse-
rand, charpentier, forgeron; ou qui seront placés dans des arse-
naux, chantiers de port de mer, etc. De ce nombre, dix seront envoyés en Angleterre et dix à l'île Maurice, aux frais du gouvernement
anglais. De plus, il est convenu entre les parties contractantes que
si, à l'arrivée à l'île Maurice des vingt individus sus-mentionnés,
accompagnés de M. Hastie, le gouverneur ne consent pas à les faire
instruire, savoir : dix à Maurice et dix en Angleterre, le traité sera
réputé nul et non avenu. Néanmoins, le roi Radama ne sera pas pour
cela dégagé de sa parole ni relevé de sa promesse. Il est bien entendu
que le gouvernement anglais s'engage seulement à placer lesdits
individus, au nombre de vingt, chez des personnes exerçant les
professions sus-mentionnées, et n'est pas rendu responsable de leur
conduite ou de leur défaut de capacité. M. James Hastie s'engage, en
outre, à emmener avec lui huit autres individus et à leur faire en-
seigner la musique, afin de former un corps de musiciens pour les
gardes de Sa Majesté le roi de Madagascar. En conséquence du présent article et des conditions sus-mentionnées, le roi Radama fera
une proclamation par laquelle il notifiera que la traite des esclaves
est abolie dans tous ses Etats.

De plus, il invitera toutes les personnes possédant des talents ou
habiles dans des métiers ou professions, à venir visiter son pays,

leur promettant protection, et sera, ladite proclamation, publiée dans *le Mauritius Gazette.* »

NOUVEAUX ARTICLES ADDITIONNELS FAITS A TAMATAVE, LE 31 MAI 1823.

« Attendu que, par suite des traités et des engagements intervenus entre le gouvernement anglais et Radama, roi de Madagascar, et approuvés par Sa Majesté Britannique, et plus particulièrement en vertu des conventions des 23 octobre 1817 et 11 octobre 1820, la traite des noirs a été abolie dans toute l'étendue de Madagascar. Et attendu que les conditions desdits traités ont été fidèlement exécutées par les deux parties contractantes ; qu'elles ont eu le plus heureux résultat, en contribuant à l'abolition générale de la traite, et surtout en éclairant le peuple de Madagascar sur ses devoirs moraux et religieux, et en posant les principes les plus propres à le faire avancer rapidement dans les voies de la civilisation ; afin de donner plus de force et d'efficacité aux objets et conditions desdits traités, et afin de faire disparaître pour toujours la possibilité de renouveler un trafic qui a été pendant des siècles le fléau de cette vaste, fertile et populeuse île; il a été convenu entre sir Robert Townshend Farquhar et M. Fairfax Moresby, capitaine commandant *le Menaï,* bâtiment de guerre de Sa Majesté, d'une part; et Rafaralah, chef de Foulpointe, et Jean-René, chef de Tamatave, représentant le roi Radama d'autre part :

« Art. 1er. Les vaisseaux et bâtiments de Sa Majesté Britannique, et tous autres vaisseaux anglais légalement chargés d'empêcher la traite des noirs, ont, par ces présentes, plein pouvoir de saisir et arrêter tous navires et bâtiments, soit qu'ils appartiennent à des sujets du roi de Madagascar, soit qu'ils appartiennent à des citoyens de toute autre nation, toutes les fois qu'on les trouvera dans un havre, port, anse, crique ou rivière, ou sur les plages, ou près des côtes de Madagascar, faisant la traite des noirs, ou bien aidant ou excitant à la faire ; les bâtiments et navires saisis et arrêtés en pareille circonstance seront traités de la manière ci-dessous exprimée :

» Art. 2. Tous bâtiments ou navires ainsi saisis, seront mis sous la main de la justice, et ils seront, à cet effet, délivrés au chef de Foulpointe, de Tamatave, ou de tout autre lieu où Radama aura établi, à cet effet, un gouverneur commandant ou une commission spéciale ; on pourra aussi disposer de ces bâtiments ou navires suivant les lois de la Grande-Bretagne, actuelles ou à intervenir. Toutes les fois que des bâtiments ou navires auront été ainsi placés sous la main de la justice, et qu'il y aura lieu à condamnation pour violation de ce traité ou des précédents, faits dans l'objet d'abolir la traite à Madagascar, ces bâtiments ou navires seront confisqués au profit du roi Radama, qui en disposera comme il le jugera convenable.

» Art. 3. En cas de prise de pareil navire, on traitera de la manière suivante les personnes trouvées à bord et embarquées pour être menées en esclavage. Si elles sont natives de Madagascar, elles seront immédiatement réintégrées dans leurs familles, sinon elles seront reconduites, si faire se peut, dans leurs pays respectifs. Toutes les fois que la chose ne sera pas praticable, on les enrôlera dans le corps nommé Serundahs, appartenant à l'établissement du roi Radama, qui sera chargé de pourvoir à leurs besoins. »

La valeur de tous les objets mentionnés dans le premier traité du 23 octobre 1817, pouvait être d'environ deux mille livres sterling ou cinquante mille francs.

Radama fit stipuler spécialement dans la seconde convention la condition expresse : « Que le gouvernement anglais élèverait, à ses frais, vingt jeunes Hovas, dix à Maurice et dix à Londres, et les instruirait aux arts et aux métiers européens. » C'est ainsi que, d'un seul coup, les Anglais regagnèrent à Madagascar l'influence qu'ils avaient un moment perdue par la faute d'un des leurs; mais cette influence, sans aucune racine dans le peuple malgache lui-même, ne reposait que sur la volonté d'un seul homme, et devait disparaître avec lui.

Vers cette époque, Radama fit une expédition considérable contre les Sakalaves du Sud. Il partit, dit-on, avec soixante-dix à quatre-vingt mille combattants; mais un tiers périt de faim ou de maladie, faute d'approvisionnements. Cette guerre se renouvela l'année suivante, et Radama ayant débuté par quelques succès, RamitraX, chef des Sakalaves, lui proposa une alliance que le roi des Hovas s'empressa d'accepter; il la cimenta même en épousant la fille de ce chef, nommée Rosalime.

En renvoyant Hastie auprès de Radama, M. Farquhar l'avait fait accompagner d'un aide spirituel que la Société des missions de Londres avait envoyé à Maurice pour y jeter sur la terre malgache les semences évangéliques. Dès que le pavillon anglais flotta à Tananarive, à côté de celui d'Emirne, M. Jones reçut l'autorisation d'ouvrir une école, qui réunit quelques élèves. Ce fut le 8 décembre 1820 que commença l'enseignement des missionnaires anglais. L'année suivante, M. Griffiths et sa femme vinrent y coopérer. Radama leur avait permis d'instruire son peuple, sans pourtant autoriser la prédication du christianisme, dont il ne se faisait aucune idée. Admis en qualité d'instituteurs primaires, les missionnaires anglais s'attachèrent à donner à leurs nouveaux élèves une éducation plutôt politique que religieuse ou élémentaire, et sans éveiller la défiance, à leur inspirer l'amour de leur souverain, et, par suite, la haine d'une domination étrangère. Les progrès de la mission à laquelle vinrent se joindre plusieurs autres personnes envoyées par la société, et notamment des imprimeurs, avec des presses et des caractères, allèrent toujours croissant. L'examen de ces écoles, fait en 1825 par Radama lui-même, constata la présence de deux mille élèves. Deux années plus tard, la mission comptait trente-deux écoles disséminées dans le pays, d'environ et plus de quatre mille élèves. Voici ce que rapporte M. Carayon au sujet de ces écoles : «Dans le voyage à Ankova, entrepris en 1826 par M. Arnoux et moi, nous logeâmes dans un village où était établie l'une de ces écoles. Le missionnaire qui la dirigeait étant absent, ses jeunes élèves nous firent avec aménité les honneurs de son modeste logis ; ils voulurent aussi nous donner une idée de leur savoir-faire, et s'empressèrent de tracer sur un tableau des phrases décousues qu'on leur avait appris à écrire. En voici quelques-unes :

« Radama n'a point d'égal parmi les princes. Il est au-dessus de tous les chefs de l'île ; il est le maître de tout. Toute la terre de Madagascar lui appartient, n'appartient qu'à lui seul, etc., etc. Véritable catéchisme politique, ajoute M. Carayon, dont on peut apprécier l'intention et la portée. » (*Histoire de l'Établissement français de Madagascar pendant la Restauration*, p. 27.)

De plus, les élèves, rigoureusement astreints à des exercices militaires, étaient destinés à devenir une pépinière, un arsenal vivant capable d'interdire l'approche de l'île aux ennemis communs. Ajoutez à de pareilles mesures la persévérance et la libéralité qui caractérisent la politique anglaise, et on aura une idée de l'influence acquise par cette nation à la cour du roi d'Émirne.

On comprend facilement que l'Angleterre n'organisait ainsi une forte unité dans le centre de l'île que pour pouvoir, dans un temps donné, dominer les populations nourries de ses principes, élevées par ses nationaux.

Avec l'aide des instructeurs anglais et des subsides fournis par le gouvernement de la Grande-Bretagne, Radama organisa son armée ; pour exciter l'émulation dans les troupes, divers grades furent institués : le bon soldat fut premier honneur (1 voninahitra), le caporal deuxième honneur (2 voninahitra), et ainsi de suite, jusqu'au grade le plus élevé, qui était le douzième honneur; mais ces grades étant révocables suivant le bon plaisir du roi, ceux qui en étaient revêtus pouvaient redevenir soldats. Aujourd'hui les honneurs ont atteint le quinzième degré dans la hiérarchie militaire et politique du gouvernement hova.

Ces troupes, ne recevant ni solde, ni vivres, continuèrent à se livrer au pillage pour subsister, comme elles l'avaient toujours fait jusqu'alors; car les Anglais, en instruisant les Hovas, cherchèrent bien plus à les rendre propres à faire la guerre qu'à leur inspirer des sentiments d'humanité envers les peuples vaincus.

Les vêtements d'uniforme qu'ils leur fournirent ne purent en habiller qu'une partie, et étaient d'ailleurs réservés pour les jours de cérémonie; en campagne, tous portaient le costume du pays, et on en trouvait un bien plus grand nombre en guenilles que bien habillés.

Les châtiments ne furent pas oubliés pour les maintenir dans le devoir : entre autres supplices alors inventés, celui du bûcher fut destiné au militaire qui fuirait devant l'ennemi, et celui de la croix pour maintenir la subordination. Ils furent plusieurs fois appliqués sous le règne de Radama, et des Européens en ont été témoins (Voyez Carayon, p. 31).

Ces changements, opérés sous la direction de l'agent anglais Hastie, excitèrent d'abord des mécontentements profonds. L'injonction, par exemple, faite aux soldats de porter les cheveux courts, comme marque distinctive de leur profession, coûta la vie à plusieurs femmes de distinction qui s'étaient mises à la tête d'un rassemblement de leur sexe, pour protester contre cette mesure nouvelle dans le pays et opposée à ses usages, mais dont le roi donna lui-même l'exemple, et contre laquelle les hommes n'osèrent que murmurer.

Pendant que Radama instituait et faisait infliger des châtiments aussi atroces, il modifiait l'épreuve par le Tanghin, en ordonnant qu'elle ne pourrait à l'avenir avoir lieu que sur des animaux ; « trait d'humanité et de sagesse qui honore ce prince et qu'on est heureux de pouvoir recueillir au milieu de tant de cruautés, mais qu'il est bien difficile de concilier avec elles. » (Carayon, ouvrage déjà cité, page 321.)

A la tête de son armée, et accompagné de l'agent anglais Hastie, Radama parcourt en conquérant le littoral de Madagascar, où il ne rencontre de difficultés nulle part. Tout se soumet devant le chef hova et sa horde : c'est moins une conquête qu'une promenade militaire dans laquelle des soldats en haillons et affamés pillent, incendient et assassinent tout ce qu'ils rencontrent. Nous le voyons apparaître une seconde fois à la côte orientale en 1823, puis une troisième fois en 1825, d'où il s'embarque pour gagner vers le nord.

Les Anglais ne se bornèrent pas à aider seulement les Hovas de leur concours moral, ils intervinrent directement dans la lutte qui s'engagea sur la côte ; ainsi, dans l'expédition de 1823, lorsque Radama envahit en personne le pays des Betsimsaracs, la frégate anglaise *l'Ariadne* suivit tous les mouvements de ce chef sur le littoral.

La même manœuvre fut répétée dans tous les lieux où les Hovas purent craindre de rencontrer une résistance sérieuse ; et à Bombetok, par exemple, le pavillon britannique flotta aussi dans la rade lorsque les Hovas, conduits toujours par Hastie, entrèrent dans la ville en 1824.

Indépendamment de la présence des navires anglais sur les divers points où les Hovas effectuent un mouvement, d'autres navires de la même nation se montrent également sur les côtes de Madagascar toutes les fois que des bâtiments français y paraissent, afin de neutraliser l'effet moral produit par ceux-ci. C'était une tactique des deux gouvernements de montrer souvent leur pavillon aux Malgaches pour accroître leur influence ; mais avec cette différence, tout à l'avantage des premiers, que nos navires recevaient toujours l'ordre d'éviter de se montrer sur les points occupés par les Hovas, tandis que ceux de Maurice allaient librement partout, tantôt rasant nos forts sans arborer ni pavillon ni flamme, tantôt tirant le coup de canon de diane et de retraite sur nos rades, et à côté du stationnaire français, comme si la police leur en eût appartenu ; d'autres fois, comme le disait le gouverneur de Bourbon lui-même, « sous couleur de ne vouloir que l'anéantissement de la traite des nègres, ils courent sur le pavillon du roi de France, capturant les navires et violant sans pudeur le droit des gens. » (*Correspondance entre le gouverneur de Bourbon et le commandant de Sainte-Marie.*) « Enfin, ils répandaient partout le bruit que la France n'était plus qu'une puissance de second ordre, et incapable désormais d'intervenir dans les affaires d'outre-mer, joignant ainsi la calomnie aux outrages pour arriver plus sûrement à nous discréditer dans ces lointains parages. » (Carayon, p. 74.)

Radama avait fini par croire à tous les mensonges dont il était continuellement obsédé, et la conduite du gouvernement français à cette époque n'était malheureusement pas de nature à modifier sa pensée. Aucun doute, aucune considération ne l'arrêta plus, et poussé par Hastie, Radama osa enfin envoyer une expédition de quatre mille individus pour occuper le poste français du Fort-Dauphin, gardé alors par six hommes.

Radama venait donc de conquérir la moitié de Madagascar. Nul obstacle sérieux ne s'était offert à lui dans le cours de cette entreprise, pour laquelle il fut particulièrement secondé par les secours qu'il reçut du gouvernement de Maurice, et par les conseils de l'agent anglais Hastie, homme peu scrupuleux, mais hardi, entreprenant, possédant des talents militaires incontestables, et dont la présence d'ailleurs à la tête des troupes hovas produisait un effet moral indéfinissable sur les populations effrayées. A la fin de 1825, ce prince occupait le Fort-Dauphin, Mananzari, Tamatave, Foulpointe, les baies d'Antongil et de Vouhémar, ainsi que divers autres points intermédiaires, c'est-à-dire les trois quarts de la côte orientale, plus Bombétok sur la côte occidentale. Sa puissance, un moment compromise par le soulèvement de ces diverses contrées, s'accrut par la facilité qu'il eut à les replacer sous son obéissance. La plupart des chefs y périrent par le fer, ou furent réduits à mener une vie errante au milieu des forêts. Les populations en masse se réfugièrent dans les lieux les plus écartés ; mais bientôt trahis par de misérables transfuges vendus aux Hovas, elles se virent successivement réduites à implorer le pardon du vainqueur et à subir la loi qu'il lui plut de leur imposer. Les Betsimsaracs surtout étaient dans une situation déplorable. Condamnés à livrer leurs armes, comme gages de leur soumission, ainsi que les divers outils ou instruments qui pouvaient servir à élever des ouvrages défensifs, ils furent de plus astreints à édifier sur un nouveau plan les fortifications de Foulpointe contre lesquelles ils venaient de porter une vaine menace. Les chefs malattes seuls, plus défiants parce qu'ils étaient plus compromis, ou peut-être parce qu'il leur répugnait de subir des conditions aussi dures, différèrent longtemps de se soumettre. Enfin, vers la fin de l'année 1826, fatigués d'un genre de vie si opposé à celui auquel ils étaient accoutumés et qui compromettait leur tête, sans nul espoir d'ailleurs de reconquérir la position qu'ils avaient perdue, ils consentirent à se rendre en corps, dans l'Ankove, à la suite du général hova, qui venait de traiter de leur soumission, afin d'obtenir du souverain la sanction du pardon qui leur avait été offert en son nom ; mais celui-ci refusant de ratifier un tel engagement, les retint

prisonniers, et tous furent impitoyablement massacrés, deux ans
après, lors de la mort de ce prince, par la faction qui lui succéda.
Telle fut la fin tragique de ces chefs, auxquels on pouvait sans doute
reprocher bien des cruautés et des perfidies, mais qui toutefois
n'excusent pas celle dont le roi des Hovas se rendit coupable à leur
égard.

Hastie ne survécut que peu de temps à tous ces événements. Alors
Radama rappela auprès de lui Robin, qu'il avait exilé à Foulpointe,
pour complaire à l'agent anglais. Jean-René aussi était mort dans
cette même année 1826. Son ancienne principauté, considérée
comme fief d'Ankove, fut occupée par les troupes hovas. Trois pouvoirs y furent alors constitués : le pouvoir militaire, le pouvoir civil
et le pouvoir judiciaire. Le premier échut à un Hova, le second fut
confié à Coroller, mulâtre de l'île Maurice et neveu de Jean-René ;
le troisième enfin continua à être exercé par un nommé Philibert,
autre neveu du chef défunt, et qui avait été, sous son oncle, investi
des mêmes fonctions. C'est à cette même époque que remonte également l'établissement des douanes dans toute la partie de l'île soumise aux Hovas.

Lors du dernier voyage que fit Radama à Tamatave en 1827,
Robin fut appelé à succéder à Coroller, qui suivit le roi des Hovas dans
l'Ankove, où il ne tarda pas à capter sa confiance, ainsi que l'amitié
des principaux membres du gouvernement hova et la bienveillance
des missionnaires anglais. Elevé par Jean-René, son oncle, dans un
aveugle dévouement aux intérêts des Anglais, Coroller avait embrassé
avec chaleur leur parti. Doué d'une sagacité naturelle qui suppléait
à une éducation fort incomplète, ce personnage avait cultivé l'art de
la dissimulation avec d'autant plus de succès que son air de bonho-
mie contrastait davantage avec la duplicité de son cœur. C'est lui qui
enseigna aux chefs d'Emirne toutes les ruses de la politique civilisée ; il affectait de porter sans cesse avec lui *le Prince* de Machiavel,
qu'il cherchait à mettre en pratique, disait-il, et à perfectionner. Il
a joué un rôle assez important dans les affaires de Madagascar à la
suite de la révolution qui survint à la mort de Radama, et nous le
verrons bientôt apparaître à l'occasion de l'expédition française de
1829. C'est ce qui justifie les détails que nous venons de donner.
Quant à Robin, il n'eut jamais aucune influence sérieuse dans les
affaires de cette époque. Ebloui par le changement subit de sa fortune, d'un caractère insouciant, ami du plaisir et de la bonne chère,
il jouissait avec bonheur du présent sans s'inquiéter de l'avenir,

cherchant par un vain titre (il s'intitulait grand maréchal de Madagascar), et un grand train de maison, à rehausser l'importance de ses fonctions, ce qui indisposa sourdement les Hovas contre lui, jaloux déjà des dépenses que l'amitié du souverain lui permettait de faire. A la mort de Radama, mandé à Ankove pour rendre compte de sa conduite, il fut disgracié et menacé même de perdre la vie.

Pendant le dernier séjour que fit Radama à Tamatave, sa santé fut loin d'être satisfaisante. Vieilli avant l'âge par les débauches et les excès des liqueurs spiritueuses, ce prince n'avait plus, depuis longtemps, les mêmes facultés physiques et morales. Il mourut le 24 juillet 1828 à l'âge de trente-six ans environ, lorsqu'il n'était déjà plus apte à faire de grandes choses. Voici le portrait que nous en a donné M. Carayon qui le vit en 1826 à Tananarive : « Radama avait à peine cinq pieds, mais il était bien pris dans sa petite taille ; sa physionomie était expressive et son regard plein de feu. Vif et enjoué dans le commerce ordinaire de la vie, il savait dans l'occasion prendre l'air imposant que donne le commandement. Il passait même pour éloquent parmi les siens et se plaisait à haranguer son peuple lorsqu'il avait à lui transmettre ses volontés. On dit qu'il donna plusieurs fois des preuves non équivoques de son amour pour la justice. Il est certain qu'il ne manquait pas l'occasion, dans la conversation privée, de chercher à en convaincre les Européens, afin de mériter leur estime. Convaincu de la supériorité de ces derniers sur les Malgaches, il était porté à adopter leurs idées avec une facilité qui explique l'empire que les Anglais exercèrent sur son esprit. Cet engouement pour les étrangers et les innovations qu'ils lui conseillèrent, ne fut pas d'abord du goût de ses sujets, qui, tout en l'aimant avec idolâtrie, mais pleins de vénération pour la mémoire de son père, auraient désiré qu'il eût borné son ambition à marcher sur les traces de ce dernier. Cependant, sous l'impression de la terreur qu'il inspirait, personne n'eût osé manifester sa désapprobation. En effet, d'un caractère violent et accoutumé à dominer dès son jeune âge, ce prince souffrait difficilement les contradictions. Un de ses généraux s'étant permis de lui faire une observation qui le contrariait, il écrasa d'un revers de main une bougie qui brûlait à son côté, en lui disant d'un ton qui n'admettait point de réplique : « Oublies-tu que je puis à l'instant t'anéantir avec la même facilité que j'ai eue à éteindre cette bougie. » Elevé dans les camps, au milieu du carnage, il est sûr que le sang ne lui coûtait rien à répandre ; plusieurs fois même il ordonna froidement le massacre des prisonniers qui étaient

trouvés trop vieux pour être vendus avec profit. » Radama avait une
grande rapidité de conception ; il sut profiter avec beaucoup de sagacité de tous les moyens que l'Angleterre mit à sa disposition pour
agrandir sa puissance. Quant à la soumission des peuples de Madagascar, je ne saurais l'attribuer à son génie ; elle fut plutôt le fruit
de l'organisation politique laissée à la tribu hova par Andrian Ampa-
nien, organisation qui lui permit d'accabler par le nombre de paisibles voisins que leur propre condition politique ne pouvait défendre.
Partout où les Hovas rencontrèrent quelque vigueur dans la résistance
à l'envahissement, ils furent repoussés avec perte, et les populations
de l'Ouest, moins timides, surent conserver leur indépendance en
dépit même de ce nouveau et redoutable voisinage. L'inaction de la
France, d'une part, et de l'autre les secours de l'Angleterre, ont singulièrement favorisé l'établissement des Hovas sur le littoral, où toutefois ils ne sont restés depuis que campés, comme on le verra par la
suite. Sans les secours des Anglais, sans les armes à feu dont les
troupes hovas purent en partie se servir, il est même assez probable,
pour ceux qui connaissent bien Madagascar, que ces envahisseurs
auraient fini par être rejetés dans l'Ankove.

Quoi qu'il en soit, la mort de Radama fut une calamité pour les
Malgaches en général, car elle les replongea dans la barbarie la plus
profonde, non qu'il les en eût déjà retirés, mais parce que, après avoir
déchaîné contre ces populations la convoitise et la fureur de sa
tribu, lui seul peut-être était capable de retenir ces natures perverses
qui se donnèrent bientôt impunément carrière ouverte. Il est également présumable que Radama avec ses instincts de civilisation, et
inspiré par de bons et loyaux conseillers, serait arrivé à des mesures
efficaces qui eussent préparé ces natures sauvages aux bienfaits de
la civilisation. Là se serait borné son rôle, et il était déjà beau. Quant
à voir dans Radama autre chose que l'*Africain éclairé* des missionnaires, que l'élégant et gracieux personnage, à la fois vif et subtil, que
les récits de l'époque nous peignent comme ayant plutôt l'air d'un
courtisan parfaitement civilisé que d'un prince à demi sauvage, je
crois qu'il convient mieux d'être plus sobre de louanges, et de réserver
ce titre de grand homme pour des individualités dont l'existence en
ce monde a été plus profitable à l'espèce humaine. Entre le fondateur
de l'unité hova et son fils, le docile instrument de sir Robert Farquhar, mon admiration ne saurait balancer, et mon estime est
acquise à celui qui, isolé de tout, trouva dans son génie seul les ressources propres à jeter les fondements d'une nationalité éphé-

mère peut-être, mais qui n'aura pas moins existé un moment.

Vers cette époque de disparition pour la plupart des héros qui figurent dans ces derniers récits, la France, elle aussi, fit une perte. M. Fortuné Albrand était mort à l'île Sainte-Marie, le 11 décembre 1826, avant l'âge de trente-deux ans. Né à Marseille, Fortuné Albrand fut un des élèves les plus distingués de l'école normale et de l'école spéciale des langues orientales. Professeur de rhétorique au collége de Bourbon et secrétaire intime de M. le comte Desbassayns de Richemont, l'un des administrateurs généraux de cette colonie, il fut chargé d'explorer l'île de Zanzibar, en 1818, et de reprendre possession du Fort-Dauphin à Madagascar, en 1819. Vers le milieu de 1820, on lui réservait une troisième mission plus importante que les deux premières, digne à la fois de flatter son amour-propre et d'exciter son ambition, et qui lui eût probablement fourni l'occasion de faire usage des rares qualités dont la nature l'avait doté, lors de l'accident fâcheux dont j'ai déjà parlé, et qui l'arracha tout à coup au brillant avenir qui lui était peut-être réservé pour le lancer dans la carrière obscure et ingrate de colon à Sainte-Marie, qui devait le conduire si prématurément au tombeau. A la mort de M. Sylvain Roux, une élection spontanée et libre de toute intrigue lui valut l'honneur d'être appelé au commandement provisoire de cette colonie. Fortuné Albrand s'en montra digne par l'activité qu'il déploya pendant la courte durée de son administration, par son aptitude aux affaires, et par l'ascendant qu'il avait su prendre sur les indigènes. Son savoir-faire et tant de qualités réunies firent regretter qu'il n'eût pas été primitivement chargé du commandement de l'expédition. Indépendamment des fautes irréparables de son prédécesseur, que sa prudence et la rectitude de son jugement lui eussent fait éviter, il est probable qu'il eût donné une tout autre impulsion aux affaires politiques de cette époque, et que le gouverneur anglais de Maurice eût trouvé en lui un adversaire qui lui eût rendu moins facile l'accomplissement de ses projets. Possédant l'art difficile d'émouvoir les hommes et de leur faire partager ses convictions, plein de sang-froid dans le danger et hardi à le braver, persévérant et infatigable tout à la fois, et particulièrement doué d'une rare facilité à apprendre les langues étrangères, Fortuné Albrand réunissait en lui toutes les qualités propres à organiser une ligue des peuples de la côte contre les Hovas, et à obtenir en faveur de cette cause si étroitement liée à nos projets d'établissement en ce pays, une prompte et salutaire intervention du gouvernement français. Depuis Flacourt et

Benyowski, aucun homme de notre nation n'avait mieux compris toute la portée de la colonisation de Madagascar, et ne pouvait mieux répondre au choix qu'on eût fait d'un chef pour être l'âme de cette grande et importante affaire. Sa perte fut vivement sentie par toute la colonie, et plongea dans le deuil tous ceux qui avaient eu le bonheur de le connaître et dont il était devenu l'idole.

A la mort de Radama, deux partis à peu près égaux en forces étaient en présence dans l'Ankove : celui des gens âgés, ennemis des réformes opérées par le prince, et celui des jeunes gens élevés par les missionnaires anglais dans l'esprit de ces mêmes réformes, dont ils attendaient tout leur avenir. Les premiers, plus calmes, moralement plus influents, mais désireux surtout de repos, pouvaient difficilement lutter contre les seconds, qui, beaucoup plus actifs et dévorés d'ambition, avaient d'ailleurs pour eux l'avantage que donne l'éducation.

Andrian-Mihaza, chef de ces derniers, homme plein de talents, d'audace et d'énergie, afin d'arriver plus sûrement au pouvoir qu'il ambitionnait, fit élever au trône Ranavalo, cousine germaine et l'une des femmes du roi défunt, connue pour ses opinions rétrogrades, mais d'un caractère nul et dont il avait eu soin de devenir secrètement l'amant, espérant, par cette concession au parti opposé et l'ascendant qu'il avait pris sur cette femme, s'emparer de la direction générale des affaires. Pour mieux assurer la réussite de ce projet, il profita du moment de torpeur où la mort de ce prince venait de plonger les esprits, pour se débarrasser, par le meurtre, de tous les personnages de distinction dont le crédit ou la position sociale pouvaient lui porter ombrage. Parmi ceux qui périrent ainsi de mort violente, les plus notables furent la mère et la sœur de Radama, le fils de cette dernière, qui était l'héritier légitime du trône ; *Rateffi*, père de ce jeune homme et commandant militaire de Tamatave, qui n'eut pas même le temps d'arriver dans l'Ankove, où il se rendait pour faire valoir les droits de son fils à la couronne ; le commandant de Foulpointe, *Rafaralahy*, et le commandant du Fort-Dauphin, *Ramanaoul*, cousin germain de Radama, et l'un de ses meilleurs généraux. *Ramanateka*, autre cousin de Radama et commandant de Bombétok, eut aussi sa tête mise à prix ; mais plus heureux ou plus défiant que les autres proscrits, il réussit à s'embarquer sur des boutres arabes avec sa famille, ses esclaves et ses plus fidèles soldats, et se fit déposer avec sa suite à l'île d'Anjouan, dont il détrôna plus tard le sultan légitime pour prix de l'hospitalité qu'il en avait reçue.

Andrian-Mihaza, débarrassé ainsi de ses plus dangereux rivaux, saisit les rênes du gouvernement d'une main ferme, et la puissance qu'il exerça au nom de la nouvelle reine ne tarda pas à égaler celle de Radama.

XIII

Dès l'année 1826, les plus insignes vexations commencèrent à
être exercées contre les traitants français de Madagascar, et particulièrement contre ceux de Sainte-Marie. Les Hovas, en arrivant pour
la première fois sur le littoral en 1817, avaient cherché avec succès
à s'appuyer sur les nombreux traitants qui s'y étaient installés en
leur promettant de favoriser leur commerce. Encouragés par ces ap-
parences, les traitants sollicitèrent et obtinrent bientôt de leurs nouveaux protecteurs que le prix des denrées d'une même nature serait
invariable sur toute la côte, afin d'échapper à la concurrence qu'ils
se faisaient entre eux. Conformément aux anciens usages du pays,
ces prix après la récolte étaient annuellement débattus, dans chaque localité, entre les étrangers et les indigènes, ce qui était juste en
principe, et favorable à l'extension du commerce en général. Sans
doute, les Malgaches d'un même district savaient assez s'entendre
pour mettre à profit la mésintelligence qui régnait ordinairement
entre les étrangers, afin de les surfaire; mais si cela arrivait sur les
points les plus fréquentés de la côte, le contraire avait souvent lieu
dans ceux dont l'attérissage présentait quelques difficultés. Le littoral
qui est en face de l'île Sainte-Marie étant dans cette dernière catégorie, il s'ensuivit que les Hovas, en prescrivant l'uniformité dans
les prix et les mesures des denrées, nuisaient aux intérêts de l'établissement français en même temps qu'ils favorisaient ceux des
traitants établis dans les lieux les plus fréquentés.

Le commandant de Sainte-Marie, spectateur de toutes ces menées
dont le contre-coup se faisait vivement sentir sur ses administrés,
prévit bien le danger qu'il y avait, dans l'intérêt futur du commerce,
à y faire intervenir un peuple puissant et avide, qui avait d'ailleurs

besoin de se créer des revenus nécessaires à l'exercice de la domination qu'il s'était arrogée; mais son influence était trop bornée pour que ses avis pussent prévaloir auprès de gens tels que les traitants de Madagascar, uniquement occupés de l'intérêt du moment et qui s'inquiétaient d'ailleurs assez peu, quoique d'origine française que nous réussissions en ce pays.

Ces prévisions cependant ne tardèrent pas à se réaliser. Après la nouvelle défaite des Betsimsaracs, en 1825, les Hovas, se croyant suffisamment affermis pour se passer du concours des traitants qu'ils avaient tant ménagés jusqu'alors, commencèrent à les astreindre à des droits d'entrée et de sortie assez modiques d'abord, mais qui furent considérablement augmentés l'année suivante. Comme conséquence de cette mesure, et pour en assurer l'exécution, ils décidèrent en outre que les marchés ne seraient plus ouverts que sur les points occupés par leurs troupes; résolution qui fut surtout funeste aux habitants de Sainte-Marie, puisqu'elle les obligea, pour continuer leur commerce, à cesser de fréquenter les lieux voisins de leur île et à ouvrir des relations nouvelles avec ceux désignés par les Hovas. Mais la partialité de ceux-ci à leur égard et les vexations de toutes sortes auxquelles ils les soumirent, dans cette lutte inégale qu'ils les obligèrent de soutenir contre une concurrence privilégiée, les mirent dans l'alternative de cesser tout commerce avec la grande terre, ou d'abandonner l'île Sainte-Marie.

Au nombre de ceux qui prirent ce dernier parti se trouve le sieur Pinson, ex-ouvrier de l'artillerie de marine, qui avait choisi Manahar, à l'entrée de la baie d'Antongil, pour sa nouvelle résidence, après en avoir préalablement obtenu l'autorisation du chef hova qui y commandait. Muni d'un passe-port du commandant français Schœll, il se rendait à cette destination, lorsqu'une bourrasque imprévue le força d'accoster le premier point de la grande terre qu'il put atteindre; mais le hasard ayant voulu que les Hovas revenant du nord se trouvassent arrêtés au même lieu, cette relâche fortuite, que le mauvais temps justifiait d'ailleurs, fut regardée par eux comme une preuve suffisante que Pinson entretenait des relations avec un point non occupé par leurs troupes, afin d'éluder les droits établis, et sur cette simple présomption de contrebande, il fut saisi, garrotté et conduit devant le chef de Fénériffe, sans qu'on eût égard ni à son passe-port, ni à la demande qu'il faisait d'être au moins confronté avec le chef hova qui l'attendait. Là, lui et ses effets ayant été déclarés de bonne prise, le lendemain, on publia dans le village qu'un homme blanc étant devenu la propriété du chef hova, il serait vendu au prix ordinaire d'un esclave. Les traitants établis en ce lieu, témoins de cet acte d'injustice et de barbarie, unique dans les annales de Madagascar, se cotisèrent pour racheter le malheureux qui en était victime, et prévinrent sur-le-champ le commandant de Sainte-Marie qui envoya inutilement un officier pour réclamer contre cette atteinte portée au droit des gens. Ceci se passait vers la fin du mois de mai 1829, quelques jours avant l'arrivée de l'expédition dont il sera question.

Un état de choses aussi funeste aux particuliers devait nécessairement réagir sur l'administration française elle-même. En effet, gênée dans ses approvisionnements par la cessation du commerce avec la grande terre, elle se vit forcée, pour faire subsister la garnison, d'envoyer acheter des bœufs à Foulpointe, chez ceux-là même qui avaient deux fois pillé ses troupeaux. Toutefois, les bâtiments qu'elle chargea de ce service furent exempts des droits exigés de ceux du commerce, et dans l'état d'infériorité où nous nous trouvions alors, on dut savoir gré aux Hovas de cette concession qu'ils accordèrent, sans doute par politique, mais qu'il n'était pas en notre pouvoir d'exiger.

Pour concilier autant que possible la dignité du gouvernement avec une impérieuse nécessité, un petit navire, sous la conduite d'un patron, fut exclusivement affecté à ce service, en attendant qu'il fût pris des mesures propres à faire cesser une situation qui portait atteinte à la considération du gouvernement et compromettait l'existence de Sainte-Marie, comme colonie française. D'un autre côté, le général hova n'osant attaquer l'île Sainte-Marie, lieu fortifié et séparé de la grande terre par un bras de mer, avait imaginé, pour forcer les Français à l'abandonner, de leur ôter les moyens de se procurer les bras nécessaires à l'exécution des travaux publics et à la culture des terres. Il défendit en conséquence, sous peine de mort, aux naturels de la grande terre de vendre un seul esclave au gouvernement ou aux colons de cette île.

Les choses avaient été amenées à ce point de gravité par les ambitieux projets d'une maison de commerce de Maurice. En 1826, les messieurs Blancard, dans le but de se débarrasser de la concurrence des autres traitants et de s'approprier le monopole du commerce de Madagascar, donnèrent à Radama le conseil d'augmenter de nouveau les droits qu'il avait précédemment établis, en lui offrant, s'il consentait à cette mesure, de les lui affermer.

Tant que l'agent anglais vécut, il eut assez d'ascendant sur Radama pour s'opposer à la conclusion de cette affaire, qu'il regardait comme nuisible au commerce de son pays; mais Hastie étant mort dans le temps que M. Blancard aîné était dans l'Ankove pour en poursuivre la réalisation, les missionnaires furent impuissants à l'empêcher. Ce marché contraria donc à la fois les Anglais et les Français. Dans une telle communauté d'intérêts, le gouverneur de Bourbon crut pouvoir proposer à celui de Maurice de prohiber, pour un temps, dans les deux îles, les denrées qui viendraient de Madagascar, afin de mettre les messieurs Blancard dans l'impossibilité de satisfaire aux engagements qu'ils avaient contractés; mais cette mesure d'intérêt général fut repoussée par le gouverneur anglais, soit qu'il craignît en la prenant de concourir à un acte dont la France pouvait retirer des avantages politiques, soit qu'il pensât avoir assez d'ascendant sur Radama pour le faire revenir, à lui seul, de cette détermination. Quel que soit le motif qui le fit agir ainsi, il se trompa cruellement. Il eut d'abord la mortification de voir ce prince dédaigner pour la première fois ses présents et rejeter ses propositions, puis la douleur de perdre, par suite de la fièvre de Madagascar, son neveu, le capitaine Cole, qu'il avait chargé de cette dernière négociation.

Malgré ce désaccord entre les deux gouverneurs, et l'insuccès des démarches de celui de Maurice auprès du roi des Hovas, les messieurs Blancard n'en échouèrent pas moins dans leur entreprise. Les difficultés qu'ils rencontrèrent d'abord dans l'établissement de leurs postes de douanes, ainsi que les pertes qu'ils éprouvèrent en mer, par l'effet d'un ouragan, ne leur ayant pas permis de satisfaire à leurs engagements, Radama fit confisquer leurs marchandises et déclara nulles les stipulations faites avec eux. La durée de ce marché fut courte, mais le mal qu'il fit ne cessa pas avec lui, le roi des Hovas ayant maintenu les nouveaux droits à son profit, dès qu'il crut pouvoir les faire percevoir par ses soldats. Alors les traitants, abusés par cette mesure et en butte aux investigations d'une soldatesque qui, ne recevant ni solde ni vivres, devait nécessairement être avide et sans discipline, éprouvèrent, à leur tour, ces vexations inouïes dont les habitants de Sainte-Marie avaient eu seuls à souffrir, et firent bientôt succéder des plaintes amères, mais tardives, aux éloges outrés dont ils avaient été si prodigues envers les Hovas. La plupart de ceux qui, primitivement, avaient pris part à toutes ces intrigues, sur lesquelles ils avaient basé leur fortune, furent ruinés bien avant la chute de l'établissement français. Les messieurs Blancard, eux-mêmes, ne purent se relever de l'échec qu'ils avaient éprouvé, et s'ils ont eu le regret d'avoir sacrifié à leur ambition le commerce de tout un pays, jamais regret n'aura été plus légitime.

Dès le mois de décembre 1826, le gouverneur de Bourbon, M. le comte de Cheffontaines, fit connaître cet état de choses au ministre de la marine, en lui exposant les suites fâcheuses du système de temporisation et de condescendance suivi jusqu'alors dans les affaires de Madagascar. Il insista sur la nécessité de prendre enfin un parti décisif à l'égard de l'île Sainte-Marie, qu'il valait mieux, disait-il, abandonner sans retard, si l'on ne se décidait à tirer une vengeance éclatante des insultes faites à la nation, et à rétablir notre autorité sur un pied respectable à Madagascar. M. de Cheffontaines, d'accord sur ce point avec le commandant particulier de Sainte-Marie et le conseil privé de Bourbon, pensait que nous ne pourrions reconquérir nos droits et notre influence à Madagascar, et même nous maintenir à Sainte-Marie qu'en augmentant la garnison de l'île, qui ne se composait alors que d'une compagnie d'artillerie européenne, forte de soixante-dix-huit hommes, y compris trois officiers, et de cent quatre-vingt-douze noirs engagés. Il proposait en conséquence d'envoyer à Sainte-Marie une frégate, une corvette et quelques bâtiments légers, avec quatre ou cinq cents hommes de débarquement, et d'augmenter en outre la garnison d'un corps de noirs.

L'exécution complète des mesures proposées par l'administration de Bourbon devait donner lieu à des dépenses qui n'avaient pas été prévues et auxquelles ne pouvaient subvenir ni le budget du département de la marine, ni celui du département de la guerre, qui pourvoyait alors aux dépenses qu'occasionnaient les garnisons coloniales. Le ministre de la marine pensa que l'on pouvait se dispenser de déployer des forces aussi considérables, et qu'il suffirait de prendre, dans le sens des vues indiquées par le commandant particulier de Sainte Marie, quelques dispositions de nature à satisfaire aux besoins les plus urgents de l'établissement, sans dépasser les ressources financières que l'on possédait. Il existait au Sénégal, comme à Sainte-Marie, des noirs rachetés par l'administration locale et rendus libres au moment du rachat, moyennant un engagement de quatorze années. M. le comte de Chabrol, après avoir pris les ordres du roi, chargea le gouverneur du Sénégal de diriger sur Madagascar un détachement de cent cinquante à deux cents noirs, composé de nouveaux engagés, et au besoin de quelques-uns des soldats noirs déjà existant dans le pays. Il fut en outre décidé que ce corps serait complété et recruté par l'envoi ultérieur à Sainte-Marie de tous les noirs (autres que les femmes et les enfants) qui seraient saisis dans les mers situées au delà du cap de Bonne-Espérance, en vertu des lois prohibitives de la traite ; sauf, si ce moyen de recrutement ne suffisait pas, à continuer de faire venir des engagés du Sénégal.

Le ministre de la marine en donnant avis de ces mesures à M. de Cheffontaines, l'invita à examiner si, avec le secours que pouvaient offrir les deux bâtiments de guerre chargés du transport de ces deux compagnies et les troupes disponibles des garnisons de Bourbon et de Sainte-Marie, il était possible de faire avec avantage une expédition militaire sur la côte orientale de Madagascar. Dans le cas de l'affirmative, le gouverneur de Bourbon était autorisé à l'entreprendre, en faisant concourir à ces opérations les indigènes sur lesquels il assurait que l'on pouvait compter. Toutefois cette tentative ne devait être faite qu'autant qu'on serait sûr de pouvoir se maintenir sur les points d'où l'on chasserait les Hovas. Au surplus, aucune mesure relative à cet objet ne devait être prise qu'après un mûr examen au conseil privé.

Conformément aux ordres du ministre de la marine, deux compagnies de cent Yoloffs chacune furent formées en 1828 au Sénégal, et transportées à Sainte-Marie par le corvette *la Meuse*, avec un cadre d'officiers et de sous-officiers d'artillerie de marine. Ce n'était point avec ce petit nombre d'hommes, non encore exercés au maniement des armes, que nous pouvions nous présenter à la grande terre et reprendre nos possessions. Il fallait évidemment des forces beaucoup plus imposantes pour atteindre ce but. Les troupes et les bâtiments de guerre demandés à la fin de 1826 par le gouverneur de Bourbon, n'étaient même déjà plus suffisants pour nous assurer des succès contre le roi des Hovas, dont la puissance s'était accrue depuis cette époque, et qui comptait sous ses drapeaux jusqu'à quinze mille hommes de troupes assez bien disciplinées et organisées. Tel fut du moins l'avis du conseil privé de Bourbon après un examen approfondi de la question. Ce conseil, qui avait appelé à ses délibérations M. le commandant particulier de Sainte-Marie, alors en congé à Bourbon, pensa que, pour entreprendre une expédition contre Madagascar, les forces à y consacrer ne devaient pas être moindres de deux frégates, de deux bricks de guerre, de deux corvettes de charge, avec leurs équipages complets sur le pied de guerre, plus un bataillon d'infanterie, une compagnie d'artillerie, une demi-compagnie d'ouvriers, deux cents hommes de troupes noires, et enfin un matériel de guerre proportionné, avec deux mille fusils pour armer les peuplades indigènes qui nous étaient dévouées. Il fit observer que si les troupes dont pouvait disposer le gouverneur de Bourbon étaient insuffisantes pour une opération offensive, elles ne l'étaient pas moins pour appuyer des démarches devant être nécessairement suivies d'actes d'hostilité, si la voie de conciliation ne réussissait pas. Le Conseil privé de Bourbon pensa donc qu'il fallait traiter à main armée et demander la paix en apportant la guerre.

Ce rapport, qui est du 12 juillet 1828, ne précéda que de quelques jours la nouvelle de la mort de Radama. Cet événement imprévu, qu'on regarda d'abord comme heureux pour l'avenir de l'établissement de Madagascar, lui fut par le fait des plus nuisibles. Appréciant mal les motifs incessants qui poussaient les Hovas à conserver leurs anciennes conquêtes et à en faire de nouvelles, on persista, en France, à attribuer à l'ambition seule de leur souverain ce qui était le résultat d'une politique qui devait lui survivre puisqu'elle était l'œuvre de suggestions d'une nation européenne à toute une tribu indigène. Considérant donc Radama comme le principal obstacle à nos projets, on crut qu'il faudrait moins d'efforts pour les exécuter avec les successeurs de ce prince qu'il n'en eût fallu de son vivant; mais on se trompa étrangement. Au lieu d'avoir à traiter avec un seul homme, déjà fatigué de la guerre et éprouvant le besoin de repos, que la mort de l'agent anglais et la faveur dont jouissait Robin nous eussent permis de circonvenir, on eut à faire à une génération entière, dévorée d'ambition et pleine d'énergie, élevée d'ailleurs par les missionnaires dans la haine du nom français et de nos projets d'établissement.

Ainsi, dans le faux espoir que fit concevoir la mort de Radama, et dans l'ignorance des événements qui la suivirent, le ministre de la marine, dans son rapport au roi du 27 janvier 1829, *pensa devoir se borner à des mesures dont l'exécution fût peu dispendieuse et n'exigeât l'emploi d'aucune force extraordinaire*, ne se croyant pas d'ailleurs autorisé à pourvoir aux dépenses que nécessitait le déploiement des forces maritimes et militaires demandées par l'administration de Bourbon. En conséquence, il proposa à Sa Majesté de détacher momentanément une frégate de la station du Brésil et d'investir le capitaine de ce bâtiment du commandement de l'expédition qui pourrait être envoyée de Bourbon à Madagascar, conformément au plan qui sera arrêté en conseil privé de Bourbon, et d'après les instructions données à cet effet. Il sera à jamais à regretter pour la

France qu'un coup vigoureux et décisif n'ait pu être porté dès cette époque à la puissance naissante des Hovas. Nous allons voir qu'il n'en fut rien, et que notre expédition ne fit qu'enhardir leur insolente audace quant à nous, et à préparer d'autres événements.

Conformément à la nouvelle disposition, le gouvernement du roi avait décidé, à la date du 28 janvier 1829, que *la Nièvre, la Chevrette,* la frégate *la Terpsichore* et la gabarre *l'Infatigable* formeraient, avec les autres bâtiments qui se trouvaient alors à Bourbon, une division navale qui serait placée sous les ordres de M. le capitaine de vaisseau Gourbeyre, commandant de la frégate, et qui agirait conformément à un plan d'opérations arrêté par le gouverneur en conseil. Cette division devait porter à Madagascar cent cinquante-six hommes d'artillerie de marine et quatre-vingt-dix hommes d'infanterie légère qui devaient composer le corps expéditionnaire avec les compagnies de noirs Yoloffs et un nombre égal d'hommes formant les garnisons de Bourbon et de Sainte-Marie.

Ainsi, les douze cents hommes demandés par le conseil privé de Bourbon, avec les deux mille fusils pour armer les indigènes, furent remplacés par trois à quatre cents hommes formés de détachements divers et venant de point très-éloignés les uns des autres, manquant par conséquent de l'homogénéité, de la discipline et de cet esprit de corps qui sont, à la guerre, la base de tout succès. Grave responsabilité pour celui qui sera investi du commandement sous des auspices aussi fâcheux !

Le ministre de la marine, en notifiant cette décision à M. le comte de Cheffontaines, lui renouvela la recommandation faite par son prédécesseur de ne tenter aucune entreprise dont les résultats, en cas de non succès, pussent compromettre les intérêts et la dignité de la France, et notamment de n'occuper militairement que les points qu'il serait démontré facile de conserver avec les forces disponibles. M. le baron Hyde de Neuville ajoutait que, dans l'incertitude où l'on était en France sur la situation réelle des choses à Madagascar, il ne pouvait donner d'instructions précises relativement aux mesures à prendre ; mais qu'il s'en rapportait aux lumières et à la sagesse du conseil privé pour employer, de la manière la plus utile aux intérêts de la France, les moyens mis à la disposition de l'administration locale.

Les bâtiments et les troupes expédiés de France se trouvèrent réunis à Bourbon dans les premiers jours du mois de juin 1829. Conformément aux intentions du ministre de la marine, M. de Cheffontaines convoqua le conseil privé pour délibérer sur la marche qu'il convenait d'imprimer aux opérations de l'expédition. Après une discussion approfondie, à laquelle M. de Cheffontaines crut devoir appeler M. Gourbeyre, il fut arrêté : 1° Que l'expédition se présenterait sur la côte de Madagascar d'une manière amicale; 2° qu'elle ne tenterait rien avant qu'il n'eût été répondu à une notification qui serait faite à la reine des Hovas par une députation qui se rendrait immédiatement auprès d'elle et lui offrirait des présents ainsi qu'à ses principaux officiers; 3° que la notification porterait que l'intention du roi de France était de faire occuper de nouveau par ses troupes le port de Tintingue, d'exiger la reconnaissance de ses droits sur le Fort-Dauphin et la partie de la côte orientale entre la rivière d'Yvondrou et la baie d'Antongil inclusivement, et autres points anciennement soumis à la domination française; de rétablir sous sa protection et sa domination les anciens chefs malattes et betsimissaracs, et enfin de lier avec les peuples de Madagascar des relations d'amitié et de commerce, qui ne pourraient contribuer qu'à la paix intérieure et à la prospérité du pays; 4° que le chef de la députation demanderait une réponse prompte et précise, et que s'il ne l'obtenait pas dans le délai de huit jours, il se retirerait immédiatement près du commandant de l'expédition, qui se mettrait alors en devoir d'assurer par la force l'exécution des ordres du roi. M. Gourbeyre, muni d'instructions détaillées, rédigées dans ce sens, et pourvu des vivres et du matériel nécessaires à l'expédition, partit de Bourbon, le 16 juin 1829, avec la frégate *la Terpsichore*, la gabare *l'Infatigable* et le transport *le Madagascar*. Le 7 juillet, après avoir rallié, devant Sainte-Marie, *la Chevrette*, *la Nièvre* et l'aviso *le Colibri*, qui avait porté au gouvernement de Maurice l'avis du départ de l'expédition, M. Gourbeyre mit sous voile et mouilla le 9, dans l'après-midi, sur la rade de Tamatave. Les troupes expéditionnaires se trouvaient alors composées de quatre-vingt-cinq artilleurs, de vingt et un ouvriers militaires et de trois cent trente et un hommes d'infanterie; en tout, de quatre cent vingt-sept hommes.

Pour juger par lui-même des dispositions des Hovas, le commandant descendit le lendemain à la grande terre, accompagné de plusieurs officiers et de quelques autres personnes, et alla faire visite à André Soa, gouverneur de la province. Il lui annonça que sa mission était toute de paix, qu'il était porteur de cadeaux pour la reine Ranavalo, et qu'il désirait les lui envoyer par deux de ses officiers, pour lesquels il demanderait des saufs-conduits. Ces cadeaux consistaient en deux cachemires français, une robe de cour en velours

cramoisi, une autre en tulle brodé, et deux pièces de gros de
Naples. Ces objets de toilette avaient été choisis avec soin, dans
le but de faire connaître à la reine la beauté des produits de nos
manufactures. Pendant sa visite, M. Gourbeyre eut occasion de remarquer les préparatifs de défense qui se faisaient. Des boulets arrivaient d'Emirne, et la garnison de Tamatave avait été augmentée.
Des corps hovas devaient également être dirigés sur Tintingue,
dans le but sans doute de s'opposer à notre établissement sur ce
point. Ces dispositions déterminèrent le commandant français à ne
pas envoyer d'officiers vers la reine, et, afin de ne pas s'exposer à
perdre en pourparlers un temps précieux, il écrivit, le 14 juillet 1829,
à Ranavalo, pour lui notifier nos prétentions et nos griefs. Il fixa
pour sa réponse un délai de vingt jours, passé lequel le silence de la
reine devait être considéré comme un refus de reconnaître nos
droits. Pour mettre cet intervalle de temps à profit, la division se
rendit de Tamatave à Tintingue, dont la reprise de possession eut
lieu le 2 août. On s'y occupa immédiatement des travaux de fortifications et d'établissement. Des fossés larges et profonds furent
creusés autour de l'enceinte qu'on avait choisie; huit canons mis
en batterie en défendirent l'approche; les officiers de *la Chevrette*
levèrent le plan de la baie et balisèrent les passes. De toutes parts on
rivalisait de zèle et d'ardeur. Les Betsimissaracs, à la bravoure desquels on eut trop de confiance plus tard, vinrent en foule féliciter le
commandant et lui faire des offres de services et des protestations de
dévouement à notre cause contre les Hovas. Le 19 septembre 1829,
le fort se trouva assez avancé pour qu'on pût y arborer le drapeau
français. Pendant que M. Gourbeyre se trouvait à Tintingue, il y reçut
successivement deux lettres d'Andrian-Mihaza, premier ministre et
favori de la reine. La première l'informait que les commissaires
français seraient admis dans l'Ankove s'ils y étaient rendus le
23 août, c'est-à-dire le lendemain du jour où cette lettre parvenait
au chef de l'expédition. M. Gourbeyre répondit qu'il ne pouvait rien
voir de sérieux dans une communication aussi étrange, apportée
d'ailleurs par un homme inconnu et sans caractère public; qu'il ne
ferait pas, en conséquence, partir les commissaires français, mais at-
tendrait encore ceux qu'il avait prié la reine d'envoyer sur le littoral.

Dans la seconde lettre, qui fut apportée par deux officiers, il ne fut
plus question de commissaire à envoyer ou à recevoir; mais inter-
vertissant les rôles, Andrian-Mihaza répondait au reproche d'envahissement adressé à son gouvernement, par un reproche de la même

nature, en demandant au chef de l'expédition les motifs qui avaient
pu le porter à former un établissement à Tintingue sans la permission de la reine. Ces manifestations annonçaient des dispositions peu
conciliatrices de la part des Hovas, que d'autres faits ne tardèrent
pas à confirmer, et, entre autres, un acte plus significatif encore.

A peine eûmes-nous mis le pied sur le sol de Tintingue, qu'un
corps de troupes hovas, parti de Foulpointe, s'avança sur la Pointe-
à-Larrée, y établit son camp et se hâta de s'y fortifier. Ces travaux,
exécutés sous les yeux des Français et sur un point qui menaçait
à la fois Tintingue et Sainte-Marie, ne furent nullement con-
trariés par nos troupes, afin d'éviter tout ce qui pouvait donner lieu à la rupture des négociations commencées. Mais pendant
que nous agissions avec cette modération, les Hovas défendaient aux
indigènes d'avoir la moindre relation avec les Français, et décrétaient
la peine de mort contre celui qui serait convaincu de leur avoir
vendu, même un poulet. Tout espoir d'en finir à l'amiable avec eux
s'évanouissait donc, et la saison de l'hivernage qui avançait à grands
pas rendait de plus en plus urgente l'obligation de prendre un parti.
Il fallait, ou chasser les Hovas de leurs positions, ou s'attendre à être
incessamment attaqués par eux dans les nôtres. La guerre que le
ministre avait voulu éviter était donc devenue une nécessité, et, le
pire, c'était d'être obligé de la faire avec des forces insuffisantes et
dans une saison trop rapprochée de celle de l'hivernage pour avoir le
temps de la terminer avant l'invasion des maladies.

Le chef de l'expédition, bien convaincu de la gravité de cette situation, répondit à la dernière lettre d'Andrian-Mihaza :

« Qu'en occupant Tintingue, nous n'avions fait que nous établir
sur un point qui nous appartenait, en vertu des droits imprescriptibles de la France à la possession de Madagascar ;

» Qu'à son tour, il avait des explications à lui demander sur certains faits qui avaient droit de l'étonner, à savoir :

» La vente de Pinson, restée impunie, malgré les réclamations du
commandant de Sainte-Marie ;

» La défense faite à tout Malgache de nous vendre des vivres sous
peine de mort ;

» Le refus du chef de Foulpointe d'admettre un navire français
sur cette rade, sous le prétexte que nous étions en guerre avec sa
nation ;

» Enfin le pillage de plusieurs propriétés appartenant à des Français.

Cette lettre du premier ministre était du 2 octobre, et sans atten-

dre plus longtemps de nouvelles explications, M. Gourbeyre se disposa
à se rendre à Tamatave avec sa division, dans l'intention de commencer immédiatement les hostilités, s'il n'y trouvait pas le chef
hova muni des instructions nécessaires pour faire droit à ses réclamations.

Malheureusement, notre expédition manquait de guide et d'alliés
sérieux. Les Betsimissaracs étaient désorganisés depuis leur défaite
de 1825. L'ancien secrétaire de Radama, Robin, qui s'était éloigné
de Tananarive, pour fuir les persécutions auxquelles étaient en butte
les serviteurs du feu roi, aurait pu rendre de grands services au commandant, en l'éclairant sur la situation réelle des Hovas, sur le fort et le
faible de leurs établissements militaires. Il était alors auprès de Ramanateka à Anjouan, avec quelques centaines de partisans. Robin
persistait à engager ce prince à se rendre sur la côte nord-ouest de
Madagascar, à y soulever les Sakalaves du Nord, impatients du joug
des Hovas, et à s'efforcer de reconquérir le trône d'Emirne, auquel il
avait des droits. Ce plan, que Ramanateka adopta avec joie, et qui, en
cas de succès, offrait les plus grands avantages à la France, n'eut
pas même un commencement d'exécution, parce que l'on ne mit à
la disposition du prince que soixante fusils et vingt barils de poudre. Ramanateka, qui manquait d'armes et de munitions, ne pouvait
songer à attaquer, avec des moyens aussi pauvres, une armée assez
forte, comme l'était alors celle de la reine. Il fut donc forcé d'ajourner ses projets de descente à la côte, après s'être fait une idée peu
flatteuse de la générosité et de la puissance de la France.

Laissant la gabare *l'Infatigable* et trois cents hommes de garnison à Tintingue, M. Gourbeyre se dirigea, le 3 octobre, sur Tamatave,
avec *la Terpsichore*, *la Nièvre* et *la Chevrette*, et vint, le 10 octobre,
s'embosser à trois cents toises du fort hova. Le lendemain, dès le
point du jour, ces trois bâtiments et leurs troupes expéditionnaires
se préparèrent au combat; mais avant de commencer le feu M. Gourbeyre fit demander au chef hova s'il avait reçu de la reine Ranavalo
les pouvoirs nécessaires pour traiter. Sur sa réponse négative, un
officier de la frégate lui remit, avec une déclaration de guerre, une
lettre qui lui annonçait que les hostilités allaient immédiatement
commencer.

C'est ce qui eut lieu en effet.

Le début de cette campagne nous fut favorable. Les Hovas, surpris par une attaque imprévue, et démoralisés par l'explosion de
leur magasin à poudre, qu'un hasard heureux fit sauter, se retirèrent

devant nos troupes de débarquement pour se porter à six lieues en arrière, dans une redoute préparée à l'avance, sur la rive droite de l'Yvondrou, au lieu appelé *Ambatoumanoui* (à la pierre qui répand), laissant en notre pouvoir 23 canons, 1 pierrier et 211 fusils.

Deux jours après, le capitaine Schœll reçut la mission de les chasser de cette nouvelle position. Il partit de Tamatave avec cent hommes un peu avant la nuit, traversa la rivière d'Yvondrou au moyen d'une seule pirogue qui ne pouvait porter que trois hommes, marcha toute la nuit par des sentiers étroits, glissants et souvent marécageux, et arriva, au lever de l'aurore, en vue de la redoute ennemie. N'ayant pu la surprendre, comme il l'avait espéré, il l'attaqua de front, emporta le parapet à la baïonnette, tua une cinquantaine de Hovas, et mit les autres en fuite. Ceux-ci, qui avaient d'abord cru les Français incapables de les poursuivre hors de la vue de leurs vaisseaux, furent si effrayés par cette attaque, dont ils s'exagéraient les conséquences, que des ouvriers de Tananarive, fortuitement mêlés à cette troupe deux fois vaincue, regagnèrent, sans s'arrêter, cette capitale, et y semèrent un moment l'effroi dont ils étaient eux-mêmes saisis. On a même dit que les missionaires anglais, partageant l'alarme générale, commençaient déjà à en évacuer leurs effets, dans la crainte d'y voir incessamment arriver les Français. Les Yoloffs se distinguèrent particulièrement dans cette affaire, et, parmi ceux-ci, M. Maréchal, de l'artillerie de marine, leur lieutenant.

Après un succès aussi éclatant, il n'y avait qu'une marche à suivre, faire occuper Tamatave par nos troupes, et marcher brusquement à l'attaque successive des autres points occupés par les Hovas, pendant qu'ils étaient démoralisés par cette double défaite, ou puisque l'exiguïté des forces de la division ne permettait point de conserver ce point important, eût-il fallu du moins l'évacuer immédiatement, afin de poursuivre sans retard le cours d'opérations si heureusement commencées. Mais les traitants, craignant le ressentiment des Hovas, demandèrent l'assistance de la division pour évacuer leurs effets sur l'île Sainte-Marie, et cet appel fait à l'humanité du commandant n'était pas malheureusement de nature à être rejeté. « Ainsi, dit M. Carayon, ceux qui n'avaient cessé de nous nuire par leurs intrigues à Bourbon ou à Madagascar, qui avaient même pris parti contre nos alliés lors du soulèvement des Betsimissaracs en 1825, et avaient peut-être aussi tout récemment, par leurs avis, contribué à faire rejeter l'offre du capitaine Schœll, de se rendre à Ankova sans passe-ports, nous firent encore, en cette circonstance, le plus grand mâl, en nous faisant perdre un temps précieux, semblables, en quelque sorte, à ces êtres atteints d'une maladie contagieuse, que la charité nous porte à secourir, mais avec lesquels on ne peut avoir des rapports sans danger. » Pendant les douze jours que l'on perdit de la sorte, le poste de Foulpointe reçut un renfort de vingt-trois jeunes Hovas qui avaient plusieurs années de navigation sur les navires anglais ; et ce renfort, bien minime sans doute, eu égard au nombre d'individus, ne laissait pas que d'avoir une valeur réelle par l'effet moral qu'il devait produire, et par l'utilité d'ailleurs dont ces jeunes gens devaient être par leur instruction dans les exercices militaires et par l'énergie que devaient leur donner les principes politiques qu'ils avaient sucés à l'école antifrançaise d'où ils venaient. Le brick de guerre *le Faucon*, qui les y porta, les avait d'abord destinés pour Tamatave ; mais n'y étant arrivé qu'après que les Français s'en furent emparés, il les conduisit à Foulpointe ; un mois après, le navire du commerce *le Victoria* en débarquait vingt autres à la baie d'Antongil.

Enfin, le 27 octobre, l'attaque de Foulpointe eut lieu. Les Hovas reçurent d'abord avec un énergique sang-froid les bordées d'artillerie de nos vaisseaux ; ils ripostèrent même pendant quelque temps avec leurs informes batteries du littoral, et blessèrent un homme à bord de *la Chevrette* ; mais jugeant bientôt après que leur position n'était plus tenable, ils se retirèrent précipitamment dans une redoute située de l'autre côté du village et hors de la portée de nos canons, abandonnant à la fois leur première position et le beau retranchement palissadé qui était en arrière, mais qui se trouvait exposé à l'atteinte des boulets des vaisseaux.

Ce moment fut choisi pour le débarquement des troupes. Celles-ci n'éprouvant aucune résistance en prenant terre, s'avancèrent en désordre le long de la plage, dépassèrent le retranchement palissadé contre lequel elles déchargèrent inutilement leurs armes, et s'arrêtèrent en face de la nouvelle position occupée par l'ennemi, pendant que le capitaine Schœll, avec ses Yoloffs, s'occupait à la tourner. Cette position, située dans une plaine découverte et se composant d'un simple parapet en terre à peine ébauché, pouvait aisément être enlevée à la baïonnette, si on l'eût attaquée avec résolution ; mais nos troupes, commandées par des officiers sans talent, sans énergie, et qui n'avaient nul ascendant sur elles, et peut-être aussi démoralisées par le temps d'arrêt intempestif qu'on leur fit faire, prirent instantanément la fuite à la première décharge d'artillerie

qu'elles essuyèrent ; elles eussent même infailliblement été coupées
par les Hovas, qui saisirent habilement ce moment décisif pour faire
une sortie, si ceux-ci n'eussent, à leur tour, été soudainement arrêtés
par des coups de canon à mitraille tirés par le grand canot de la frégate commandé par l'enseigne Marceau, lequel, par cette utile et
opportune diversion, eut l'honneur d'assurer la retraite de nos troupes. Malheureusement, le capitaine Schœll ne se trouvait pas là ! Cet
infortuné jeune homme, se voyant compromis par la panique qui
avait lieu sur ses derrières, dit à son lieutenant : *Retirons-nous,
puisqu'on nous abandonne!* Mais, blessé par une balle à la cuisse,
il fut bientôt atteint par les Hovas qui lui tranchèrent la tête sous
les yeux de nos troupes, lesquelles assistèrent avec impassibilité à cet
horrible spectacle, sans que, parmi elles, il se trouvât un homme de
cœur pour le dégager ou du moins le venger, si on n'eût pu arriver
à temps à son secours. Cinq à six braves marins périrent avec lui, et
ce furent les seuls, des deux cents Français descendus à terre, qui
préférèrent cette mort glorieuse à la honte de l'abandonner.

L'échec éprouvé dans cette rencontre était d'autant plus inattendu
que ce fut précisément au moment où la victoire était assurée que
nos troupes lâchèrent pied. Si la colonne d'attaque eût été formée,
comme elle devait l'être, par le capitaine qui la commandait, la
redoute était indubitablement enlevée à la baïonnette, et nos troupes
triomphaient, en un instant, d'un ennemi trois fois supérieur en
nombre. Malgré la fâcheuse issue de cette attaque , les pertes
éprouvées dans cette affaire ne furent pas égales des deux côtés.
D'après les aveux de Coroller, les Hovas auraient eu soixante-quinze
morts et cinquante blessés, tandis que nous n'eûmes que vingt-six
hommes hors de combat, dont onze demeurés sur le champ de
bataille ; mais, malgré cette différence de perte, l'honneur de la
journée resta à l'ennemi, et cet échec à nos armes devint irrépa-
rable, parce qu'il fit tomber le prestige de notre supériorité.

Cependant, un fait d'armes glorieux, le plus remarquable de cette
campagne, ne tarda pas à le suivre. Dans l'espoir d'effacer le souvenir de cette journée, M. Gourbeyre, après avoir été préalablement à
Tintingue prendre un renfort de cinquante hommes d'artillerie et de
vingt Yoloffs, conduisit, le 3 novembre, sa division à la Pointe-à-
Larrée, où les Hovas avaient établi un poste militaire, qui menaçait
à la fois nos établissements de Tintingue et de Sainte-Marie. La victoire ici fut complète. Le feu ayant commencé le 4 au matin contre
le fort hova, le commandant le fit attaquer à la baïonnette, après

deux heures de canonnade, par les troupes de débarquement. Celles-ci, commandées par le capitaine d'Espagne, et formées sur deux colonnes, furent dirigées simultanément sur deux portes laissées ouvertes, mais défendues intérieurement par des traverses garnies de soldats, et, à l'extérieur, par un fouillis de piquets solidement plantés en terre, et dont la pointe aiguë tournée du côté de l'assaillant, en rendait les approches difficiles.

Le lieutenant d'artillerie de terre Baudson, à la tête de la colonne de droite, entraîna avec impétuosité sa troupe dans le fort, où il tomba couvert de blessures.

A la colonne de gauche, le sous-lieutenant d'artillerie de marine Somsois fit aussi admirablement son devoir. Comme le lieutenant Baudson, il s'élança le premier avec ses hommes; mais dépassé par le brave Dombané, qui lui disputa le pas et reçut six blessures, il n'eut pour sa part qu'une légère égratignure au visage.

Les plus braves d'entre les Hovas ayant péri dans ce premier choc, nos troupes se précipitèrent comme un torrent dans les deux passages si glorieusement frayés par la tête des colonnes, s'emparèrent du fort, poursuivirent vigoureusement l'ennemi qui s'échappa par une troisième porte, et lui firent éprouver à l'extérieur une perte à peu près égale à celle qu'il venait de faire dans l'intérieur; il est même probable qu'un seul n'aurait pu échapper au carnage, si la réserve eût cherché, comme elle pouvait et devait le faire, à lui couper la retraite. A midi, le pavillon français flottait sur le fort hova. L'ennemi laissa cent dix-neuf morts sur le champ de bataille, vingt-sept prisonniers, huit canons, sept cents livres de poudre et un troupeau de deux cent cinquante bœufs. De notre côté, il n'y eut que onze tués. Il est juste d'ajouter que toutes les précautions avaient été prises pour assurer le succès de cette attaque, et que le moral de nos troupes avait été relevé par les chaleureuses harangues de leur brave commandant. Les bâtiments de la division restèrent deux jours au mouillage pour qu'on mît à bord tout ce qui pouvait être emporté, et ils partirent le 6 novembre pour retourner à Sainte-Marie. Après le combat de la Pointe-à-Larrée, le moment était bien favorable pour retourner à Foulpointe et venger l'échec que nous y avions reçu. Le chef de l'expédition le sentit bien, et aurait désiré pouvoir parcourir toute la côte et détruire successivement tous les ports hovas; mais les bâtiments avaient peu de munitions de guerre, les équipages étaient affaiblis par les travaux, et la fièvre, ce puissant auxiliaire des Hovas, que Radama se plaisait à appeler son meilleur

général contre les Européens, ayant déjà commencé à sévir contre
les équipages et les troupes de débarquement, ne nous permit malheureusement pas de poursuivre le cours de ces nouveaux succès.
Les hostilités avaient évidemment commencé deux mois trop tard.
La nécessité de notifier au gouvernement hova les intentions du gouvernement français, et d'en attendre la réponse, et l'urgence d'ailleurs de mettre probablement l'établissement de Tintingue en état de
se suffire à lui-même, furent les causes de ce retard. En cela, le chef
de l'expédition ne commit pas de faute ; mais il subit les conséquences de la position qu'on lui avait faite. Il en eût été autrement,
si les forces demandées par l'administration de Bourbon avaient pu
être envoyées de France, parce qu'alors on eût pu attaquer en même
temps les postes hovas et travailler à fortifier Tintingue. Cette
demi-mesure prise par le ministre nous fut funeste, et il en sera
généralement ainsi lorsqu'on recherchera l'économie dans les expéditions d'outre-mer.

Ces considérations déterminèrent donc le commandant français à
suspendre les opérations qu'on ne pouvait plus continuer sans danger pour les équipages, comme pour les troupes de l'expédition. Les
mêmes motifs lui firent sentir combien il était important d'achever les fortifications de Tintingue avant l'hivernage. Il porta, en
conséquence, jusqu'à quatre cents hommes la garnison de cette
place, dont le commandement fut confié à M. Gailly, capitaine d'artillerie. Quant à la garnison de Sainte-Marie, son effectif fut fixé à
cent cinquante hommes. Deux bâtiments, *l'Infatigable* et *la Chevrette*, restèrent en croisière sur la côte pour protéger ces deux
établissements.

Le commandant de l'expédition, forcé ainsi d'interrompre le
cours de ses opérations pour aller hiverner dans des parages plus
salubres, était occupé à faire ses préparatifs de départ, lorsqu'un
traitant de Tamatave vint lui demander un sauf-conduit pour deux
généraux hovas envoyés vers lui, par la reine, afin de traiter de la
paix. Cette résolution du gouvernement d'Emirne fut prise à la suite
de la terreur que les fuyards d'Ambatoumanoui y répandirent, et
avant qu'on eût connaissance du résultat de l'affaire de Foulpointe,
si propre à atténuer l'impression que nos premiers succès y avaient
produite. Les deux plénipotentiaires hovas, informés en chemin de
ce changement survenu à l'état des choses, ainsi que du prochain
départ de la division, apprécièrent bien vite les modifications que ces
deux circonstances devaient apporter à leurs instructions. En con-

séquence, *Coroller* et *Ratsitoyne*, ces deux plénipotentiaires qui s'étaient fait annoncer comme munis de pleins pouvoirs pour traiter de la paix, et qui avaient, à ce titre, obtenu le sauf-conduit sollicité par eux, se rendirent à la Pointe-à-Larrée. L'entrevue eut lieu à bord de *la Terpsichore*, le 22 novembre. Les envoyés déclarèrent au chef de l'expédition n'avoir d'autre mission que d'écouter les propositions qu'il pourrait avoir à faire lui-même à ce sujet, et lui promirent, s'il les formulait dans une note, de les appuyer de tout leur pouvoir auprès du gouvernement de la reine, leur « *ardent désir*, ajouta Coroller du ton doucereux qui lui était propre, *étant d'éviter l'effusion du sang et les maux de tous genres que la guerre entraîne à sa suite.* »

Les rôles furent dès lors évidemment changés. Pour conserver celui qui nous convenait, il eût fallu mettre les envoyés dans l'alternative d'accepter nos conditions ou de voir recommencer la guerre sur-le-champ. Malheureusement une telle décision ne pouvait plus être prise par suite de la saison avancée, et même par suite du manque de munitions ; il fallut donc se soumettre à leurs exigences et se résigner à attendre le résultat incertain que cette démarche pouvait avoir auprès de leur gouvernement, c'est-à-dire que les négociateurs se trouvaient au même point qu'au début de la campagne, mais avec moins d'influence morale de notre côté et beaucoup plus d'irritation de la part des Hovas. Aussi, leur réponse à cette note fut-elle prompte, courte et explicite. Deux lettres de la reine la composaient, et c'est la première fois que l'on faisait intervenir sa personne : l'une fort brève, et adressée au chef de l'expédition, l'informait qu'on ne pouvait reconnaître à la France des droits à la possession d'un point quelconque de Madagascar, ni permettre aux Français d'y résider que comme des marchands et jamais autrement ; l'autre, beaucoup plus longue, mais écrite en anglais et dont l'écriture nette et bien formée, ainsi que le style, trahissaient la plume d'un missionnaire, était adressée au roi de France. Elle faisait à Sa Majesté Très-Chrétienne un récit succinct, mais infidèle, des événements qui venaient d'avoir lieu, de manière à l'intéresser en faveur du peuple hova et le porter à rappeler ses troupes de Madagascar.

Ainsi s'évanouit l'espoir que l'on eut un moment de voir les Hovas accéder à un arrangement. On l'avait surtout basé sur l'empressement que mit Coroller, dont la duplicité n'était pas encore connue, à s'offrir pour aplanir les difficultés qui pourraient surgir.

Pour preuve de son désir de voir la bonne harmonie se rétablir entre les Français et les Hovas, il remit au chef de l'expédition, avant de le quitter, une invitation à tous les traitants français de reprendre leurs anciennes relations commerciales avec Madagascar et un ordre pour les chefs hovas de la côte de n'y porter aucun empêchement. Mais, peut-être aussi avait-il trop présumé de son influence pour combattre celle qui prévalut alors à Émirne, et contre laquelle il devait être d'autant plus difficile de lutter, que celle-ci, en encourageant le peuple à résister aux exigences de l'étranger, flattait à la fois ses passions et ses sympathies.

L'administration de Bourbon fut péniblement affectée de ce dénoûment. Bien qu'elle fût à l'abri de tout reproche sérieux au sujet d'un tel résultat, elle n'en conservait pas moins une sorte de responsabilité morale envers le ministre qui lui avait délégué la direction de cette affaire, ainsi qu'à l'égard du commerce, dont les rapports avec Madagascar se trouvaient interrompus malgré les assurances données par Coroller, que les navires français seraient reçus comme par le passé dans les ports occupés par les troupes de la reine.

Il fallut donc dès lors songer à recommencer les hostilités, et préparer une nouvelle campagne pour la saison prochaine. Sur la demande de M. le capitaine de vaisseau Gourbeyre, et du conseil privé de Bourbon, le gouvernement de la métropole ordonna l'envoi, à Madagascar, de huit cents hommes du 16ᵉ léger, d'un certain nombre d'artilleurs et d'un matériel de guerre proportionné ; on affecta au transport de ces troupes la frégate *la Junon*, la corvette de charge *l'Oise* et la corvette *l'Héroïne*. L'expérience ayant démontré que les soldats noirs étaient la force sur laquelle on devait principalement compter pendant la mauvaise saison, le département de la marine fit organiser au Sénégal deux nouvelles compagnies d'Yoloffs pour les établissements de Madagascar. L'envoi de ces renforts était d'ailleurs d'autant plus nécessaire que les garnisons de Tintingue et de Sainte-Marie avaient subi les effets de l'hivernage de 1829 à 1830. Tous les blancs avaient été malades et quelques-uns avaient succombé. Les équipages des bâtiments de l'Etat laissés en station sur la côte avaient également souffert de l'influence de l'hivernage.

En accordant le personnel et le matériel que le conseil privé de Bourbon, d'accord avec M. Gourbeyre, avait déclaré être nécessaires pour continuer la guerre contre les Hovas, le gouvernement métropolitain avait eu principalement en vue de donner, par un déploiement de forces imposantes, assez de poids aux négociations ultérieures pour que la paix se rétablît sans qu'il fût besoin d'employer de nouveau la voie des armes. Le ministre de la marine ne le laissa point ignorer au gouverneur de Bourbon. « C'est à une conclusion prompte, honorable et sans effusion de sang, lui écrivait-il le 8 juin 1830, que doivent tendre tous vos soins et ceux de M. Gourbeyre. A cet effet, sans négliger les secours que l'on peut tirer de la jalousie des peuples rivaux ou mécontents des Hovas, il faut éviter de prendre avec ces peuples des engagements tels qu'une conciliation ultérieure devienne impossible. Si les négociations n'amènent pas un résultat favorable, les forces qui vous sont données, insuffisantes pour une guerre d'envahissement et de conquête, qui n'entrerait en aucun cas dans les intentions du roi, permettront non-seulement de se tenir sur une défensive respectable à Tintingue ainsi qu'à Sainte-Marie, mais même de renouveler au besoin les opérations militaires qui ont eu lieu en 1829. Toutefois, comme le seul but de Sa Majesté est, en soutenant l'honneur du pavillon, d'obtenir la reconnaissance des droits de la France sur certaines parties du littoral et de procurer toute sécurité au commerce français, il convient de n'entreprendre d'expédition armée qu'autant que le succès en serait prompt et propre d'ailleurs à forcer la détermination de la reine relativement à la conclusion de la paix. La colonie de Bourbon, ajoutait le ministre, appréciera, je n'en doute pas, les sacrifices que fait le gouvernement pour soutenir une cause embrassée à sa demande et presque uniquement dans son intérêt; mais ces sacrifices ne peuvent être d'une longue durée, et il importe essentiellement de rentrer au plus tôt, quant à la dépense, dans les limites des crédits qui ont été accordés par le budget. A cet effet, et sans attendre de nouveaux ordres, dès que la paix sera faite, ou dans le cas contraire, dès que nos établissements de Tintingue et de Sainte-Marie pourront se passer de secours extraordinaires, vous renverrez en France toutes les troupes qu'il ne sera pas indispensable de conserver. » (*Précis sur les établissements français à Madagascar*, publié par le ministre de la marine, p. 60.)

M. Duval-Dailly, qui venait de succéder à M. de Cheffontaines dans le poste de gouverneur de Bourbon, ne négligea rien de son côté pour éviter la reprise des hostilités. Vers le milieu de 1830, les relations indirectes de l'administration de Bourbon avec Emirne, ayant fait connaître que le gouvernement hova se trouvait dans des dispositions pacifiques et qu'il céderait volontiers les territoires réclamés, cette administration crut devoir profiter des moments où l'absence

des forces demandées en France ne lui permettait pas d'agir hostile-
ment, d'abord pour s'assurer du véritable état des esprits à la cour
d'Emirne, et éclairer la reine sur les dangers où l'exposerait la con-
tinuation de la guerre, et ensuite pour chercher à conclure un traité
sur des bases également avantageuses aux deux parties.

Désireuse de sortir au plus vite d'une telle situation, et peut-être
aussi regrettant que les commissaires d'abord désignés pour se
rendre dans l'Ankove n'eussent pu effectuer leur voyage, l'administration de Bourbon s'occupa dès lors de chercher quelqu'un qui vou-
lût bien se charger d'une telle mission, devenue de plus en plus difficile par suite des événements qui avaient eu lieu l'année précédente.
Cette dernière considération engagea précisément M. Tourette à se
proposer pour la remplir. Secrétaire-greffier à Sainte-Marie de Madagascar, et presque ignoré de l'administration supérieure de Bourbon, il pensa que le moyen le plus sûr pour sortir de cette obscurité
était de se charger d'une négociation difficile, comptant bien que le
succès, s'il l'obtenait, serait apprécié en raison des efforts qu'il aurait faits pour l'obtenir.

M. Tourette se rendit, en conséquence, à Bourbon pour en conférer avec le et gouverneur, en repartit vers la fin du mois de juin
1830 muni des instructions et des pouvoirs nécessaires pour conclure
un traité avec le gouvernement hova.

Après quelques difficultés qui furent bientôt aplanies, M. Tourette
partit pour l'Ankove, accompagné de deux officiers que le commandant de Tamatave lui donna pour l'escorter ; il s'avança lentement
vers l'intérieur de l'île, sa marche étant subordonnée à la volonté des
deux guides officiels qui étaient chargés de la diriger.

Arrivé dans la plaine d'Ankaya, il reçut du gouvernement hova
l'invitation de ne pas franchir la rivière Mangourou qui la traverse
dans toute sa longueur ; mais ce premier ordre fut bientôt modifié, et
il put librement continuer sa route à une journée plus loin jusqu'au
pied de la montagne d'Angavo qui forme la frontière orientale
du pays des Hovas. Là, il fut rejoint par Andrian-Mihaza, premier ministre de Ranavalo, qui était venu à sa rencontre accompagné
d'agents dévoués au gouverneur de Maurice. Andrian-Mihaza signi-
fia à l'envoyé français qu'il était chargé par la reine de conférer avec
lui sur l'objet de sa mission. M. Tourette avait appris la veille, par
une lettre d'un agent secret qu'il était parvenu à se ménager dans la
capitale, que la démarche du premier ministre n'avait d'autre but que
de l'empêcher d'arriver jusqu'à Ranavalo, et d'entrer en relation

avec les personnes influentes de la cour qui désiraient la paix.

M. Tourette insista pour avoir la liberté de continuer sa route, et comme c'était un homme intelligent, les raisons ne lui manquèrent pas pour appuyer sa demande, lesquelles sont consignées dans le mémoire qu'il rédigea à son retour. Il échoua toutefois et il devait échouer nécessairement contre une résolution prise à l'avance de ne pas accéder à la proposition et de l'éconduire. Un persiflage grossier accompagna même le refus qu'il essuya. Reçu en audience publique, au milieu d'une vaste plaine, en présence d'une population de plus de trois mille personnes, les unes venues de l'Ankove, les autres des villages environnants pour assister à cette solennelle entrevue, Andrian-Mihaza qui présidait cette cérémonie, entouré des ministres de la reine, dit à l'envoyé français en finissant : « Ne trouvez pas mauvais si nous ne vous avons salué qu'avec des feux de mousqueterie ; vous voyez cette montagne, il n'est pas facile d'y faire passer des canons. »

Le lendemain et les jours suivants, M. Tourette tenta vainement de faire agréer par écrit d'autres propositions au conseil des ministres et à Andrian-Mihaza en particulier, plus puissant à lui seul que tous les autres ensemble, et dont le nom était même un épouvantail pour la nation entière ; il fut invariablement repoussé dans toutes ses demandes par des lettres d'un style aussi sec que laconique, au nombre desquelles se trouvait celle-ci.

A Monsieur Tourette.

J'ai reçu votre lettre. Les conférences sont terminées. Vous pouvez vous en aller par l'Est, moi je m'en retourne par l'Ouest.

Signé : ANDRIAN-MIHAZA.

M. Tourette ne pouvant donc continuer son voyage ni même entamer une négociation, fut ainsi contraint de retourner sur ses pas.

M. de Rontaunay, négociant à l'île Bourbon, avait été adjoint à M. Tourette. Ce négociant possédant, dans la partie méridionale de Madagascar, un établissement agricole et commercial de compte à demi avec la reine, on avait cherché à utiliser l'influence qu'il pouvait avoir auprès d'elle, au profit des négociations qui devaient avoir lieu. Afin qu'il fût plus en mesure de les seconder, on voulut que le véritable but de son voyage fût ignoré des Hovas, et c'est pour le leur dissimuler qu'on l'engagea à se rendre dans l'Ankove par une route différente de celle que suivrait son collègue. Parti ainsi de son établissement de Mananzari ou de Mahéla, et voyageant sous prétexte d'intérêts commerciaux, il put arriver jusqu'au pied de Tananarive ; mais là se bornèrent les succès qu'il obtint; la reine lui fit dire, après huit jours d'attente, qu'on ne pouvait le recevoir, attendu que les épreuves des *Ompi-Sikidis* lui avaient été contraires. On ignore même si M. de Rontaunay laissa soupçonner aux Hovas le véritable motif qui l'avait amené au sein de leur pays. D'après quelques personnes, les démarches indirectes qu'il tenta pour faire apprécier les avantages de la paix et les dangers de la guerre, n'auraient pas été sans produire quelque effet sur les principaux membres du gouvernement, puisque Andrian-Mihaza, le plus opposé d'entre eux à tout arrangement, fut massacré quelques jours après, par ordre de ses collègues, que sa fierté et son despotisme avaient, d'ailleurs, secrètement indisposés contre lui.

Selon M. Tourette, la rivalité du pouvoir aurait seule causé ce tragique événement; « mais, ajoute-t-il, la nature du gouvernement hova n'a point changé pour cela, et la même faction militaire qui avait élevé Andrian-Mihaza à la dictature des affaires et au commandement des armées, domine encore, après s'être servie des faibles et crédules ministres de la reine pour abattre une supériorité altière et abusive, mais fondée sur une haute capacité naturelle et une grande fermeté de caractère. » On trouva dans les papiers d'Andrian-Mihaza toutes les lettres adressées par M. Gourbeyre au gouvernement hova. Coroller assura plus tard qu'elles n'avaient jamais été communiquées à la reine ni aux autres ministres, et que Andrian-Mihaza faisait seul les réponses, en employant abusivement le nom et la signature de Ranavalo. Peu de temps après cet événement, Coroller fit savoir au commandant de l'un des bâtiments de la flotte française, que la reine Ranavalo devait adresser prochainement au gouvernement de Bourbon des propositions de paix conformes à la convention arrêtée précédemment par M. Gourbeyre.

D'après la réception faite à nos commissaires, il ne convenait plus à la dignité de la France d'entamer de nouvelles négociations, avant de connaître la nature de ces propositions. Cependant, afin de ne pas perdre une occasion de terminer à l'amiable la lutte où nous étions engagés, le gouverneur de Bourbon chargea, le 8 novembre 1830, M. le lieutenant de vaisseau de Marans de se rendre à Tamatave, avec la frégate *la Junon*, et de sonder adroitement Coroller sur les véritables intentions de la reine. Celui-ci écrivit, à cette occasion, à M. Duval-Dailly, que sa souveraine, inspirée par des conseils plus sages, était disposée à consolider par un traité une paix avantageuse aux deux nations. Mais l'entretien que M. de Marans eut avec le commandant de la côte orientale, ne lui donna point une opinion favorable de sa sincérité, et aucun message de la reine ne vint confirmer les dispositions pacifiques qu'on lui attribuait.

Cependant les Hovas, éclairés par l'expérience ou plus habilement conseillés, avaient reculé leur ligne de défense dans l'intérieur, hors de la portée des canons de nos bâtiments, en sorte qu'il était devenu impossible de les attaquer avec avantage, avant d'avoir reçu le matériel d'artillerie demandé en France ; d'un autre côté, on ne pouvait reprendre l'offensive qu'après la rupture des négociations entamées, et le résultat définitif de ces négociations ne devait parvenir à la connaissance de l'administration de Bourbon qu'à une époque de la saison qui n'eût pas laissé assez de temps pour assurer le succès des opérations à recommencer. Il avait donc été décidé que les hostilités, dans le cas où elles devraient être reprises, ne le seraient qu'au mois de juillet 1831. M. Gourbeyre crut devoir profiter de ce délai pour repasser en France, dans la pensée que sa présence à Paris le mettrait à même de donner au ministre de la marine beaucoup de renseignements qu'on avait peut-être négligé de lui soumettre, et de répondre à une foule de questions, toujours trop tardivement résolues par la correspondance. C'est à cette époque que des ouvertures pacifiques furent faites à la reine Ranavalo par le gouvernement français, représenté par M. le prince de Polignac, alors président du conseil des ministres, et chargé du portefeuille des relations extérieures. Le roi Charles X ordonna à cet homme d'Etat de proposer à la reine Ranavalo l'occupation, par la France, des principaux points de l'île, sous la garantie d'un protectorat, dont les conditions eussent été débattues sur des bases très-larges. Le prince de Polignac écrivit, de sa propre main, à la reine des Hovas une longue lettre, dans laquelle il leur déclara que la France attachait le plus grand prix à la possession de Madagascar, qu'elle avait toujours envié la possession définitive de cette colonie comme le contre-poids naturel de la puissance coloniale de l'Angleterre en Orient. Ces ouvertures n'eurent aucune suite.

Sur ces entrefaites, la Révolution de juillet s'accomplit. L'un des premiers soins du département de la marine fut d'examiner si, dans la situation grave où cette révolution plaçait la France, il ne convenait pas de faire cesser au plus tôt les dépenses extraordi-

naires qu'occasionnait Madagascar. Le nouveau roi de France
se souciait peu, du reste, d'avoir dans l'occupation de Madagascar un sujet de mésintelligence avec l'Angleterre. M. le général comte Sébastiani, qui venait d'être chargé du portefeuille
de la marine, convoqua le conseil d'amirauté qui, réuni sous
sa présidence, exprima l'avis « que le parti le plus sage à prendre à l'égard de Madagascar était de renoncer, au moins quant à
présent, à tout projet d'établissement sur cette île, en prenant toutes
les précautions nécessaires pour sauver l'honneur de nos armes. »
Le ministre de la marine adopta cet avis, et, sur sa proposition, le
roi Louis-Philippe décida, le 27 octobre 1830, 1° que l'on rappellerait immédiatement en France les quatre bâtiments de guerre affectés
à l'expédition, et tout ce qui, en infanterie et en artillerie, excéderait
l'effectif des garnisons ordinaires de Bourbon et de Sainte-Marie ;
2° que le gouverneur de Bourbon serait chargé de négocier avec la
reine des Hovas un traité où l'on s'abstiendrait, au besoin, de discuter la question de souveraineté, et qui aurait pour but essentiel de régler les relations commerciales entre la France et Madagascar.

Cette décision fut immédiatement notifiée à M. Duval-Dailly. Mais,
avant qu'elle lui parvînt, ce gouverneur avait déjà fait quelques dispositions en ce sens. Quoique la paix ne fût pas faite avec les Hovas, nos
établissements se trouvaient alors à l'abri de leurs attaques, et il avait
jugé suffisant de conserver à Bourbon, en sus des forces affectées au
service ordinaire de Madagascar, deux cents hommes d'artillerie,
pour renforcer au besoin la garnison de Tintingue, et quatre bâtiments pour assurer la communication avec Bourbon.

Comme cette colonie souffrait beaucoup de la guerre, ses caboteurs
n'étant plus admis dans les ports de la côte orientale, et les approvisionnements en riz et en bœufs qu'elle tire annuellement de Madagascar lui manquant depuis longtemps, M. Duval-Dailly dut s'em-
presser d'exécuter les ordres du ministre.

La dépêche ministérielle qui notifiait au gouverneur de Bourbon
les ordres du roi, relativement à Madagascar, l'autorisait en outre à
faire évacuer Tintingue et Sainte-Marie. Afin de rendre plus avantageux le traité de commerce qu'il lui était recommandé, par cette dépêche, de conclure avec les Hovas, M. Duval-Dailly ouvrit avec le
gouvernement d'Émirne des négociations, où l'évacuation de Tintingue, quoique arrêtée à l'avance, fut cependant présentée comme
une compensation des avantages commerciaux réclamés par la

France ; mais le gouvernement hova, instruit par ses communications avec l'île Maurice des intentions de la France, quant à l'évacuation, et certain dès lors d'obtenir ce qu'il désirait par la temporisation et sans aucun sacrifice, se refusa à tout traité. Cette dernière tentative échoua encore malgré le zèle de M. Tourette qui en avait été de nouveau chargé, et qui, envoyé simplement à Tamatave, prit sur lui d'entreprendre le voyage d'Ankove, dans un état de dénûment presque complet, pour ne pas perdre cette occasion de traiter directement avec le gouvernement d'Emirne. L'accueil que M. Tourette reçut dans ce second voyage fut cependant en tout différent du premier : Andrian-Mihaza avait été grossier avec lui, ses successeurs voulurent être polis. Ils mirent à sa disposition un logement convenablement meublé, des domestiques pour le servir, ainsi qu'une table de six couverts défrayée par la reine : mais quoique arrivé dans un village contigu à la capitale et qui pouvait passer pour l'un de ses faubourgs, l'entrée de cette ville lui fut sévèrement interdite, et cette restriction à un accueil en apparence aussi amical était peu faite pour dissiper les appréhensions que la conduite de Coroller à Tamatave avait déjà fait naître en lui. Elles se réalisèrent en effet, les membres les plus influents du gouvernement hova ayant conservé en cette circonstance, comme dans la précédente entrevue, la ligne de conduite qu'ils s'étaient tracée, et dont ils ne dévièrent pas, malgré l'opposition secrète de quelques individus plus réservés qui désiraient la paix. Ceux-ci, en minorité et n'occupant aucune fonction importante, firent le sacrifice de leur opinion à la crainte qu'ils avaient de la faction dominante, composée d'une douzaine de généraux, élèves des missionnaires ; « sorte d'oligarchie militaire, dit M. Tourette, qui fait trembler la reine sur son trône, les ministres pour leurs biens et leurs têtes, et règne sur le peuple par la terreur et le despotisme des soldats. »

« Tout cela se passait dans le courant du mois de mars 1831. Or, à cette époque, les missionnaires anglais pouvaient fort bien avoir connaissance de la résolution adoptée le 7 novembre précédent, à la chambre des députés, de ne plus employer que des voies conciliatrices envers les peuples madécasses, et cette assurance une fois acquise par ces derniers, il devenait d'autant plus difficile de les faire dévier du système qu'ils avaient adopté de repousser toute proposition » (Carayon, p. 156). M. Tourette, dont le zèle et le dévouement étaient dignes d'un meilleur sort, dut donc quitter l'Ankove sans avoir rien obtenu, et arriva à Tamatave le 22 mars.

Conformément aux ordres du gouvernement de la métropole, l'évacuation de Tintingue fut définitivement ordonnée par le gouverneur de Bourbon, le 31 mai 1831, après avoir été approuvée le 25 mars précédent par le conseil privé, et le 20 avril par le conseil général de la colonie. Elle s'effectua paisiblement du 20 juin au 6 juillet, sous la protection de la corvette *l'Héroïne* et de la gabarre *le Madagascar*. Un corps de trois mille Hovas s'avança seulement jusqu'en vue de la place, mais il ne fit aucune démonstration hostile. Les fortifications de Tintingue furent détruites et l'on livra aux flammes les édifices en bois élevés par nous, attendu que leur démolition et les frais de transport auraient coûté au delà de la valeur des matériaux. Le personnel et le matériel furent ensuite embarqués.

L'évacuation de Sainte-Marie fut indéfiniment ajournée. Il fallait donner aux colons, qui s'y étaient établis sur la foi des promesses du gouvernement, le temps nécessaire pour emporter le produit et le matériel de leur exploitation. D'un autre côté, un assez grand nombre d'indigènes, ennemis des Hovas, et qui avaient pris parti pour la France, s'étaient réfugiés dans l'île au moment de la destruction du fort de Tintingue, et on leur devait asile et protection jusqu'à ce qu'ils eussent pu se soustraire à la vengeance des Hovas en choisissant une autre retraite. Il parut nécessaire d'ailleurs de conserver des moyens de protection efficaces à l'égard de notre commerce sur la grande terre, et de constater par la présence de notre pavillon que la France maintenait tous ses droits sur nos anciennes possessions à Madagascar. On réduisit au reste le personnel salarié de Sainte-Marie au strict nécessaire, et l'on fit rentrer dans la condition d'engagés travailleurs les Malgaches qui avaient été incorporés dans les compagnies militaires de Yoloffs.

Aussitôt que les Français eurent quitté la grande terre, les Hovas massacrèrent un grand nombre de Betsimissaracs qui avaient reconnu l'autorité de la France et construit des villages sous la protection du fort de Tintingue. Ces malheureux s'y étaient réfugiés au nombre de plusieurs mille dès le commencement des travaux de cette place.

Telle fut l'issue de l'expédition de 1829, durant laquelle des fautes nombreuses et capitales ont été commises par tout le monde. La triste fin de notre établissement sur la grande terre, due à la fois aux préoccupations politiques du moment, à l'insalubrité du climat, et surtout à l'insuffisance des moyens accordés pour le fonder, a laissé intacte la question politique de Madagascar.

Depuis cette époque, les hostilités semblèrent cesser entre les Français et les Hovas. Nos relations commerciales parurent se rétablir sur le littoral comme par le passé ; mais ne reposant sur aucune base fixe et certaine, cette apparente quiétude politique ne devait pas être d'une longue et solide durée.

XIV

L'avénement de Ranavalo changea complétement la face des affaires dans la grande île africaine, et l'influence des agents anglais
sembla cesser avec la mort de Radama. A peine ce prince eut-il disparu qu'ils purent s'apercevoir du bouleversement qui allait s'opérer
dans leurs relations avec l'établissement nouveau. Les missionnaires surtout avaient en Radama un protecteur assuré qui les défendait
contre les perfides insinuations des devins indigènes.

Aussitôt après les funérailles du roi, MM. Griffiths et Bonnet voulurent quitter la capitale; mais la reine les en empêcha en leur faisant dire qu'elle était la maîtresse de fixer le jour de leur départ. Elle
voulait ainsi intercepter toute communication avec la côte, où la nouvelle de la mort du roi n'était pas encore parvenue.

L'un des premiers actes du gouvernement de Ranavalo fut d'annuler le traité conclu par Radama avec les Anglais. Le successeur
d'Hastie, M. Robert Lyall, arrivé à Tamatave à la fin de l'année
1827, n'avait pu se rendre à Tananarive avant le mois de juillet de
l'année suivante, au moment même où Radama expirait. Le deuil
royal dut retarder sa présentation, et il demeura dans la capitale jusqu'au 28 novembre. La reine lui fit déclarer alors qu'elle ne se regardait pas comme liée par le traité signé avec son prédécesseur et
qu'elle refusait de le recevoir en qualité d'agent du gouvernement
anglais. La saison n'était pas favorable pour s'éloigner, M. R. Lyall
fut obligé de retarder son départ jusqu'au mois de mars 1829. Il allait
quitter Tananarive, lorsqu'un matin il fut assailli dans sa maison
par une multitude fanatique, à la tête de laquelle était le gardien de
l'idole *Ramavali* et les omliaches de la ville. Cette troupe de force-
nés déclarèrent à M. Lyall que l'idole lui ordonnait de les suivre au

au village d'Ambohipena, à six milles de la capitale, où elle lui ferait signifier ses volontés. Le malheureux agent anglais n'eut le temps ni de se vêtir, ni de dire adieu à sa famille. Il fut entraîné avec l'aîné de ses fils au milieu du plus horrible cortége jusqu'au village indiqué. Là, un des missionnaires parvint à le soustraire à la fureur de ses aveugles persécuteurs. La raison de cet outrage et de ces mauvais traitements était que M. Lyall, dans son ignorance des usages, avait fait approcher son cheval du village consacré à Ramavali. L'horrible traitement subi par M. Lyall fit sur lui une impression si foudroyante que, peu de temps après, il fut frappé d'aliénation mentale et mourut, à peine arrivé à Maurice, des tristes suites de cette maladie.

La durée du deuil national, qui est ordinairement d'une année, fut abrégée par la reine, qui le réduisit à dix mois. Le couronnement eut lieu en grande pompe le 11 juin 1829. La reine prononça un discours, et après la cérémonie à demi sauvage de ce sacre étrange, les chefs de chaque tribu soumise et de chaque province, les généraux, au nom de l'armée, les rares Européens présents à Tananarive et les grands dignitaires furent admis à prêter serment.

Mais la sinistre quiétude du palais d'Emirne fut bientôt troublée par des bruits de guerre civile et de guerre étrangère. Ramanateka faisait, disait-on, des préparatifs d'agression dans le Nord. D'un autre côté, on apprit que le gouvernement français était sur le point d'envoyer une flotte pour reprendre possession de ses anciennes colonies. On a vu, par ce qui précède, la triste issue de l'expédition Gourbeyre arrêtée dans son essor ultérieur par ordre du gouvernement de juillet. Quelques circonstances qui n'ont point trouvé place dans le récit précédent méritent toutefois d'être consignées. La prise de Tamatave et l'attaque hardie du capitaine Schœll à Ambatoumanoui avaient jeté les membres du gouvernement hova dans la consternation; l'épouvante fut telle qu'ils s'évanouirent en quelque sorte lorsque la nouvelle en parvint à Tananarive. Coroller a souvent ajouté depuis : Si j'avais été à la place du capitaine Gourbeyre, sur le coup de la prise de Tamatave, je me serais emparé de l'île entière. Mais ces craintes durèrent peu. Les événements survenus en France, le changement de politique amené par la révolution de juillet, et surtout l'arrivée au pouvoir d'hommes nouveaux, complétement étrangers à cette importante question, furent des circonstances fâcheuses pour nous et terribles pour les populations de Madagascar, puisqu'elles contribuèrent beaucoup à les replonger dans la plus affreuse barbarie.

Lorsque les premières années qui suivirent la révolution de juillet se furent écoulées, et que la paix parut se maintenir sur le continent européen, malgré le peu de succès des tentatives précédemment faites pour fonder un établissement durable à Madagascar, l'importance de la possession d'un port dans ces parages ne pouvait être méconnue, le projet d'y rétablir avec honneur le pavillon français parut trouver quelque faveur dans les chambres et au dehors. Vers le milieu de l'année 1832, M. le comte de Rigny, alors ministre de la marine, pensa qu'il ne serait peut-être pas impraticable d'acquérir à Madagascar soit par voie d'achat, soit en échange de nos possessions peu salubres de la côte orientale, un territoire plus sain et offrant des facilités pour y établir à peu de frais un comptoir, en attendant qu'on pût y former un établissement maritime.

La baie de Diego-Suarez, située au nord de l'île, avait été indiquée à l'administration de la marine comme réunissant ces avantages. M. de Rigny chargea M. le contre-amiral Cuvillier, nommé gouverneur de Bourbon, du soin de la faire explorer en même temps que les parties avoisinantes du littoral. Cette exploration fut exécutée en 1833 par le commandant et les officiers de la corvette *la Nièvre*. Des diverses parties de la côte visitées par les explorateurs, aucune ne leur parut plus propre en effet à la formation d'un établissement maritime que la baie de Diego-Suarez. Cette baie est extrêmement vaste et contient plusieurs beaux ports ; l'eau douce, quoique rare, y est suffisamment abondante ; les terres qui la bordent, quoique peu riches en apparence, paraissent susceptibles de culture ; et à en juger par la bonne santé que l'équipage de la corvette *la Nièvre* avait conservée pendant son séjour de trois mois sur cette côte, et par les renseignements recueillis auprès des marins du commerce qui la fréquentent, on n'y avait point à craindre l'insalubrité qui règne dans les parties de Madagascar où nous nous étions précédemment établis.

Les moyens d'exécution furent discutés. M. le contre-amiral Cuvillier et M. Achille Bédier, commissaire ordonnateur à Bourbon, tombèrent d'accord que ce n'était ni par voie d'achat, ni par voie d'échange, comme l'indiquaient les instructions ministérielles, que la France pourrait acquérir la possession de la baie de Diego-Suarez, mais bien par la conquête, en enlevant aux Hovas la domination du littoral de Madagascar, et en faisant rentrer cette tribu dans ses anciennes limites, avec le secours de toutes les peuplades auxquelles elle avait imposé son joug. Huit bâtiments de guerre, douze cents hommes de troupes blanches, un corps de soldats yoloffs avec un matériel d'artillerie assez considérable, telles étaient les forces jugées indispensables pour cette expédition. L'importance des questions qui se rattachaient à ce nouveau plan détermina le successeur de M. le comte de Rigny, M. le contre-amiral Jacob, à en envoyer l'examen au conseil d'amirauté. Le conseil d'amirauté considérant, d'une part, que les dépenses qu'il faudrait faire pour fonder dans la baie de Diego-Suarez l'établissement projeté seraient très-considérables et qu'on n'obtiendrait que difficilement des chambres les crédits spéciaux nécessaires pour y subvenir ; d'autre part, que le gouvernement manquait de renseignements suffisants sur les avantages que pouvait présenter la localité proposée, fut d'avis qu'il y avait lieu d'ajourner tout projet d'établissement maritime à Madagascar, quelque utile qu'il dût être pour la France de posséder un port dans une mer où nous en manquions absolument. Cet avis fut adopté par M. l'amiral Jacob.

Quant à l'île Sainte-Marie, on ne crut pas devoir l'abandonner. Les intérêts des colons français qui s'y étaient établis sur la foi des promesses du gouvernement ne pouvaient être ainsi sacrifiés. D'un autre côté, un assez grand nombre de Betsimissaracs, ennemis des Hovas, s'étaient réfugiés dans l'île au moment de la destruction du fort de Tintingue, et on leur devait asile et protection. Il parut nécessaire, d'ailleurs, de conserver des moyens de protection efficaces à l'égard de notre commerce sur la côte orientale de Madagascar, et de constater, par la présence de notre pavillon, que la France maintenait ses droits sur ses anciennes possessions. On se borna donc à réduire le personnel et les dépenses de l'établissement au strict nécessaire.

Depuis lors, l'état de guerre parut cesser entre les Français et les Hovas ; mais les relations commerciales ne furent qu'imparfaitement rétablies sur la côte orientale.

D'un autre côté, la puissance anglaise voyait s'éteindre rapidement dans la personne de ses missionnaires le peu d'influence qui leur restait depuis l'avénement au trône de Ranavalo. La reine manifestait hautement une haine croissante et implacable contre ses hôtes pieux. Durant les hostilités de l'expédition de 1829, les missionnaires anglais parurent un instant oubliés, mais dès que la crainte cessa de glacer ces débiles courages, la persécution commença plus ardente que jamais. Ses intentions restèrent secrètes jusqu'en 1835. Vers cette époque, la reine se montrait plus assidue au culte des idoles, culte que les missionnaires s'étudiaient à flétrir et à déconsidérer. Un jour, Ranavalo, qui relevait de maladie, allant en procession solennelle remercier l'idole du rétablissement de sa santé, passa devant la chapelle des missionnaires anglais, d'où les chants sacrés vinrent frapper son oreille et réveiller sa haine assoupie. Elle prononça alors ces paroles sinistres : « Ils ne se tairont que lorsque la tête de l'un d'eux sera tombée. » L'aversion des prêtres anglais contre le culte des idoles s'accroissait de jour en jour, et d'autre part, les naturels s'irritaient de voir ainsi des étrangers attaquer sans cesse les objets de leur antique vénération. Il était visible qu'un événement se préparait. A cette époque, un chef influent et d'un rang élevé se présenta au palais de la reine, et demanda à être admis à lui parler. Quand il fut en sa présence, il lui dit : « Je suis venu demander une sagaïe à Votre Majesté, une sagaïe acérée. J'ai vu le discrédit jeté par les étrangers sur les gardiens sacrés de cette terre, sur la mémoire des illustres ancêtres de Votre Majesté, à la protection desquels notre pays doit son salut. Les cœurs de votre peuple sont détournés des coutumes de nos ancêtres et de celles de Votre Majesté ; c'est que les instructions, les livres, la fraternité prêchée par ces étrangers, ont déjà gagné à leurs intérêts bien des hommes puissants, dans l'armée et dans le gouvernement, bien des hommes libres et un nombre immense d'esclaves. Tout cela n'est fait que pour préparer l'arrivée de leurs compatriotes, qui fondront sur nous, au signal que tout est prêt, et qui s'empareront d'autant plus aisément de notre pays que le peuple leur sera acquis. Telle sera la conséquence de leur enseignement, et comme je ne veux pas vivre pour voir une telle calamité infligée à mon pays, et nos propres esclaves employés contre nous, je viens vous demander une sagaïe, une sagaïe acérée pour me percer le cœur, afin de mourir avant la venue de ce jour fatal. »

Après avoir entendu ce discours étrange, on dit que la reine versa des larmes de douleur et de rage, et qu'elle resta sans parole pendant un long moment ; puis elle s'écria qu'elle mettrait fin au christianisme, dût-il en coûter la vie à tous les chrétiens de l'île.

Le plus profond silence régna alors dans le palais. La musique, les danses, les fêtes, les amusements ordinaires, furent suspendus durant quinze jours entiers. La cour d'Emirne semblait comme frappée d'une calamité nationale, et la consternation la plus morne régnait dans tous les cœurs. Enfin des mesures furent prises pour arriver à cette abolition tant souhaitée du christianisme. Un premier message de la reine enjoignait aux missionnaires de respecter les coutumes du pays, tout en suivant librement les leurs, et de

s'abstenir de baptiser ses sujets ou de leur faire célébrer le diman-
che, cérémonies formellement contraires aux coutumes et aux lois du
peuple hova. Les missionnaires adressèrent à ce sujet des représentations à la souveraine de Tananarive. Il n'y fut répondu que par un
édit plus rigoureux encore publié solennellement dans un kabar convoqué le 1ᵉʳ mars 1835. A ce kabar assistèrent plus de cent cinquante
mille indigènes de tous les rangs. Il y fut déclaré au nom de la reine
que tous ceux qui avaient embrassé le nouveau culte avaient à se
déclarer et à renoncer aux pratiques nouvelles. Placés entre l'obéissance ou la mort, les nouveaux chrétiens, sous l'empire de la terreur inspirée par l'édit royal, vinrent en foule remettre entre les
mains des officiers désignés à cet effet les exemplaires des livres
saints qu'ils tenaient des missionnaires anglais.

Abattus par ce dernier coup, les missionnaires abandonnèrent
Tananarive les uns après les autres ; le plus grand nombre quitta
définitivement la capitale vers le 18 juin 1835. Ils y laissèrent
moins encore le germe de la parole divine que la connaissance im-
parfaite des moyens de mieux asservir ceux que la conduite de leurs
compatriotes avait déjà puissamment contribué à placer sous le joug.
Telle fut la triste fin de cet apostolat hardi qui avait duré plus de
quinze ans. Son œuvre fut trop étroitement liée aux vues ambitieuses
et envahissantes de la politique anglaise, pour mériter les éloges que
toute société civilisée sera toujours disposée à accorder aux tentatives heureuses ou infructueuses à la poursuite d'un but élevé et
désintéressé. Les missionnaires s'éloignèrent donc, laissant le terrain à des successeurs plus heureux ou plus habiles. Ce départ fut
un échec notable pour la politique anglaise, qui vit ainsi détruit en
un jour, sur cette terre qu'elle avait disputée sourdement à la France
avec tant de persévérance, le fruit de ses efforts prolongés et des
sommes considérables que ses agents avaient jetées en pure perte
dans le gouffre toujours ouvert et toujours inassouvi de l'avidité
hova.

D'après un rapport présenté à la Chambre des communes le
10 juillet 1828, les dépenses relatives à Madagascar, faites par le
gouvernement de Maurice, de 1813 à 1826, se sont élevées à
64,278 livres sterling (1,549,099 fr. 80 c.). C'est en 1816 et 1817,
et de 1821 à 1826, c'est-à-dire lorsque M. Farquhar réussit à gagner
Radama, et après que nous eûmes repris possession de Sainte-Marie,
que la plus grande partie de ces dépenses ont eu lieu (voyez *Asiatic
journal*, numéro de mars 1829, p. 369). Nous sommes redevables

de cette note précieuse aux recherches de M. Macé Descartes.

Après le renvoi des missionnaires anglais, les Hovas eurent à réprimer de redoutables rébellions, qui se déclarèrent surtout dans les provinces du sud de l'île. Les actes de la plus horrible cruauté signalèrent les avantages remportés par ces farouches dominateurs, dont le joug usurpé, secoué sans cesse par les peuplades de la côte, ne s'impose que par le massacre et la terreur.

Ce fut dans ces circonstances qu'on vit se passer un fait inouï de cynisme et de lâcheté, qui eut pour théâtre la baie de Saint-Augustin, et pour acteurs et complices des Français. Des chefs malgaches, devenus redoutables aux Hovas, s'étaient réfugiés dans cette région restée à l'abri des coups des dominateurs de Madagascar, et y vivaient avec quelque sécurité. En 1835, un navire français appartenant au commerce de Bourbon, *le Voltigeur*, reçut à son bord un détachement de cinquante Hovas embarqués à *Mahéla*, et commandés par trois officiers supérieurs sous la conduite d'un Européen qui était allé chercher fortune à Madagascar, et qui s'était voué au service du gouvernement indigène. Arrivé sur le lieu du crime, on tendit à ces insulaires le plus odieux guet-apens, et on ne craignit pas de se servir du pavillon français pour consommer cette insigne lâcheté. Invités à un repas à bord du *Voltigeur*, les chefs s'y rendirent sans la moindre défiance ; mais pendant qu'ils étaient à table dans le roufle, le bâtiment appareillait. Les Hovas, cachés dans la cale du navire, s'élancèrent au même moment de leur retraite et se précipitèrent sur leurs victimes. Un des chefs malgaches que le hasard avait amené en ce moment sur le pont, voyant tout à coup le danger qui les menaçait lui et les siens, frappa du pied avec force et n'eut que le temps de se jeter à l'eau. Il fut assez heureux pour gagner la plage, et fut ainsi le seul, sur sept, qui put ainsi se sauver. En entendant ce signal d'alarme, ses malheureux compagnons tentent de s'échapper du roufle, mais à mesure qu'ils s'échappent, ils sont saisis à la porte, puis garrottés et amarrés à des manœuvres. Après cet exploit, *le Voltigeur* se rendit au Fort-Dauphin et y déposa le détachement hova avec les malheureux chefs de la baie de Saint-Augustin : ceux-ci, dirigés immédiatement sur Tananarive, furent, dès leur arrivée à la capitale, mis à mort. On dit que deux d'entre eux subirent le supplice du bûcher.

Le capitaine du *Voltigeur* ne survécut pas au regret d'avoir prêté la main à une aussi indigne action. Il n'en avait compris toute la portée que lorsqu'il n'était plus maître de son bord ; et bien qu'il

eût fait toutes les tentatives pour le renvoi à terre de ces hommes
ainsi capturés, il n'en conçut pas moins un vif chagrin qui le porta
à se suicider quelque temps après.

L'impression occasionnée par le rapt odieux du *Voltigeur* fut
profonde sur les naturels de la baie de Saint-Augustin, et y resta
longtemps vivace. Il est vraiment à regretter que le gouvernement
français de cette époque n'ait pas donné suite à l'enquête qui avait
été un moment commencée sur cette affaire. Il y était directement
intéressé, parce que c'était à l'aide du pavillon national que les auteurs de cet outrage sans précédent étaient parvenus à perpétrer
leur crime.

A l'égard de la France, on put croire pendant quelque temps que
le gouvernement d'Émirne se montrerait disposé à se départir de
cette humeur intraitable et à céder aux sentiments de la majeure
partie d'entre les Malgaches. Ce fut sans doute cette apparente disposition qui porta M. l'amiral Duperré à envoyer à Tananarive, en
décembre 1837, un capitaine de navire, qu'il chargea de stipuler
un traité de commerce et d'amitié avec la reine. Arrivé dans la capitale des Hovas, l'envoyé français n'eut pas de peine à se convaincre
que le gouvernement d'Émirne n'avait aucun dessein de nouer des
relations avec les étrangers, de quelque nation qu'ils fussent. Les
conseillers de la reine lui firent même savoir d'un ton de fort mauvaise humeur « qu'on ne pouvait accéder aux articles du traité de
commerce qu'il présentait, et qu'on le ferait sortir du pays s'il en
reparlait. »

Depuis cette époque, les farouches oppresseurs de la grande île,
vivant dans leur inquiet et stupide isolement, regardent avec
crainte à l'horizon si aucune nation de l'Europe ne vient donner
à leurs victimes les armes destinées à anéantir leur tyrannie chancelante. Habitués à maltraiter sans contrôle les populations indigènes,
les Hovas n'ont pas craint de reporter jusque sur les traitants européens l'aveugle oppression qu'ils imposent à l'île entière. Des
plaintes nombreuses et fréquentes vinrent dénoncer hautement les
vexations incroyables, les persécutions inouïes dont les Européens
avaient à souffrir sur toute la côte, où sont établies leurs factoreries.
Ces mesures arbitraires étaient la plupart du temps dictées par
quelques traitants, qui, à force d'intrigues et de sacrifices, étaient
parvenus à exercer sur le gouvernement d'Émirne la plus fatale
influence. Les événements qui vont bientôt suivre et prendre
place dans ce récit, n'eurent pas d'autre origine et ne furent dus

qu'aux méchantes et ténébreuses menées de ces hommes perfides.

En 1838, un capitaine appartenant au cabotage de Maurice faillit être victime d'un guet-apens de la part des Hovas. Le gouverneur de cette colonie, sir William Nicolay, expédia à Madagascar deux corvettes pour exiger réparation de cet outrage. Des munitions de guerre avaient été embarquées sur ces deux bâtiments ; car on était décidé à agir avec rigueur, dans le cas où la réparation réclamée ne serait pas accordée. Lorsque ces navires arrivèrent à Tamatave, ils y trouvèrent *le Lancier* et *le Colibri*, bâtiments de guerre français envoyés par le gouverneur de Bourbon pour demander au gouvernement hova des explications sur ses mauvais procédés à notre égard. Le moment paraissait venu de châtier ces barbares, si les réparations exigées n'étaient pas accordées sur-le-champ. L'apparition de ces forces jeta une consternation aussi grande chez les traitants européens que chez les naturels. En effet, à la moindre agression de la part des étrangers, les ordres de la reine sont d'incendier indistinctement toutes les propriétés des blancs. Ces craintes se réalisèrent, ainsi que le redoutaient les Européens. Le feu se déclara dans la nuit avec violence ; mais, grâce aux soins des marins français, on se rendit bientôt maître de l'incendie. Le lendemain, des garanties furent exigées du gouverneur hova, et ces garanties donnèrent pour quelque temps un peu de sécurité aux Européens établis sur la côte, et qui purent ainsi continuer leur négoce. Fidèle à son principe d'exclusion systématique, le gouvernement de la reine Ranavalo s'est toujours tenu dans le plus complet éloignement pour des relations officielles avec les puissances étrangères, en refusant même les offres les plus avantageuses et les plus utiles pour lui. En effet, au commencement de l'année 1839, un négociant de Maurice vint à Madagascar, avec l'autorisation du gouvernement anglais, dans le but de solliciter de la reine Ranavalo la permission d'emmener avec lui huit cents naturels pour cette colonie, que l'affranchissement des esclaves avait privée des bras nécessaires au travail agricole et manufacturier. La reine ne voulut entendre aucune proposition à ce sujet, et l'envoyé du gouvernement de Maurice fut obligé de repartir sans avoir obtenu de résultat. Une mission officielle ayant le même objet fut donnée, peu de temps après, à M. Campbell. Ranavalo fit entendre à cet autre envoyé qu'il était étrange que les Anglais, qui avaient affranchi leurs esclaves, vinssent chercher ses sujets libres pour le travail de leurs terres ; elle défendit, sous peine de mort, tout engagement pour Maurice ; et l'on dit que plusieurs Malgaches, qui avaient traité secrètement avec M. Campbell, ayant été découverts, furent sagayés par les ordres de la reine, sous les yeux mêmes de l'envoyé britannique.

Quant aux traitants, peu redoutables de leur nature, et nullement considérés, leur présence sur le littoral de Madagascar n'y était que tolérée. Placés vis-à-vis des Hovas dans une position humiliante à tous égards, ils se trouvaient sans cesse l'objet d'avanies de toutes sortes et souvent inspirées par les plus riches d'entre eux qui, à force de bassesses et de lâches complaisances, se trouvaient à même d'augmenter encore le discrédit dont ils étaient pour la plupart l'objet. Telle était donc leur situation précaire lorsqu'en mai 1845, sans qu'aucun acte répréhensible de leur part ne l'eût motivé, on reçut à la côte un ordre brutal d'expulsion pour tout traitant qui ne se soumettrait pas à de nouvelles exigences aussi inqualifiables qu'incompatibles avec leur dignité et leur qualité d'étrangers. Le commandant de la station française des côtes orientales d'Afrique, M. Romain Desfossés, en apprenant, par des rapports officiels, les nouvelles persécutions dont nous parlons, fit partir le bâtiment de guerre *la Zélée* pour Tamatave, avec ordre au capitaine Fiéreck de couvrir de la protection du pavillon français les Européens qui lui demanderaient asile et assistance, quelle que fût leur nation. *Le Berceau*, monté par M. Romain Desfossés lui-même, mouilla peu de temps après devant Tamatave, mais il avait été devancé de deux heures par la corvette anglaise *le Conway*, venant de Maurice dans un but analogue. Cependant *le Conway* avait été primé par *la Zélée,* qui avait déjà offert aux traitants anglais et français un asile sous la sauvegarde de notre pavillon. Le capitaine Fiereck avait eu avec le second chef ou grand juge hova, un kabar ou entretien sans résultat avantageux pour nos traitants. Le capitaine Kelly, commandant *le Conway*, n'avait pas été plus heureux. La reine avait signé un décret d'expulsion contre tous les Européens, et ce décret était exécutoire sur-le-champ sous peine de mort pour tout agent hova qui chercherait à l'éluder.

M. Romain Desfossés ne crut pas devoir demander une entrevue au gouverneur de Tamatave qui, prétextant une indisposition, avait déjà refusé de recevoir le capitaine Kelly et M. Fiereck. Le commandant français se borna à envoyer un officier lui porter deux lettres, l'une pour lui, l'autre pour la reine Ranavalo. Les officiers français et anglais envoyés à terre pour recueillir les traitants, avec tous les objets transportables qu'ils pouvaient embarquer, ne purent mettre le pied sur la plage, que gardaient de nombreux détachements hovas.

Une conférence eut lieu entre le capitaine Kelly et M. Romain
Desfossés. La position des traitants des deux nations était identique.
Douze traitants anglais et onze traitants français avaient été dépouil-
lés et chassés de Tamatave. Le commandant du *Berceau* et celui du
Conway reconnurent d'un commun accord que s'ils exerçaient, sans
une provocation bien patente, un acte d'hostilité contre les Hovas,
ils exposeraient peut-être à de graves dangers les Français et les
Anglais qui résidaient encore sur d'autres points de Madagascar,
depuis le Fort-Dauphin jusqu'à Vouhémar. Cette puissante considération contint dans de sages limites l'indiguation ressentie par les deux
commandants, en présence de la sauvage spoliation qui venait de
frapper leurs nationaux. Ils rédigèrent et signèrent une protestation
énergique qu'ils firent partir pour être remise à la reine Ranavalo.

Le Berceau, la Zélée et *le Conway* s'étaient embossés à trois cents
toises des forts de Tamatave et sous la protection de leurs batteries,
et avec l'aide de leurs embarcations, le transport des marchandises
appartenant aux traitants des deux nations se continua. Le capitaine
Kelly déclara à M. Romain Desfossés que son opinion personnelle
était que les Hovas, déjà aussi insolents que leurs sauvages instincts
le comportent, seraient enhardis par notre modération et prendraient
l'initiative des hostilités. Telle ne fut pas la pensée du commandant
français, mais celui-ci assura qu'il était décidé, quoi qu'il arrivât, à
châtier tout acte d'agression comme toute insulte de la part des Hovas.

Nous allons maintenant laisser la parole au brave commandant du
Berceau, pour le récit des événements qui ont suivi ces préparatifs
et ces courtes négociations.

M. Romain Desfossés s'exprime ainsi, dans le rapport adressé par
lui à M. le ministre de la marine, sous la date du 16 juin 1845 :
« Monsieur le ministre, lorsque, le 13 de ce mois, je rendais compte
à Votre Excellence des événements qui m'avaient amené à Tamatave,
et que je l'entretenais de la situation si déplorable et si digne d'intérêt, dans laquelle je venais de trouver les Français qui, pendant
plusieurs années, avaient vécu et travaillé dans ce pays sous la sauvegarde du droit des gens, j'espérais encore que les représentations
énergiques que j'allais adresser à la reine Ranavalo, ainsi qu'au gouverneur de la place, ne seraient pas sans résultat heureux pour nos
traitants, et qu'en attendant une nouvelle décision du gouvernement
d'Emirne, le délégué de la reine à Tamatave jugerait prudent et sage
de suspendre l'exécution de la loi spoliatrice qui venait de frapper
d'une manière si inattendue les Européens.

13

» Cette espérance a été déçue, Monsieur le ministre ; je n'ai pas tardé à me convaincre que j'avais affaire à des hommes pour qui toutes les questions de justice, de droit des gens, de respect des personnes et des propriétés, sont des choses inconnues ou méprisées, qui enfin ne savent céder qu'à la force qui se déploie menaçante et inexorable. Votre Excellence sera convaincue, j'ose l'espérer, par la lecture des divers documents que je viens de réunir pour les joindre à ce rapport, qu'avant de me résoudre à punir l'insolent orgueil de ces insulaires, j'ai tenté tous les moyens de conciliation, et fait, de concert avec le capitaine William Kelly, de la frégate de Sa Majesté Britannique *le Conway*, tout ce qu'il était honorablement possible de faire pour arriver à un arrangement amical de cette affaire.

» Vendredi dernier, 13 juin, après avoir longuement conféré avec les principaux traitants et acquis la certitude positive que, indépendamment de ce qu'ils étaient exposés à de continuelles et grossières insultes, beaucoup d'entre eux sont créanciers des chefs hovas, et tous possesseurs d'immeubles ou de marchandises d'une grande valeur, qu'ils vont se trouver forcés d'abandonner, j'écrivis à la reine Ranavalo ainsi qu'au gouverneur de Tamatave.

» L'officier que j'envoyai à la plage pour faire remise de ces lettres, demanda au chef de la douane l'autorisation de les porter lui-même au gouverneur, ou tout au moins au grand juge ; mais il ne put l'obtenir. On l'empêcha même de sortir de son canot ; il lui fut dit, après d'interminables pourparlers, que la nuit étant proche et le grand juge occupé, il eût à revenir à la plage le lendemain, et qu'on verrait.

» Dans ce moment, tous nos traitants à l'exception d'un seul, qui avait voulu mettre en sûreté sa femme et ses enfants, étaient encore à terre occupés à emballer ce qu'ils avaient de plus précieux ; je leur fis dire de hâter le lendemain l'embarquement de ces objets, ainsi que celui de leurs personnes, et je me décidai à endurer jusque-là, sans mot dire, tous les procédés hostiles des chefs de Tamatave. Dans la nuit, les magasins et l'habitation du sieur Bédos, qui était venu coucher en rade avec sa famille, furent pillés par les Hovas. Ce commerçant, ayant voulu embarquer une chèvre qui allaitait son enfant, âgé de quatre mois, les douaniers lui arrachèrent brutalement cet animal, quoiqu'il leur offrît une forte somme pour qu'il lui fût possible de l'embarquer.

» Au point du jour, je fis une nouvelle tentative pour faire parvenir entre les mains d'un des chefs mes lettres à Ranavalo, ainsi

qu'au gouverneur, et, cette fois, je les envoyai porter par le second
de *la Zélée*, qui parlait la langue sakalave, et avait pu mettre pied à
terre la veille. J'employai ce moyen détourné, ayant été informé par
les traitants, que j'étais l'objet de l'animosité toute spéciale des Hovas,
parce qu'en arrivant sur la rade, je m'étais refusé à dire au capitaine
du port ce que j'y venais faire, et que, fatigué de l'insistance in-
convenante de cet officier, je l'avais prié de se retirer. Le lieutenant
de *la Zélée* revint à huit heures avec le paquet que je lui avais remis.
Il n'avait pu descendre ni obtenir du chef de la garde qui bordait la
plage, qu'on reçût mes lettres. Le gouverneur et le grand juge étaient,
lui dit-on, à la campagne, et n'avaient que faire des lettres des Français. Un officier anglais du *Conway*, arrivé là dans un but analogue,
reçut le même accueil que mon envoyé. Je pense, néanmoins, que
mes lettres auront suivi leur destination, lorsque je les confiai, en
désespoir de cause, à un de nos traitants, qui me dit depuis avoir
trouvé le moyen de les faire parvenir chez le gouverneur.

» Durant tous ces essais de conciliation, les embarcations françaises et anglaises, armées en guerre, opéraient en commun, et sans
distinction de personnes ni de pavillons, tant sur les bâtiments de
guerre que sur quelques caboteurs de Bourbon et de Maurice qui se
trouvaient sur la rade, l'embarquement de tout ce que les traitants
pouvaient enlever de leurs établissements. Ces effets ou marchandises
étaient portés ou traînés jusqu'au bord de la mer par nos malheureux
traitants eux-mêmes, ou par des Hovas, qui ne prêtaient qu'à prix
d'or leur coopération, les marins ne pouvant quitter leurs embarcations qu'au danger d'une collision qu'il était urgent d'éviter tant
qu'il resterait à terre un Européen. Au coucher du soleil, ces travaux
cessèrent. Les traitants français répartis sur *le Berceau*, *la Zélée* et
le navire français *le Cosmopolite*, me firent connaître qu'ils étaient
tous en sûreté, et que le temps ainsi que l'espace à bord des navires
leur manquant totalement pour l'embarquement des lourdes marchandises que renfermaient leurs magasins, telles que salaisons, sel,
riz, vin, alcools, etc., ils les abandonnaient forcément, se réservant
d'en constater régulièrement l'état et de le soumettre humblement à
qui de droit.

» Telle était, avant hier soir, Monsieur le ministre, la situation
des choses à Tamatave. L'œuvre de spoliation, méditée depuis longtemps sans doute par les Hovas, allait se consommer ; car nos traitants n'auraient pu rester un instant de plus au milieu de ces hommes rapaces et sanguinaires, sans compromettre gravement leur

existence, ou tout au moins sans s'exposer à être enlevés et vendus comme esclaves dans l'intérieur de Madagascar. Ils étaient tous en sûreté, mais ruinés pour la plupart. A ce juste grief s'en joignaient d'autres dont j'avais à demander un compte sévère au chef de Tamatave. La maison d'un Français avait été pillée, la nuit précédente, sous le canon de deux bâtiments de guerre de cette nation ; enfin, je considérais comme une insulte directe faite à notre pavillon, le refus de toute explication, et surtout celui de recevoir les lettres que j'avais adressées à la reine ainsi qu'à Razakafidy. J'étais à bout de toute patience, de toute longanimité, et j'avais d'ailleurs, Monsieur le ministre, la conviction profonde qu'en apprenant aux Hovas à mieux respecter à l'avenir le pavillon de la France, je remplirais le premier des devoirs dont Votre Excellence m'a confié l'accomplissement.

» Le capitaine William Kelly se trouvait dans une situation parfaitement analogue à la mienne. Comme moi, il avait inutilement réclamé un sursis à l'exécution de la loi d'expulsion des traitants ; ses officiers, comme les officiers français, n'avaient pu descendre sur la plage durant l'embarquement des effets et marchandises. Seulement, le capitaine anglais avait obtenu à son arrivée un kabar, dans lequel un agent subalterne hova, se disant délégué du gouverneur, lui avait déclaré que les lois de la reine étaient sans appel, et qu'il fallait s'y soumettre. Cette déclaration s'était reproduite encore, le 13, dans une lettre de Razakafidy au capitaine Kelly. Ce digne officier étranger, qui, dans toutes ces conjonctures difficiles, n'a cessé de me donner des témoignages de parfait accord, de déférence empressée et de loyal concours, vint avant-hier m'annoncer que tous ses nationaux étaient embarqués.

» Le moment était venu de nous communiquer nos sentiments sur la conduite des Hovas à notre égard. Nous nous trouvâmes parfaitement d'accord sur la réalité de l'insulte faite à nos pavillons, et sur la nécessité d'en punir à tout prix les auteurs. Néanmoins, avant d'en venir à ce dernier argument, nous voulûmes faire parvenir à Razakafidy, pour qu'il la transmît à la reine, notre protestation contre la loi d'expulsion et contre la manière dont elle avait été mise à exécution. Cette protestation, rédigée immédiatement en triple expédition, fut écrite en anglais et en français ; les deux textes de chaque expédition furent signés en commun par moi et le capitaine Kelly, et nous nous séparâmes.

» Hier matin, 15 juin, le premier lieutenant du *Berceau* et celui du *Conway* se présentèrent à la plage pour remettre la protestation; mais après avoir vainement demandé qu'un officier supérieur vînt la recevoir, ils la rapportèrent, et le capitaine Kelly fut alors obligé d'aller lui-même, accompagné de mon lieutenant, demander impérativement à parler à un officier du gouvernement, qui se présenta enfin au canal et reçut la protestation, ainsi que l'avertissement verbal de ces deux messieurs, que nous attendrions jusqu'à deux heures de l'après-midi l'accusé de réception de Razakafidy.

»Pendant toute la matinée, nous remarquâmes que les Hovas évacuaient la ville, en emportant des bagages ou des fardeaux, et qu'ils se dirigeaient pour la plupart vers les trois forts devant lesquels nos trois bâtiments étaient embossés depuis la veille sur une ligne parallèle à la plage, et aussi rapprochée du rivage que le permettait le tirant d'eau de nos bâtiments. *Le Berceau*, placé au centre de la ligne, était à six cent soixante mètres du fort principal des Hovas.

» Les travaux de fortification de Tamatave se composent de deux batteries à barbette, à parapets en terre, très-peu élevées au-dessus du sol, et d'un fort principal auquel les deux premiers se relient au moyen de chemins couverts. Le fort principal, peut-être unique en son genre, est, dit-on, l'œuvre de deux Arabes de Zanzibar, qui furent chargés par Ranavalo d'entreprendre ce travail après l'expédition du capitaine Gourbeyre, en 1829, et qui l'ont terminé depuis quelques années seulement. Ce fort, bâti en pierre, est protégé par une double enceinte en terre, plus élevée que son parapet, et qui en est séparée par un fossé de dix mètres environ de largeur sur six mètres de profondeur; il est circulaire et se compose d'une galerie couverte et casematée, percée de sabords dans l'épaisseur de sa muraille extérieure comme un navire, ne laissant, sur la cour intérieure qu'elle domine, que de rares et petites ouvertures. L'enceinte extérieure en terre est percée de larges embrasures qui correspondent à celles des galeries couvertes, et qui permettent de diriger le feu partant de ces dernières, sur la rade et sur la campagne. Les traitants européens, n'ayant jamais pu voir de près ces travaux de défense, n'en avaient aucune idée. Ils me firent seulement connaître que la garnison de Tamatave se composait d'un millier d'hommes, dont 400 Hovas de troupes régulières, et 600 Betsimissaracs ou Bétanimes auxiliaires.

» Dès midi, j'avais fait connaître aux équipages et troupes passagères des deux bâtiments français qu'ils auraient vraisemblablement à punir les Hovas avant la fin du jour. Les réfugiés français me demandèrent à suivre comme volontaires nos compagnies de débarquement. Je le leur accordai et leur fis donner des armes dont ils se sont tous bravement servis.

» A deux heures, un canot, qui attendait à la plage la réponse demandée à Razakafidy, revint avec la courte réponse dont voici la traduction littérale :

« Nous avons reçu votre lettre, et nous vous déclarons clairement que nous ne pouvons changer la proclamation que nous avons donnée comme loi de Madagascar. Je vous salue. Signé, Razakafidy, commandant-gouverneur de Tamatave. »

» Le capitaine Kelly me quitta aussitôt pour retourner à son bord, et cinq minutes après, *le Berceau* et *le Conway* ouvrirent le feu sur le fort principal, tandis que *la Zélée*, placée en tête de notre ligne, dirigeait le sien sur la batterie rasante du sud.

» Le feu des forts y répondit immédiatement, mais sans beaucoup d'activité. Toutefois, le tir des Hovas avait une précision dont nous aurions eu lieu de nous étonner, si nous n'avions été informés d'avance que leur artillerie était dirigée par un renégat espagnol, homme aussi intelligent que méprisable. Un quart d'heure à peine s'était écoulé, que nos obus avaient occasionné un violent incendie dans l'intérieur et les alentours de la batterie hova du nord, qui, à partir de ce moment, fut abandonnée. A trois heures et demie, un grand nombre d'obus avaient été lancés et avaient éclaté à notre vue dans les deux forts que nous combattions. Je pensai, avec le capitaine Kelly, qu'ils avaient perdu bon nombre de leurs défenseurs, et qu'il était temps de jeter à terre nos détachements. Il nous importait, d'ailleurs, de terminer cette opération avant la nuit. Cent marins et soixante-huit soldats du *Berceau,* quarante matelots et trente soldats de *la Zélée*, quatre-vingts matelots et soldats de marine du *Conway,* furent embarqués simultanément et avec un ordre parfait dans quatorze embarcations qui, un quart d'heure après, et suivant un plan d'attaque que j'avais fait de concert avec le capitaine Kelly, se formèrent entre *le Berceau* et *la Zélée*, sur une ligne parallèle à la plage : les Anglais à droite, *le Berceau* au centre, et *la Zélée* à gauche.

» Au signal du lieutenant de vaisseau Fiéreck, capitaine de *la Zélée*, que j'avais chargé de diriger, conjointement avec le premier lieutenant du *Conway*, l'opération du débarquement, tous les canots nagèrent vers la plage, qu'ils abordèrent à la fois, à cent toises du fort principal, qui était en grande partie masqué par un rideau de palétuviers. En moins de dix minutes, nos trois cents combattants furent formés en bataille, ayant au centre de leur colonne les deux obusiers du *Berceau*, montés sur leurs affûts de montagnes.

» L'ennemi se borna, durant ce débarquement, à tirer quelques coups à mitraille qui produisirent peu d'effet. Le capitaine Fiéreck donna bientôt le signal de la charge, et la petite troupe s'élança avec une ardeur indicible vers l'ennemi qui n'avait pas osé sortir de ses retranchements. Les hommes de *la Zélée*, auxquels j'avais adjoint vingt matelots et un élève du *Berceau*, entrèrent un instant dans la batterie rasante du Sud, y enclouèrent trois canons, en culbutèrent deux autres, et refoulèrent les Hovas qui la défendaient dans le fort principal, où ils s'efforcèrent vainement de pénétrer avec eux. Là, l'enseigne de vaisseau Bertho, second de *la Zélée*, officier bien digne et bien regrettable, fut zagayé sur la porte même du fort principal, ainsi que le sous-lieutenant d'infanterie Monod.

» Tandis que la batterie du Sud avait été envahie et en partie désarmée, le gros de la colonne, formé par *le Berceau* et *le Conway*, s'élançait sur le fort principal et couronnait en un instant son enceinte extérieure. Là, et dans le fossé qui sépare les deux enceintes, commença une lutte opiniâtre, corps à corps, dans laquelle Français et Anglais ont rivalisé de dévouement et de résolution. Le drapeau de Ranavalo, après avoir été abattu deux fois par le feu de nos bâtiments, était suspendu à une gaule au bord du rempart. L'élève de première classe de Grainville, et quelques matelots anglais et français parvinrent, malgré une vive fusillade des Hovas, et en montant les uns sur les autres, à saisir et à arracher ce pavillon, qui fut ensuite loyalement partagé entre Français et Anglais.

» Quarante minutes s'étaient écoulées depuis que nos marins occupaient l'enceinte extérieure et le fossé du fort principal ; les Hovas, après avoir combattu longtemps et bravement à ciel découvert, s'étaient retirés dans leurs casemates ; nous manquions des moyens matériels indispensables pour y pénétrer après eux, car les obusiers de montagne du *Berceau*, que l'enseigne de vaisseau Sonolet avait mis en batterie sur le parapet extérieur, ne purent tirer qu'un seul coup, les étoupilles ayant été mouillées dans l'opération du débarquement. Dans ce moment, M. Prévost de la Croix, mon premier lieutenant, qui depuis quelque temps remplaçait le capitaine Fiéreck, blessé dans la direction de nos pelotons, me fit connaître que nos hommes, ainsi que les Anglais, avaient épuisé presque toutes leurs cartouches.

Les Hovas n'osaient plus se montrer à découvert. Ils avaient fait des pertes considérables ; et bien que la destruction complète de leur

artillerie fût le but primitif de notre entreprise, et que ce but ne fût
pas atteint, la leçon que nous venions de donner aux barbares spo-
liateurs de nos traitants était de nature à ne point être oubliée par
eux. Je fis battre le rappel sur la plage, où nos divers détachements
se reformèrent dans leur ordre primitif. Je fis embarquer nos obusiers, nos blessés, et même nos morts, sauf cependant les cinq
hommes tués dans la batterie rasante du Sud, et que le détachement
de *la Zélée*, privé de la direction de ses officiers et emporté par l'ardeur du combat, oublia d'enlever. Après avoir fait sur la plage une
halte d'une heure, durant laquelle les Hovas n'osèrent plus se montrer, je dirigeai la colonne vers l'extrémité de la pointe Hastie, où
l'embarquement était plus facile. Un détachement d'infanterie du
Berceau et un des soldats de marine anglais formaient l'arrière-garde.
Chemin faisant, en longeant la ville, je fis mettre le feu à quelques
misérables cases en paille ainsi qu'au magasin de la douane, à l'abri
desquels les Hovas auraient pu gêner notre embarquement. Je ne voulus
pas consentir à la proposition qui me fut faite de brûler toute la ville.

» A six heures et demie, toutes les embarcations se dirigeaient vers
nos bâtiments, et je quittais moi-même le rivage avec les officiers du
Berceau et du *Conway*. Le capitaine Kelly, à son bord, et M. Durant-
Dubraye, lieutenant de vaisseau à bord du *Berceau*, n'avaient cessé
de protéger les mouvements de nos détachements de débarquement
par un feu d'artillerie habilement dirigé. *Le Berceau* a tiré six cent
vingt coups de canon; *le Conway*, qui présentait deux pièces de plus
en batterie, en a tiré environ sept cents ; *la Zélée* ne m'a pas encore
fait connaître sa consommation de munitions de guerre.

Ainsi que je crois l'avoir dit plus haut, le feu des forts hovas était
peu actif, mais assez bien dirigé. *Le Berceau* a reçu dans sa coque,
sa mâture et son gréement, treize boulets, dont un a brisé son petit mât de hune. Ces projectiles sont du calibre de 18. *La Zélée* a
également reçu quelques atteintes et a eu, comme *le Berceau*, son
petit mât de hune brisé. Ces avaries sont à l'heure qu'il est réparées
et les deux bâtiments prêts à faire voile. *Le Conway* n'a point d'a-
varies. Dans une lutte de la nature de celle qui a eu lieu à terre, et
dans laquelle les forces étaient numériquement si disproportionnées,
nous ne pouvions manquer de faire des pertes sensibles. *Le Berceau*
compte neuf morts et trente-deux blessés; *la Zélée* sept morts et
onze blessés; *le Conway* quatre morts et douze blessés.

» L'enseigne de vaisseau Bertho, le lieutenant d'infanterie Noël et
le sous-lieutenant Monod sont au nombre des morts.

» Le lieutenant de vaisseau Fiéreck, frappé d'une balle à la tête, a été rapporté à son bord pendant le combat. Sa blessure paraît ne présenter aucun danger grave. Les élèves de Grainville, Bellot, Le Bris, et Amerliers de Longueville, tous les quatre du *Berceau,* sont également au nombre des blessés. J'oserai demander à votre Excellence, pour quelques-uns des dignes et zélés serviteurs qui m'entourent et qui acceptent depuis un an avec tant d'abnégation les privations et les écrasantes fatigues que je leur impose, le prix du sang versé ou d'utiles services rendus : je me bornerai à dire à Votre Excellence que dans cette circonstance, comme toujours, tous ont dignement fait leur devoir.

» Je viens de mettre à la hâte sous vos yeux, Monsieur le ministre, le récit fidèle de tous les faits qui m'ont amené irrésistiblement à une prise d'armes contre les Hovas. Ainsi que Votre Excellence semble l'avoir pressenti, lorsqu'elle traça mes instructions du 17 juin 1844, j'ai eu à Tamatave « à demander des réparations pour des actes contraires à la dignité de notre pavillon. » comme aussi « pour des violences et des spoliations exercées à l'égard de nos traitants. » Après avoir vainement essayé tous les moyens de conciliation, j'ai frappé aussi vigoureusement qu'il m'a été possible de le faire, et l'honneur du pavillon est sorti pur de cette épreuve.

» J'attends avec confiance et respect le jugement de Votre Excellence et les ordres qu'il lui plaira de me donner. Jusque-là je ne modifierai en rien la conduite qu'il m'est prescrit d'observer dans le cours ordinaire des choses, à l'égard de la nation dominatrice de Madagascar.

» Depuis hier soir, les Hovas restent silencieux dans leurs batteries. Deux des leurs se sont évadés ce matin et sont venus se présenter à bord du *Berceau*, ils ont déclaré avoir éprouvé hier une perte de deux cents tués et d'un plus grand nombre de blessés. Neuf de leurs principaux chefs, et entre autres le second gouverneur, le porte-zagaïe ou porte-étendard de la reine, le chef de la douane, sont au nombre des tués. Ce matin, nous avons rédigé, le capitaine Kelly et moi, une lettre pour la reine des Hovas. Cette lettre écrite dans les deux langues sera déposée à Foulpointe par *la Zélée.*

» Je viens de placer un officier solide et actif, M. Sonolet, enseigne de vaisseau, sur ce bâtiment pour remplacer momentanément le capitaine Fiéreck, et ensuite M. Bertho, qui a été tué hier. Ce bâtiment va mettre à la voile, en passant par tous les points de la côte orientale où il existe des traitants. L'hospitalité de *la Zélée* leur sera offerte, s'ils veulent, comme je n'en doute pas, se soustraire aux lois inqualifiables émanées de Tananarive.

» Ce matin, j'ai voulu encore faire acte d'autorité sur cette même plage où nous étions descendus hier, et dont nous allons bientôt nous éloigner. J'ai mis pied à terre avec quarante matelots armés du *Berceau*, et j'y ai fait embarquer dans nos canots un assez grand nombre de barils de salaisons, appartenant à l'un de nos traitants, et dont il lui sera fait remise à Bourbon ; ce travail a duré une heure, et a été fait sans que les Hovas aient osé sortir de leurs casemates. »

» Le 17 au matin, notre présence étant devenue désormais inutile à Tamatave, *le Berceau* et *le Conway* ont mis à la voile, il y a une heure, ainsi que les cinq navires du commerce qui se trouvaient sur la rade. *La Zélée* fait route pour Foulpointe, Fénériffe, Sainte-Marie, Vouhémar et Louquez. Nos traitants rentrent à Bourbon sur le navire *le Cosmopolite.* »

Tel est, d'après les documents officiels, le récit des derniers événements qui signalèrent le passage des Français à Madagascar. Une expédition considérable se préparait à partir pour cette île, sous le commandement d'officiers généraux appelés de l'armée d'Afrique et les mieux versés dans la connaissance des lieux et de l'état de la question, lorsque la chambre des députés, mal instruite des éléments de la discussion, crut devoir inviter tout à coup le gouvernement, dans la séance du 5 février 1846, à surseoir à toute opération militaire contre les Hovas. Des ordres en ce sens furent immédiatement donnés pour le désarmement de l'expédition annoncée.

Toute occupation définitive de la grande île malgache par la France se trouva donc réservée par le fait de cette résolution provisoire, jusqu'au jour où le cours des événements politiques et le progrès des idées sur cette matière si peu connue, rendront cette occupation nécessaire.

Quant à la reine, les Hovas eux-mêmes, habitués à trembler depuis l'inauguration sanglante de son règne, commencèrent à ressentir un profond dégoût pour ce gouvernement qui ne vivait que par la terreur, le meurtre et l'empoisonnement. Mais la crainte comprimant tout, même jusqu'aux soupirs des enfants, le peuple n'y opposait qu'une force d'inertie. Le silence de la mort régnait partout dans Tananarive; il n'était parfois troublé que par les cris des victimes qu'on précipitait, la nuit, du haut du rempart situé derrière le palais, ou par les exécutions publiques, d'habitude très-fréquentes, et devenues périodiques des populations soumises, appelées, à certaines époques de l'année, à venir s'accuser elles-mêmes de crimes imaginaires. A la suite d'une de ces réunions, quatorze cents individus reçurent les fers le même jour, et, dans ces circonstances, la moitié de la population valide servait littéralement d'exécuteur pour l'autre. Dans les persécutions pour cause de suspicion religieuse, on procédait avec un raffinement de cruautés qui trouvera bien des incrédules. Les condamnés de cette dernière catégorie étaient principalement des Hovas, officiers pour la plupart. Ils étaient précipités dans des chaudières d'eau bouillante, et c'étaient leurs plus proches parents qui étaient forcés, sous peine d'être compris dans la proscription, de remplir les terribles fonctions d'exécuteurs vis-à-vis des victimes.

La reine cependant vivait au milieu de toutes ces abominations avec un calme apparent; mais son esprit éprouvait de fréquentes hallucinations. Elle s'était entourée dans ses dernières années d'ampi-sikidis, complaisants tireurs de bonne aventure, dont le ministère, convoqué à tout moment, même au milieu des festins, était de chasser le moindre trouble qui pouvait affecter cette âme bourrelée. Après avoir vu assassiner son amant Andrian-Mihaza, auquel elle devait sa position, loin de punir le principal meurtrier, celui-ci était devenu son favori, et s'était emparé d'emblée du pouvoir exercé par sa victime. Cet homme s'appelait Rainiharo; il avait pour principal appui son collègue Ratsimaniche. L'influence ou pour mieux dire le règne de ces deux brigands fut malheureusement de longue durée. Pendant une période de dix-huit ans Rainiharo fut à la tête des affaires à Madagascar et le maître absolu du pays. A l'aide des continuelles déprédations à main armée qu'il faisait faire dans les provinces ainsi que par les subsides qui lui provenaient de quelques sources intéressées à payer largement ses complaisances, il amassa une fortune qu'on évalue à plusieurs millions de francs, et qui fait aujourd'hui toute la force et toute l'influence de sa famille, restée puissante, et dont quelques membres ont rempli un rôle important dans les événements qui survinrent à la mort de Ranavalo. Enfin, dans l'ordre chronologique des ministres favoris ou maîtres de la reine, apparaît un autre monstre qui surpassa ses prédécesseurs, non pas en audace et en énergie, mais en rapacité et en cruauté, c'est Rainizair. Il fut ainsi le dernier débris de cette association d'officiers du palais qui fit tout trembler à Madagascar après s'être emparé du pouvoir sous le nom de Ranavalo, et qui exerça impunément tant de ravages pendant la longue durée de l'existence de cette femme.

Ce fut sous la domination de ce dernier ministre qu'eut lieu en 1857 un complot dont l'idée première paraît avoir germé sur les lieux mêmes dans l'esprit de deux ou trois Européens, alors à Tananarive, et témoins du dégoût universel qui s'était emparé de la population, mais surtout de l'entourage de la cour, fatigué de la servitude aveugle et de l'existence précaire qui lui étaient imposées. Telle était la lassitude universellement ressentie que, malgré le peu de ressources dont pouvaient disposer ces Européens, fort restreints dans leurs moyens de captation, ils n'eurent aucune peine à entraîner le fils de la reine et les principaux personnages de la cour d'Emirne. Il s'agissait, à un moment donné, de s'emparer ou de se défaire de Rainizair, seul et unique obstacle à leurs projets; d'entraîner la reine à abdiquer en faveur de son fils Rakout, chose très-aisée, et de proclamer celui-ci. Ce complot, qui ne manquait pas de quelque hardiesse, mais qui n'avait pu se former toutefois qu'à la faveur de l'état général des esprits, aurait exigé, pour sa réussite, la présence d'un homme énergique au milieu de tous ces débiles courages. Ce personnage important manqua absolument, et en attendant qu'on pût le trouver, on perdit un temps précieux, la conspiration avorta complétement. Rainizair eut le temps d'en être informé par un autre Européen, ministre protestant, en quête d'une position à Madagascar, et alors à Tamatave, d'où il écrivit au premier ministre tout ce qui se tramait autour de lui. Rainizair usa dans la circonstance d'une modération forcée et imposée par le vide qui s'était fait autour de sa personne. Le désir et la volonté de châtier ne lui firent pas défaut; mais il aurait fallu assouvir sa vengeance sur un trop grand nombre d'individus, et la prudence l'obligea de modérer son courroux. Il se contenta d'expulser les étrangers qui se trouvaient si gravement compromis, mais à la façon malgache : conduits sous bonne escorte de Tananarive à Tamatave, où ils pouvaient être rendus en huit ou dix jours de bonne marche, on leur imposa un voyage de cinquante-sept jours, afin de les exposer aux ravages de la fièvre sur laquelle le ministre comptait pour punir ces téméraires. Ils purent toutefois résister à l'action de la maladie, et en furent quittes pour la peur, et l'épreuve du tanghin faite à leur adresse sur des poulets. Pour un Malgache, Rainizair montra de la sagacité dans cette affaire; il ne la considéra que comme elle devait l'être, ce qui était beaucoup pour un barbare, et ne vit dans cette entreprise, maladroitement menée et ridiculement avortée, qu'un fait isolé, et dont les auteurs seuls pouvaient être responsables. C'est même dans ce sens que le ministre hova en fit part à l'administration de Bourbon par une communication qu'il lui adressa, et dans laquelle il faisait adroitement valoir toute la modération du gouvernement d'Émirne vis-à-vis des Européens compromis. J'ignore totalement si cette pièce existe encore aux archives de l'administration, je ne la mentionne que sous toute réserve et comme le dernier mot de cette affaire, qui, si elle eût trouvé dans le ministre qu'on voulait déposer un homme pouvant disposer de quelques forces dévouées, n'aurait pas manqué d'avoir un dénoûment sanglant. Il n'en fut heureusement rien, grâce au dégoût qui avait éloigné tout le monde de la reine et de son favori, et les imprudents qui s'étaient engagés si légèrement dans cette affaire si mal conduite, n'en furent quittes que pour trembler un moment pour leurs têtes que le nombre des conjurés sauva presque toutes, après s'être fait une idée peu avantageuse de ceux qui les avaient ainsi exposées.

Depuis ce dernier événement, il ne se passa rien d'extraordinaire à Madagascar ; les peuples attendirent avec résignation le moment où la nature mettrait elle-même un terme à la trop longue carrière de Ranavalo. Enfin, ce moment désiré de tous, et appelé de longue date, arriva. Dans la nuit du 14 au 15 août 1861, la reine avait cessé d'exister. Sa mort fut encore l'occasion d'une lutte dans le palais : deux partis se trouvaient en présence ; l'un représenté par Ramboussalam, neveu de la reine, qui s'appuyait sur le vieux parti hova, réunissant tout ce que l'Ankou renferme de plus farouche et de plus ignoble, ennemi de tout contact avec l'étranger ; l'autre par Rakout, le fils de la reine, autour duquel s'étaient groupés tous les hommes les plus intelligents de ce pays. Il fallut, de la part de ces derniers, déployer quelque énergie au milieu de ces circonstances décisives, et il y allait du reste de la vie de tous ceux qui s'y étaient attachés. Ramboussalam, une fois parvenu au pouvoir, n'aurait pas hésité à se débarrasser à tout jamais de ceux qui avaient embrassé le parti contraire au sien, et voire même de Rakout. Dans cette nuit d'angoisses, on vit Ramboussalam entrer plusieurs fois au palais, et toujours armé, épiant le moment de se défaire de son cousin. Mais cet homme, d'un caractère naturellement lâche et cruel, n'eut pas le courage d'accomplir ses sinistres desseins. Il se laissa surprendre, et, pendant qu'on se saisit de sa personne, les conjurés du parti de Rakout entraînent le fils de la reine sur le balcon, et le présentent au peuple qui, à un signal donné, avait été appelé dans la cour du palais. Au milieu même de la nuit, Rakout est proclamé après une allocution qu'un des chefs adresse au peuple. Cette manifestation eut toutes les suites

désirables : on vit pour la première fois, à Madagascar, un avénement
de souverain hova se passer sans aucune effusion de sang. Ramboussalam eut la vie sauve ainsi que Rainizair; on les interna à huit
lieues de Tananarive, où ils étaient encore gardés à vue pendant
mon séjour dans la capitale hova.

On pourrait s'étonner à juste titre de l'audace de Ramboussalam,
de prétendre à la succession de sa tante au détriment du propre fils
de la reine, sans une explication qui devient nécessaire pour l'intelligence de ces événements et de l'histoire de Madagascar. Radama
se voyant privé d'enfant mâle, avait présenté au peuple, quelque
temps avant sa mort, le jeune Ramboussalam, son neveu. Cette cérémonie a lieu d'habitude sur la grande place située au pied de la
colline sur laquelle est bâtie Tananarive, et où se trouve la pierre sacrée qui sert aux présentations de cette nature. Rakout est né deux
ans après la mort de Radama, et est le fils d'Andrian-Mihaza. La
reine Ranavalo avait eu souvent la pensée de le présenter au peuple,
mais des idées superstitieuses l'avaient toujours retenue; on lui avait
toujours prédit qu'elle survivrait peu à cette cérémonie. Toutefois,
il paraît qu'elle y pensait encore pendant les derniers temps de son
existence, car la pierre avait été retouchée et préparée à cette intention. C'est sous cette transformation nouvelle que j'ai eu occasion de
la voir. Ranavalo n'eut jamais l'idée de soupçonner les intentions de
son neveu Ramboussalam. Il est même assez probable qu'elle aurait
devancé les mesures de sûreté générale que les partisans de son fils
furent obligés de prendre pendant qu'elle expirait.

Tel fut le dénoûment des derniers événements de Madagascar.
Le règne qui vient de finir emporte à jamais avec lui le stigmate de
la réprobation. Inauguré dans le sang, il s'en abreuva toujours et ne
fut qu'une longue suite de meurtres, d'assassinats et de destruction
de tout genre. La vie semblait même s'être arrêtée à Madagascar
pendant cette terreur de trente-trois ans. Les populations, décimées
par le fer et le feu d'une part, par le tanghin de l'autre, étaient
rendues. Je n'ai rencontré partout que l'aspect d'un pays désolé
comme par la peste ou par quelque autre fléau du même genre. Tout
ce que je pourrais en dire ne donnera jamais une idée exacte de l'état
de souffrance dans lequel j'ai vu les populations que j'ai récemment
visitées. Par la force des choses, cette situation ne pouvait durer sans
porter atteinte à l'existence même des Hovas.

Peut-être celui de son fils effacera-t-il de la mémoire des peuples
de Madagascar le souvenir lugubre qui est à jamais attaché au nom de

Ranavalo pour les Européens. L'histoire a présenté quelquefois d'é-
tranges anomalies : on a vu un Marc-Aurèle avoir pour fils et successeur un Commode. Peut-être verrons-nous à Madagascar un prince
digne d'estime dans le fils du personnage qui vient de disparaître,
et à qui les missionnaires ont infligé, depuis longtemps déjà, le surnom caractéristique de Caligula féminin.

Je n'ai pas entrepris d'écrire le martyrologe de Madagascar; ces
révélations qui entrent peu dans mes goûts trouveront peut-être de
meilleurs interprètes que moi. Je leur laisse donc le soin de faire
connaître de quelle façon les Hovas et leur gouvernement ont usé
de leur prépondérance pendant les quarante années de domination
farouche qu'ils ont impunément exercée dans notre siècle ; je dirai
plus loin ce qui est advenu de la race livrée à leur rapacité par le dé-
chaînement d'une politique que les premières notions du droit des
gens auraient dû rendre plus retenue et moins aveugle dans la poursuite de ses desseins. Dans un ordre de choses plus relevées que les
doctrines vulgaires, chacun est responsable de ses actions, les individus comme les nations : l'histoire à son tour pourra donc peut-
être se montrer un jour sévère vis-à-vis de ceux qui n'ont laissé à
Madagascar que les traces de leurs ravages. Je n'ajouterai à ce que
j'ai déjà relaté de ce règne fameux par les atrocités qui se commi-
rent pendant toute sa durée, que selon les appréciations des plus
indulgents, le nombre des individus détruits par le tanghin seulement ne s'élevait pas à moins de cent cinquante mille jusqu'en
1844. Pendant ce règne, la plupart des petits chefs héréditaires qui
se trouvaient à la tête des villages et des districts appartenant aux
tribus soumises disparurent de mort violente, eux et leur famille. Ces
mesures que rien n'autorisait le plus souvent entraient dans la politique sauvage du gouvernement d'Emirne. Il fallait enlever à ce
grand corps malgache dispersé sur toute la côte orientale jusqu'aux
moindres vestiges des anciennes familles qui pouvaient encore exercer la plus petite influence. Voici entre mille autres un exploit dû à
Coroller, cet homme qui, à l'entendre, avait horreur de répandre le
sang. Les Ontatchimes, tour à tour soumis et révoltés, résistèrent aux
Hovas jusqu'en 1827. Coroller, nommé régent de Tamatave depuis la
mort de Jean-René, fut envoyé contre eux à la tête d'une assez forte
expédition. Arrivé dans leur province, Coroller obtint une entrevue
avec les chefs révoltés : il avait été convenu que les deux armées se
tiendraient éloignées; mais lorsque les chefs arrivèrent au rendez-
vous, ils se virent sourdement enveloppés par les troupes hovas, et

vingt-deux d'entre eux furent décapités sur-le-champ. Il est bien peu d'endroits à Madagascar qui n'aient été le théâtre de quelque tragédie de ce genre.

Voici en terminant l'histoire de ce règne l'appréciation qu'en a laissée Coroller dans une lettre écrite en 1829, du théâtre même des événements qui en signalèrent l'avénement. (Tananarive, 9 avril 1829).

« Le gouvernement actuel est un monstre composé du despotisme, de l'oligarchie et de la démocratie, gouvernement qui, tout bizarre qu'il est, a succédé à l'état despotique d'autrefois sans aucune révolution, et qui déploie son autorité avec lenteur et despotiquement. Dénué de toute espèce de ressources réelles et ses nerfs étant affaiblis, il n'est que le squelette d'un gouvernement présomptueux qui ne saurait devenir la tige chérie de Malgache. Sans avoir le moindre revenu assuré, il affiche le luxe et l'éclat. S'il ne change point de base, sa politique vacillante, tortue et insidieuse, laissera percer et démasquer sa faiblesse; et la renommée dévoilant aux regards des peuples des côtes, ses vices et ses actions secrètes, ils ne manqueront point de saisir l'occasion de saper ses fondements, de le punir de ses énormes atrocités, et de se délivrer du joug tyrannique qui les opprime.

» Les trois pouvoirs réunis, d'où je ne suis pas exclu, malheureusement pour moi, n'ont d'autres règles que leurs intérêts et ils n'offrent qu'une bien faible garantie à la sécurité nationale, ils éloignent la confiance universelle en chicanant, en maltraitant tout et en ne payant point certaines dettes du roi défunt, de l'ancienne famille royale exterminée, et de plusieurs officiers égorgés victimes de leur amour et de leur zèle pour la vieille cause. Je dis malheureusement pour moi, parce que (à Dieu ne plaise que je me croie le premier homme de Malgache!) Si l'oligarchie dans laquelle je suis incorporé ou les deux autres font quelques énormes sottises, on se plaira à jeter l'odieux sur mon compte, me considérant peut-être le plus instruit d'ici. Du reste, j'en ai pris mon parti et je ferai face à tout.

» Loin d'imiter maint ambitieux qui voudrait être protégé, nous tremblons de monter ce grade : bien de nous voudraient pouvoir quitter le service, et mener une vie privée. Mais qu'y faire sous un fantôme de gouvernement, qui devient ombrageux quand on lui parle de démission. Il faut se taire, bon gré mal gré. Pour m'en consoler je prendrai le temps comme il vient, en faisant l'optimiste; m'émerveillant de la divine Providence, je dirai : tout est bien dans ce monde, et on n'y voit point d'adulateurs, de méchants, de fripons, de malheureux, de pédants, de sots, ni de fous.

» La renommée vous a sans doute appris les aventures comiques de l'olibrius Robert Lyall, ex-agent britannique. Il est encore à la detention d'Ambouhipeine où il a fait venir sa famille et sa suite, et d'où il ne sortira que pour quitter Madagascar. La démocratie et une partie de l'oligarchie demandent qu'on recommence le trafic de la chair humaine, afin de tirer le peuple de la misère où le gouvernement anglais, qu'on abhorre ici, l'a plongé par l'intermédiaire de Radama le Grand. Le despotisme et l'autre moitié du pouvoir oligarchique résistent encore à ce cri national; mais ils seront obligés d'y consentir pour le bonheur de Malgache : car, sans cela, une révolution pourrait s'ensuivre, et Malgache tomberait dans une affreuse anarchie. Si toutefois l'on envoie une députation à Tamatave pour vous demander de quelle nation vous êtes, dites créole, ou Français, ou Portugais, etc., mais gardez-vous bien de vous dire Anglais, car vous serez expulsé d'ici par la mascarade, ou bafoué ou vu de mauvais œil. Les révérends missionnaires et les artisans britanniques tremblent dans leurs manches ; ils sont sous mes auspices et sous ceux de quelque peu d'officiers. Nous sommes à solliciter pour qu'ils puissent demeurer parmi nous, en observant que leur mission n'a rien de commun avec les officiers publics de leur gouvernement et avec l'horrible commerce tant désiré. Jusqu'ici nous n'avons obtenu qu'une assurance insignifiante pour eux. Cependant leurs écoles vont toujours de l'avant, et nous sommes dans l'attente que, quand l'effervescence du peuple sera calmée, on les laissera peut-être résider à la capitale ou dans toute autre place d'Ankove.

» J'ai oublié de vous dire que depuis que le peuple recommence le trafic des esclaves et qu'on crie : Hors d'ici les Anglais! hors d'ici cette peste de prometteurs et de menteurs! le prix des esclaves a monté considérablement. Autrefois l'on avait ici un beau noir pour 25, 26 ou 27 piastres, et une belle servante pour 30 ou 35 piastres; mais aujourd'hui leur valeur s'est augmentée d'un tiers ou d'une demie. Les beaux esclaves seront à 60 et 70 piastres d'Espagne, et on ne pourra pas les donner à moins; car je crois que si on cède aux désirs du peuple, le gouvernement fixera leur prix. Si les étrangers de Maurice ne les achètent point, ceux de Bourbon et de l'île Mozambique ne demanderont pas mieux; ils les occuperont et leurs colonies seront florissantes, tandis que la vôtre (île Maurice) ira à son déclin... »

14

TROISIÈME PARTIE

I

ÉTAT ACTUEL DE MADAGASCAR.

La situation actuelle des peuples de Madagascar peut se traduire par deux mots : misère et prostration générale partout, même chez les Hovas. Tous se ressentent de la profonde léthargie qui pesait encore sur eux il y a quelques mois à peine, et ils ne paraissent même pas prêts d'en sortir. Il faudrait, pour voir s'opérer ce phénomène de résurrection, plus de vitalité que n'en ont en général ces populations, et la certitude profonde pour elles d'un changement radical dans le système suivi à leur égard par la fraction dominante de la tribu conquérante. Tant que le Malgache ne sera pas convaincu que sa personne et le fruit de son labeur seront désormais choses respectées et inaliénables, il est assez douteux qu'il reprenne son ancienne et parfois étonnante activité. On a souvent fait aux Malgaches le reproche injurieux de leur profonde paresse, comme si ce vice était inhérent à leur nature indolente. Je l'avais cru ainsi que d'autres sur la foi de mes devanciers, mais aujourd'hui que je puis apprécier les nombreuses causes de cette apathie qui leur a été tant reprochée, je suis plus que disposé à l'indulgence ; je me sens même le désir de les défendre. Dans un pays où la possession du moindre objet aurait pu exciter la convoitise du dominateur et entraîner la perte de celui qui se serait avisé de donner satisfaction à ses instincts de bien-être, le seul parti à prendre, puisque la révolte devenait impossible pour mille causes diverses et faciles à apprécier pour celui qui s'est enquis de l'histoire de ces peuples depuis quarante ans, et qui d'ailleurs n'avait abouti qu'à l'extermination de ceux qui avaient à plusieurs reprises donné le signal de la résistance ; le seul, dis-je, mais bien triste parti à prendre, était d'attendre avec résignation et patience des temps moins rigoureux, en cherchant à se faire oublier. Aussi, ces populations, jadis nombreuses, si gaies de leur naturel et si amies du plaisir, se sont-elles courbées silencieuses, et demandant à la chasse du gibier d'eau, ou à la pêche une alimentation insuffisante, mais de nature du moins à n'éveiller aucun soupçon de bien-être et à n'attirer sur elles nul egard avide. N'ayant plus rien à prendre, le gouvernement hova se saisissait souvent de l'individu même pour de longues et pénibles corvées, et l'on a vu plus souvent encore des villages entiers recevant l'ordre impérieux de se transporter à vingt ou trente lieues de leur résidence ordinaire, afin d'aller travailler aux établissements que la reine avait, de compte à demi avec quelques industriels, établis à la côte. Là on les retenait arbitrairement pendant plusieurs mois, et tout en donnant tout leur temps au travail des terres affectées à ces usines, ils étaient obligés de pourvoir par eux-mêmes à leur alimentation. Les moyens coercitifs se résumaient dans la sagaïe, et malheur à qui aurait osé élever la voix pour une réclamation. Ainsi l'abandon violent du peu que le Malgache pouvait posséder sous son humble toit, consistant dans sa provision de riz, la mort comme moyen de répression, et la faim pendant toute la durée des travaux, telle était la condition des travailleurs soumis aux réquisitions de la reine. Quant aux tribus qui n'avaient point eu le malheur d'avoir vu s'élever de pareils établissements sur leur territoire, elles n'étaient pas mieux traitées. Des corps de soldats hovas, affamés eux aussi, parcouraient de temps à autre les provinces, soit pour les maintenir dans le devoir, soit pour surveiller leurs mouvements et les intimider par leur présence. C'était une nuée de vautours qui s'abattait alors sur ces misérables populations. Toutes les provisions passaient pour l'entretien de ces hôtes dangereux, et quand l'irritation devenait

menaçante, on saisissait cette occasion , si on était en nombre,
pour incendier les villages. Alors on les considérait comme rebelles et on les traitait en conséquence; la population mâle valide
était massacrée dans une rencontre suscitée à dessein, puis les
vieillards et les enfants en bas âge, trop faibles pour prendre le chemin de l'Ankove, étaient aussi la proie de la sagaïe, et les jeunes
femmes seules, ainsi que les enfants en état de supporter les
fatigues de la route, étaient emmenés prisonniers dans le repaire
et plongés dans l'esclavage, après avoir été distribués entre les
chefs de ces bandes d'assassins. Voilà de quelle manière se sont
recrutés depuis trente ans toutes les concubines des officiers hovas
ainsi que tous les esclaves qui sont actuellement dans l'Ankove,
et où ils forment à peu près les deux tiers de la population.
Aussi la race hova se trouve-t-elle menacée aujourd'hui d'une
transformation physiologique complète.   La jeune génération
se ressent considérablement des débordements de la conquête.
Il ne reste des Hovas de pure race que les femmes et quelques
fractions du bas peuple; tout le reste présente les traces du mélange récent. La plupart des jeunes gens n'ont du Hova que
les cheveux restés droits; mais leur teint et les traits de leur physionomie se rapprochent beaucoup de ceux des Malgaches du littoral, dont ils proviennent par les captives leurs mères, enlevées
de toutes les provinces soumises. Sur cent individus, dans l'Ankove,
on rencontre à peine dix Hovas de race pure, les neuf autres
dixièmes présentent à des degrés divers les traces plus ou moins
prononcées des différents mélanges dont ils sont issus. Aussi,
comme je l'ai dit plus haut, la capitale hova présente par sa population l'aspect d'une ville plutôt africaine qu'accusant un autre type.
Ce sont les seuls fruits que les Hovas aient su tirer de la conquête.
Loin de créer un ordre meilleur, ils ont dépeuplé le pays par l'extermination des mâles, et à leur tour aujourd'hui ils sont menacés
d'une disparition complète, par leur transformation dans le sang des
filles de leurs victimes.

A l'extermination s'est ajoutée la ruine générale du pays; c'était
une conséquence absolue. Les forces de Madagascar ont été littéralement paralysées. La production de cette île, jadis fort abondante,
s'est réduite au strict nécessaire pour empêcher la population de
périr d'inanition. Elle était jadis adonnée à l'éducation des troupeaux, ce qui lui procurait beaucoup de bien-être : le bœuf est devenu fort rare chez les tribus, et les populations des provinces n'en

mangent guère depuis bien des années ; le bœuf n'est encore abondant que dans l'Ankove, et c'est de cette seule province que sortent la plupart de ceux qui servent aux approvisionnements des îles Maurice et Bourbon. Les populations du littoral n'élèvent même presque plus d'animaux domestiques, qui faisaient la richesse des anciens villages. C'est à peine si l'on aperçoit autour des lieux habités quelques poulets étiques. Enfin, rien ne rappelle la vie dans ces bourgades si animées autrefois, et où le voyageur n'entendait le soir que chants et danses bruyantes. Là, aujourd'hui, tout est triste, morne et silencieux, comme si la peste venait d'y passer. Le Malgache semble avoir perdu jusqu'au sentiment de ses souffrances, et il m'a paru hébété. Couvert de gale, il croupit dans sa misère et ne paraît pas vouloir faire le moindre effort pour en sortir ; en un mot, il est démoralisé. Tel est l'état abject dans lequel je l'ai trouvé, et où l'a réduit le système de terreur employé sous le règne terrible qui vient de finir. En sortira-t-il ? Évidemment, telle est ma conviction profonde, parce que la race n'y est pas entièrement détruite d'abord, mais pourvu toutefois qu'un souffle régénérateur vienne réunir ces membres épars et mutilés, en calmant d'abord les frayeurs, et en assurant un peu de sécurité à ces malheureuses populations.

Le tableau que je viens de tracer de l'état actuel des peuplades de Madagascar n'est pas gai, je l'avoue ; mais il n'a malheureusement qu'un seul mérite, celui de n'être que trop vrai ; et, d'avance, je proteste hautement contre toute insinuation qui tenterait d'en altérer la couleur dans un but quelconque. Dégagé de toute préoccupation individuelle, et voyant les événements du point de vue élevé où place l'histoire, j'aurais voulu trouver quelque chose à louer dans la domination hova ; mais, à la place d'un grand corps uni d'intérêts, si ce n'est de cœur, attendu que les souvenirs de la conquête sont encore trop saignants, je n'ai rencontré partout que les traces de la destruction et de la ruine, et la plus abjecte misère chez des populations habituées jadis à vivre heureuses au milieu de l'abondance que leur offre la richesse naturelle de leur patrie. Quant aux Hovas eux-mêmes, à part quelques familles privilégiées, le peuple est loin d'être heureux, et le plus misérable d'entre eux est sans contredit le soldat hova, qui n'a ni gîte, ni solde, ni ration, et pas de famille ; obligé de se transporter sans cesse d'un lieu à un autre, sur l'ordre d'un chef quelconque, il a recours à l'aumône pour subsister quand il n'est pas en nombre, et, dans le cas contraire, il pille partout où les besoins du service l'appellent. Du temps de Radama,

on a pu voir un moment un semblant d'armée, grâce à la présence
du souverain dont l'autorité sans bornes maintenait les bandes réunies sous ce nom ; mais depuis la mort de ce personnage il en est
resté à peine l'ombre. Voici l'exact état des choses sous le rapport
militaire chez les Hovas. La ville de Tananarive a pour défense une
trentaine de pièces de canon, souvenir de l'ancienne munificence anglaise, et aujourd'hui abandonnées sans affûts, rongées par la rouille,
à moitié enfouies dans la terre. Elles sont rangées dans le sud de la
ville, sur le parapet de la rive gauche de la grande rue qui traverse
Tananarive, et dominent le champ dont j'ai déjà parlé, et qui sert aux
assemblées populaires. Le canon de diane se trouve placé du côté
nord, au sommet du monticule. Bien que ce soit la seule pièce dont
on se serve encore, elle est également sans affût. En ceci consiste toute
l'artillerie apparente de la capitale des Hovas. Quant aux fusils, ils
doivent en avoir une assez grande quantité ; mais ces armes, de
rebut en général et achetées à vil prix en Allemagne, ne sont point
entretenues, et le fusil que j'ai trouvé entre les mains du soldat hova
n'en a que la forme. Ces armes leur ont été fournies par un ou deux
agents établis à Madagascar comme traitants, et une maison de
commerce de Bourbon. Peut-être ont-ils conservé aussi quelques
débris des anciennes fournitures anglaises.

Les Hovas ne savent point fabriquer la poudre à canon et ne la
reçoivent que du dehors ; ils n'en ont que fort peu. Quant aux fameux canons fabriqués dans l'Ankove par les soins d'un Français,
ce ne sont que de pures inventions reproduites aux îles par les complaisants des merveilles de l'Ankove. On a pu couler quelques canons
dans des moules grossiers, mais, tant qu'à les forer et à en faire des
armes de précision, ceci était au-dessus de la portée de l'industrie indigène. Elle s'est bornée, en fait d'armes, à la confection de quelques
sabres grossièrement travaillés. Les seuls instruments que j'aie re-
marqués dans l'Ankove sont des couteaux de boucherie, grossièrement
fabriqués, mais solides et bien emmanchés. Ces couteaux rappellent
assez ces faux qui armaient les chariots de guerre des Gaulois, nos
ancêtres, et qui constituaient une arme de guerre si terrible contre
l'infanterie romaine.

Les Hovas ne sont point organisés militairement. Ils n'ont aucune
milice citoyenne, aucune organisation municipale. Je ne devrais pas
même mentionner ce fait qui n'est pas à leur portée, mais c'était pour
arriver naturellement à parler de la sûreté de la ville, qui n'est nullement gardée ; le jour, pas de police, même pour maintenir l'ordre et

protéger l'étranger contre la curiosité importune des nombreux désœuvrés qui envahissent jusqu'à sa demeure ; et la nuit tout est désert, on n'entend, de neuf heures à minuit, que le cri rauque de quelques soldats postés aux alentours du palais, mais bientôt apaisé par le sommeil qui les gagne tous. Ces précautions nocturnes étaient prises du temps que j'étais dans la ville hova contre le parti de Ramboussalam, en vue d'un mouvement subit de la part de celui-ci, resté en majorité par le nombre, mais composé en général de gens de la plus basse extraction. Ce sont d'anciens affranchis d'Andrian Ampouïene et leurs descendants pour la plupart. Ils ont été sous Radama incorporés dans l'armée et ont formé le premier noyau de cette horde qui a servi à envahir le littoral. Il y avait dans leurs rangs beaucoup d'esclaves africains achetés par le premier conquérant et sous son fils ; ces mêmes nègres ont formé un corps connu sous le nom de *Sirondas*, chargé spécialement de la police et des exécutions fréquentes qu'ordonnait ce prince. J'ai vu bien des hommes de races étrangères, dans mon existence, depuis plus de dix ans que je parcours les deux mondes, mais je n'ai rien rencontré de plus hideux et de plus ignoble que ces figures des bas officiers de l'armée hova. Couverts de scrofules, abîmés par les maladies suspectes et l'ivrognerie, leurs faces horribles semblent accuser, comme chez le babouin des montagnes de l'Afrique australe, une haine aveugle contre tout ce qui existe. Ce sont ces hommes qui forment les bas-fonds du parti qui fit tout trembler à Madagascar. C'est ce même parti qui, fidèle à ses instincts, s'est toujours montré hostile à la venue des étrangers et même à tout rapport avec eux. S'il était en forces suffisantes, et si surtout on avait le malheur de le laisser agir aussi impunément qu'il l'a fait jusqu'ici, la race entière de Madagascar disparaîtrait dans ce gouffre impur. Mais rassurons-nous pour l'humanité : bien que redouté encore à cause de sa férocité malheureusement trop connue, le vieux parti hova est profondément miné et chancelle déjà. Les provinces qui ont si facilement accepté le joug semblent vouloir se réveiller sur quelques points, et dans le sud, chez les Ant-Anosses comme dans le nord-ouest, les Hovas ont eu, ces temps derniers, à se défendre contre des attaques qui annoncent que la vie n'est pas tout à fait éteinte. Quelque temps avant mon arrivée dans l'Ankove, les Sakalaves avaient fait une incursion sur le territoire de cette province et étaient venus à une vingtaine de lieues de Tananarive. La puissance hova est aujourd'hui vermoulue, et les provinces seules, réduites à leurs propres forces, pourraient avantageusement secouer

le joug, si elles avaient à leur tète quelques individus capables de
les remuer; mais privées de toute communication entre elles, elles
n'ont même plus aucun représentant des anciens chefs qui les gouvernaient avant la conquête. La plupart de ces familles qui jouis-
saient de quelque considération ont été totalement détruites même
dans les femmes. A la tète des villages se trouvent aujourd'hui des
chefs nommés par les Hovas, et leur pouvoir, fort restreint d'ailleurs,
n'est que nominal, leur influence nulle. Toutefois, vu l'état réel des
hommes et des choses à Madagascar, si aucun secours ne venait du
dehors pour appuyer la domination chancelante des Hovas, et contrairement à ce qui a été avancé par tous les auteurs qui m'ont précédé, je puis affirmer que la lutte qui menace d'éclater contre les
dominations actuelles de l'île, ne serait pas infructueuse, si les tribus
soumises ne sont point terrifiées par la présence d'Européens dans
les rangs de leurs ennemis. C'est à l'aide des secours fournis aux
Hovas et au concours des Européens qui se sont mis à leur tète que
leur domination a pu s'effectuer sur les paisibles populations qui furent subjuguées par Radama. Là est le secret de la conquête hova.
Mais comme cette domination insolite, aussi farouche que cruelle,
n'a été depuis lors qu'un perpétuel outrage à l'humanité et une violation sanglante de tous ses droits, les Hovas ne peuvent inspirer
nul intérêt, et la puissance européenne qui a tant contribué à leur
débordement sur le sol de la grande île, mieux renseignée aujour-
d'hui sur l'usage odieux qu'ils ont fait de la conquête, a dù sans doute
plus d'une fois regretter la passion aveugle de l'ancien gouverneur
de Maurice qui l'a poussé à commettre cet acte de vandalisme politique. Ces menées à Madagascar n'ont abouti qu'à donner des armes
à des oppresseurs d'une singulière espèce, pour mieux asservir des
populations inoffensives en attendant qu'ils pussent s'en servir contre
ces mêmes vues qui avaient dicté la conduite du gouverneur Farquhar. La chute de l'influence anglaise à Madagascar a été la juste
punition de la conduite inique des agents britanniques dans les affaires de ce malheureux pays.

Je ne suis pas en mesure de dire au juste ce que le gouvernement
hova peut mettre d'hommes sous les armes. Tout ce que je puis
avancer de certain après ce que j'en ai déjà dit, c'est que les forces
dont peut disposer ce gouvernement ne sont nullement organisées :
il n'existe pas à proprement parler d'armée hova à Madagascar, car
je me déciderais difficilement à donner ce nom à un ramassis de
pauvres diables, déguenillés pour ne pas dire littéralement nus, an-

nonçant par leur constitution physique la plus extrême misère. Leurs armes se ressentent même de cette détresse, elles sont toutes rouillées jusqu'aux fers de lances. (Le soldat hova est généralement armé d'un fusil et d'une sagaïe.) Les officiers ne sont guère mieux que les soldats; dans les revues, les uns portent de vieilles défroques d'Européens, et les généraux des habits d'uniforme de toutes couleurs, sans goût ni choix, et plus faits pour les ridiculiser que pour leur donner un aspect imposant. Ils feraient tous beaucoup mieux de conserver le costume national qu'ils portent généralement avec grâce et aisance et qui leur sert bien; ils auraient au moins un cachet pittoresque et particulier. Lors de mon passage à Tamatave, la garnison du fort ne dépassait pas le chiffre de trois cents hommes; il est à noter que c'est la place la plus importante de toutes les possessions hovas dans le moment actuel. Chez les Hovas, il y a au moins autant d'officiers que de soldats; aussi tous les individus au-dessous du grade correspondant à celui de capitaine en premier, portent-ils le fusil comme le simple soldat, avec cette différence que la sagaïe de celui-ci est remplacée par un sabre. Chez les chefs, le ruban d'officier général était en passementerie très-commune, qui sert dans la bimbelotterie; je n'omets pas ces petits détails, puérils, il est vrai, mais auxquels il faut attacher une certaine importance parce qu'ils sont susceptibles de mieux faire apprécier l'état des choses à sa juste valeur. Maintenant, si l'on ajoute à tout ce qui précède, un système d'espionnage organisé à tous les degrés dans les rangs de cette singulière institution où le chef de la veille, 13 ou 14ᵉ honneur, peut redevenir tout à coup simple soldat, sur le rapport d'un officier subalterne ou par un caprice de quelque intrigant plus influent, on aura à peu près une idée assez exacte de la constitution militaire chez les Hovas.

Tels qu'ils sont, les Hovas occupent actuellement la moitié de Madagascar. Ils ont différents postes sur la côte orientale, entre autres celui du Fort-Dauphin, un autre à Foulpointe, un à Vouhémar, un autre à Mourounsang et celui de Bombétok. La baie de Diego-Suarez n'est pas occupée à cause du voisinage des Ant-Ancarses qui n'ont jamais été bien soumis. Mais ils ne sont que campés dans ces différents endroits, aucune colonie de leur tribu n'est venue s'établir dans les provinces conquises. Le gouvernement hova ne s'y maintient qu'à l'aide de ses faibles détachements et surtout à l'aide du système d'intimidation employé depuis la conquête. Après avoir détruit soit par le fer, soit par le tanghin, tous ceux qui pouvaient lui porter ombrage, il lui a été facile de régner sur ce corps aux membres épars et privé de tête.

Je ne puis mieux terminer cet exposé qu'en donnant ici l'itinéraire de mon voyage dans l'Ankove. Parti de Tamatave dans la matinée du 20 octobre 1861, je passe à *Yvondrou*, et je fais halte à à *Tranoumare*, petit village de cinquante individus et de douze à quinze cases, sur le lac de Nossi-vé ; le lendemain, 21, je couche à *Vavoune*, sur le lac Ratsoua-lé. Vavoune est un village de cent cinquante à deux cents individus, avec vingt-cinq à trente cases. Le 22, je stationnai à *Andévourande* quelques heures ; cette bourgade, de mille habitants ou plus aujourd'hui, était avant la conquête la plus forte ville des Bétamimènes, et comptait jusqu'à vingt mille habitants. Dans l'après-midi, je remonte l'Yargue ou rivière d'Andévourande jusqu'à *Vouïboaze*, et je fais halte à Maraombe. La bourgade de Vouïboaze peut avoir de mille à douze cents individus ; elle est bâtie sur le premier monticule que l'on rencontre en s'avançant dans les terres, et peut avoir de cent cinquante à deux cents cases, comme Andevourande. Maraombe, autre village situé sur un monticule de vingt-cinq mètres d'élévation, peut avoir de deux à trois cents habitants et cinquante cases. C'est le premier endroit où je rencontre des caféiers plantés par un ancien traitant : ces arbres y viennent fort bien et m'ont paru d'une belle végétation, ainsi que les orangers qui composent le verger de l'ancien propriétaire qui s'y était établi. Maraombe, dont le nom signifie beaucoup de bœufs, est entouré d'une plaine superbe, et communique directement par eau avec Andévourande, à l'aide d'une petite rivière qui se jette dans l'Yagre. A partir de ce dernier endroit, les terres commencent à s'élever, et l'on rencontre alors successivement les mamelons dont j'ai parlé dans la description de Madagascar. Le 23, je fais halte à *Bout-Zanaar*, village de deux cents âmes et de quarante cases. Le 24, je couche à *Ompani-Aombé*, joli endroit, mais peu peuplé, malgré la fertilité du sol environnant ; ce dernier village peut avoir, comme le précédent, quarante à cinquante cases et deux cents habitants. Le 25, je traverse le village de *Béfourne*, bien situé, à l'entrée d'une charmante vallée arrosée par une rivière guéable qui la traverse d'un bout à l'autre, mais dont l'aspect misérable m'engage à aller plus loin. La nuit me force à m'arrêter à *Ombaveniache*, où l'on ne trouve que deux cases, et où l'on est littéralement assiégé par les rats, qui sortent des haies voisines. A partir de Béfourne, le voyage devient plus gai à cause de la présence des forêts encore existantes dans cette région jusqu'à une étape plus loin. Le 26, je traverse l'*Al-mazant,* où je rencontre la députation anglaise envoyée par le gouvernement de Maurice auprès du nouveau souverain des Hovas. Le village, situé au milieu de la forêt, porte le même nom; c'est un endroit peu habité et qui contient à peine trente cases, avec cent cinquante habitants au plus. Le 27, après avoir fait halte à *Ompassi-Foutchi,* endroit aride et désolé, je vais coucher à *Maramanga,* sur le bord de la vallée de Mangourou ou plaine d'Ankaya. Le village de Maramanga, d'un chétif aspect, compte à peine vingt cases et cent habitants. Le 28, je traverse le Mangourou et je fais halte à *Amboudinifoudi,* de l'autre côté de la montagne, au pied de laquelle coule cette rivière. Ici, les villages commencent à être un peu plus peuplés, et on y voit plus de mouvement; la couleur jaune des populations commence à se montrer, et, un peu plus loin, au village d'*Amboudin-Angave,* la population accuse déjà le voisinage de l'Ankove, dans laquelle j'entre en franchissant l'*Angavo* en trois quarts d'heure. Il faut alors escalader successivement quatre ou cinq montagnes aussi élevées que l'Angavo et séparées par d'assez profondes vallées. La route est tortueuse, difficile et pénible; c'est un chemin stratégique. Après trois heures de marche, on sort enfin dè ces défilés pour entrer dans une région qui se fait tout à coup remarquer par sa dénudation. Adieu les bois, vous êtes maintenant dans l'*Ankove* à l'aspect désolé, et, après avoir traversé pendant deux heures encore des mamelons arides et presque tous au même niveau par leurs sommets, vous apercevez bientôt dans le lointain *Tananarive,* avec ses deux palais et son dôme noir, couleur que lui donne de loin la toiture de toutes les cases qui tapissent ce monticule. Je fais halte dans un pauvre village hova, pour passer la nuit du 28 au 29 ; et le lendemain, après avoir franchi les douze lieues qui séparent la capitale hova du point où on commence à l'apercevoir, j'entre dans la ville à six heures du soir, après dix jours de voyage.

II

Le souverain actuel des Hovas est un homme de trente-deux ans ; il est petit de taille, assez trapu, son teint est olivâtre comme celui des Hovas de race pure, ses cheveux sont droits et noirs, et sa barbe, contrairement à ce qui se remarque d'habitude chez les hommes de sa race, est assez fournie. Ses manières, bien qu'aisées , dénotent cependant un peu de timidité ; son regard est doux et intelligent bien que sans vivacité, et sa physionomie en général annonce une certaine bonté d'âme. Son caractère est en harmonie avec sa personne : doux, mais indécis, il paraît beaucoup se ressentir de la tutelle dans laquelle il a grandi ; habitué de bonne heure à redouter l'entourage de sa mère, il paraît complétement étranger à l'exercice du commandement. Bien que représentant du pouvoir, celui qu'il exerce est assez limité jusqu'à présent ; tout paraît concentré entre les mains de l'oligarchie qui l'a placé sur le trône hova. Rakout est illettré ; il n'est jamais sorti de l'Ankove, et ses connaissances se bornent à ce qu'ont pu lui dire les quelques étrangers avec lesquels il s'est trouvé en contact. Il est intelligent et s'exprime avec aisance et facilité dans sa langue ; il ne parle ni le français ni l'anglais, bien qu'il connaisse quelques mots de ce dernier idiome. La conversation de Rakout avec les étrangers est généralement d'un caractère assez sérieux et montre un esprit assez mûr mais superficiel ; d'habitude sans suite, elle dénote plutôt la curiosité que le secret désir de s'éclairer et de s'instruire. Le nouveau roi des Hovas est mal entouré, il n'a pas de garde spéciale pour sa personne, et tout son entourage se borne à une trentaine d'individus dont la moitié provient de ses compagnons d'enfance connus sous le nom de *menamosses*, jeunes débauchés incapables de présenter une garantie sérieuse.

Sous le rapport des idées religieuses, Rakout n'est ni protestant,
ni catholique, comme on s'est plu à le dire. Dans les deux îles voisines , le souverain actuel des Hovas est Malgache comme tous les
siens, et ce mot dit plus à lui seul que tout ce qu'on pourrait avancer
d'équivoque à ce sujet, sans préjudice toutefois des heureuses dispositions de ce jeune prince à accepter l'influence salutaire de quelques
hommes de talent que la chance pourrait amener à Madagascar ,
chose qui lui a manqué complétement jusqu'à cette heure.

L'avénement de Rakout s'est signalé par des mesures très-louables
et de nature à le recommander hautement : d'abord la mise en liberté
de tous les individus enchaînés sous le règne précédent, la suspension
des droits de douanes pendant les premiers temps du deuil royal, et la
faculté laissée aux étrangers de circuler librement dans l'intérieur
de Madagascar sans autorisation préalable, chose fort difficile à obtenir depuis la mort de Radama et qu'il fallait acheter par des présents à l'entourage de la reine. C'est grâce à ce mouvement
spontané que j'ai pu effectuer le voyage qui m'a permis de parcourir
l'intérieur de Madagascar et de visiter le jeune souverain dont je
m'occupe présentement.

A mon arrivée dans la capitale de l'Ankove, Rakout n'habitait
pas le palais de la reine ni le palais d'été, fermés tous les deux pour
cause de deuil; le roi des Hovas me reçut dans une petite maison
qui lui servait de résidence, et je le trouvai au milieu de ses menamosses dans une tenue assez simple. Il portait une petite veste verte
et un pantalon de coutil, le reste à l'avenant. Je fus assez surpris de
l'aspect assez pauvre de tout cet ensemble, et je n'eus pas beaucoup
de peine à me l'expliquer à quelques jours de là. Les ressources du
gouvernement actuel sont beaucoup plus restreintes qu'on ne le suppose généralement, et si l'abondance des vivres ne lui manque pas,
il en est autrement pour les nécessités de la vie élégante. Du reste,
Rakout m'a paru avoir peu de goût pour tout ce qui constitue le cé-
rémonial des maisons princières; il a également de l'éloignement
pour le décorum des réceptions officielles et pour toute cérémonie de
nature à lui imposer la sujétion des vêtements d'apparat. Son existence est assez simple en tout et ne rappelle en rien celle de Radama,
ce prince hova qui mourut de ses excès, et qui, par un raffinement de
volupté, avait eu soin de laisser une place toujours vide parmi les
douze femmes légitimes que la loi permettait, afin d'exciter les cares-
ses de ses maîtresses. Livré de bonne heure à une nièce de Ranavalo,
beaucoup plus âgée que lui, Rakout n'a conservé aucune relation

intime avec sa cousine, qui porte le titre de sa Vadin-bé. Depuis plusieurs années, ils vivent même dans la plus complète séparation par
suite d'incompatibilité d'humeur. Cette femme, du nom de *Raboudo*,
est devenue la tête d'un parti secrètement opposé à Rakout. Autour
d'elle, mais discrètement jusqu'à présent, se sont groupés quelques
mécontents et quelques ambitieux de bas étage, qui se souviennent
du rôle que firent jouer à Ranavalo les officiers qui s'emparèrent du
pouvoir sous son nom et qui régnèrent successivement après Radama. Cette position de Raboudo, bien que peu redoutable pour le
moment, pourrait être, à l'occasion, audacieusement exploitée au
détriment du chef actuel, qui présente des garanties bien autrement
rassurantes que les deux prétendants obscurs qui représentent tout
ce que Madagascar renferme de plus farouche, de plus rétrograde et
de plus hostile à l'influence étrangère. L'un de ces deux personnages
vient de disparaître : Ramboussalam a peu survécu au changement
de fortune apporté à sa position par l'avènement de Rakout, et par
suite de la séquestration qu'on lui avait imposée à cause de ses ambitieux projets qui n'étaient plus ignorés de personne. La mort de
ce personnage redoutable est un bienfait pour Madagascar; il n'avait
signalé son passage que par sa cruauté et sa rapacité bien connues.
Il n'usa de son influence auprès de la reine, sa tante, que pour s'en-
graisser de la dépouille de ses victimes. Quant à Raboudo, elle a donné
asile à tous les individus connus sous le nom d'*Ampi-Sikidis* dont
s'était entourée la vieille reine, et c'est elle qui représente actuellement toutes les pratiques du vieil esprit hova. Elle a maintenant en
horreur les étrangers et se refuse presque complétement à avoir le
moindre rapport avec eux. C'est son rôle nouveau qui lui dicte cette
conduite, en vue de ses espérances. Avant la mort de la reine, c'é-
tait une tout autre femme, et on la savait même très-avenante,
comme le sont la plupart des femmes de cette origine.

Seul, dans ce milieu impur qui constituait la cour de la reine Ranavalo, Rakout se fit toujours remarquer par son aversion pour le
système de barbarie atroce qu'on suivait à l'égard du peuple dans le
but de l'intimider sans cesse. Il avait horreur des exécutions, et quand
il savait qu'on allait en faire, il se sauvait à quelques lieues de la
capitale dans une maison de campagne où il aimait à se retirer pour
se soustraire aux hideux spectacles auxquels sa vue était exposée. On
dit qu'il fit quelquefois des efforts pour sauver des malheureux destinés à augmenter le nombre des victimes de sa mère, mais sans jamais lui résister directement et braver l'ascendant de son dernier

favori. Comme on le voit, Rakout est un personnage intéressant; les qualités qui le distinguent, comme homme, sont d'autant plus remarquables qu'elles ne sont point communes chez les hommes de sa race; mais comme chef de la tribu des Hovas, il lui en faut d'autres plus indispensables encore pour rester à la place qu'il occupe aujourd'hui. Son autorité, bien qu'incontestée en apparence, est encore nominale; il n'est pas le maître; il s'en faut même de beaucoup. C'est l'oligarchie qui l'a élevé qui règne et gouverne en ce moment, et à cette occasion nous en dirons quelques mots. On ne sait pas au juste de combien de membres elle est composée; c'est une petite association d'officiers, dont les rapports entre eux sont assez compliqués pour qu'il soit malaisé de bien discerner quels en sont les chefs réels et les meneurs. Ils se surveillent et s'épient sans cesse et paraissent se redouter réciproquement. Au fond de tout cela, une seule chose paraît bien évidente, c'est la crainte de chacun des membres de cette association à rouage compliqué vis-à-vis d'une majorité quelconque pouvant se former instantanément et anéantir soudainement celui qui serait soupçonné de vouloir primer en imposant sa volonté aux autres. Pour le moment, c'est en vain qu'on cherche les dépositaires de l'autorité. Ce n'est ni Rakout, qui tremble comme tous les autres en particulier; ce n'est ni le commandant en chef, espèce d'idiot qu'on a placé à ce poste à cause de la considération dont jouit sa famille par rapport à la fortune qu'on lui suppose. Il est l'aîné de la famille de Rainiharo, l'ancien favori de la reine, et ses frères et ses sœurs passent pour des membres actifs de l'association politique qui règne actuellement. Ce n'est pas non plus Raniraka qui s'est intitulé ministre du *foreign office*; il est trop pauvre et trop peu considéré. Les deux personnages qui précèdent sont des 15e honneur à la cour d'Emirne; les titres et les honneurs ne manquent pas chez les Hovas à défaut d'autres choses. Enfin, c'est encore moins Raharla et Razaficarefo, également membres de l'oligarchie, mais associés subalternes par le degré de considération. Ce n'est aucun de ces personnages divers occupant les dignités les plus élevées en apparence, mais tous soumis à l'influence secrète de la masse de petits officiers qui, à divers titres, font aussi partie de cette association. En somme, c'est l'anarchie dans l'oligarchie, et l'ensemble le plus complet d'éléments contraires, perfides et opposés secrètement les uns aux autres par la jalousie et revêtant tous ensemble le masque de l'autorité. Voilà l'état des choses dans les hautes régions politiques de l'Ankove. Dans cette réunion d'hommes que je viens d'analyser en partie, il ne m'a pas été donné d'apercevoir une individualité quelconque. Tous se ressentent du long état d'abrutissement dans lequel ils ont vieilli ou grandi sous le dernier règne. Tout ce qui pouvait contribuer à l'instruction des individus sachant déjà lire, fut complétement prohibé, et c'est à peine si on y lisait quelques journaux anglais qu'on réussissait à y introduire. Quelques-uns des membres de ce gouvernement s'expriment avec assez de facilité en anglais, mais pas un ne possède une instruction de quelque valeur. J'ai remarqué toutefois un personnage qui se distingue sans peine des autres par sa dignité habituelle et sa réserve, c'est le général Raharla, 14ᵉ honneur, et je ne crois pas m'abuser en avançant qu'il ne serait déplacé nulle part. C'est d'hommes pareils qu'on voudrait voir Rakout entouré; malheureusement, ils sont fort rares d'abord, et je crois même que Raharla ne jouit pas de toute la considération qu'il mérite pour cause de son peu de fortune privée. Raharla serait un excellent conseiller pour Rakout, s'il était écouté et préféré à cette masse ignare qui a cependant beaucoup plus d'influence que lui. Cet homme est modéré et surtout éclairé sans avoir toutefois une solide instruction; il a visité l'Angleterre et la France du temps de l'influence anglaise à Madagascar, et il sait apprécier toute la supériorité des Européens. C'est le seul Malgache avec qui j'aie pu causer de l'Europe avec intérêt. Cependant, soit prudence ou défiance de sa part, Raharla est très-discret et ne livre pas sa pensée; je ne sais au juste la valeur de ses aspirations, si toutefois il en a, en faveur de l'avenir de sa tribu. Il m'a paru peu confiant dans ses moyens d'existence et de stabilité.

Pour compléter ce tableau, il me reste à parler de deux Français qu'on dit être très-puissants auprès de Rakout, bien que je n'aie pu constater l'exactitude de ces récits. Ce sont les auteurs du complot de 1857, rentrés à Madagascar aussitôt la mort de la reine et peu de jours avant mon arrivée dans l'Ankove. L'un est depuis longtemps au service du gouvernement hova, et habitait Madagascar depuis une trentaine d'années lors de son expulsion; l'autre, conduit dans ce pays pour tâcher d'y créer des relations commerciales, semble avoir porté ses vues plus haut et voudrait exercer une influence dans le gouvernement nouveau. Je ne sais jusqu'à quel point ces projets peuvent être réalisés avec la connaissance que j'ai aujourd'hui des hommes et des choses dans l'Ankove. Toutefois, comme je n'ai pas de peine à me persuader que l'influence d'un Français ne peut être qu'utile en général, bien que jusqu'à présent le contraire ait été toujours remarqué de la part des Européens qui ont réussi auprès des Hovas, je désire sincèrement la réussite de notre compatriote ; mais je ne puis m'empêcher d'éprouver quelques doutes en présence de ce que j'ai pu remarquer. Ce n'est pas à l'aide de quelques cachets de ministère gravés à Paris, ce n'est pas avec une décoration insignifiante qu'on prétend être la création de Rakout, et des titres ridicules dont le souverain hova ignore même la valeur et dont les membres de l'oligarchie régnante se rient les premiers, que l'on civilise un peuple. C'est vouloir commencer par où il faudrait tout au plus finir, et cette fin n'est pas pour notre génération ; car, à Madagascar, tout est encore dans les limbes, et le peuple hova ainsi que son souverain a plutôt besoin de sortir de la profonde misère dans laquelle ils se trouvent tous les deux, que de ratifier tout ce que l'on peut imaginer en leur nom, et plus propre à rappeler le souvenir des arlequinades de Saint-Domingue qu'à rassurer les gens qui portent un véritable intérêt à l'avenir de Madagascar. Ces titres prématurés, à l'adresse de qui sont-ils ? Ne craignez-vous pas en les demandant à la crédule faiblesse de Rakout, d'éveiller dans son entourage ombrageux, et dont il dépend encore, des susceptibilités compromettantes pour ce prince ? Et puis, pour justifier de pareilles hardiesses, avez-vous, dans ce pays, déjà combattu le minotaure ? Avez-vous commencé à purger cette terre de l'hydre aux cent têtes ? Avez-vous rendu un service quelconque à cette contrée, qui est le patrimoine de tout homme qui y portera sa foi et son génie ? Je ne sache pas que vous ayez encore obtenu du gouvernement hova la moindre modification aux mesures qui déshonorent ce pouvoir. Par vos conseils, par vos démarches, le tanghin a-t-il été proscrit de la procédure malgache ? la spoliation et la sagaïe ne règnent-elles plus sur les tribus soumises à la merci du dominateur ? Pour des éducateurs officieux, vous n'avez pas même encore stylé votre monarque. Il lui faudrait plus de tenue, plus de respect pour sa personne de la part de son entourage et peut-être de vous-mêmes. La trop grande familiarité entre chef et subordonnés, entre protecteur et protégés, a ses dangers, surtout pour des pouvoirs encore mal assis et soumis à toutes les fluctuations des éventualités.

Les vrais mais obscurs et discrets artisans de la civilisation sont deux autres Français que j'ai rencontrés également dans l'Ankove, et arrivés aussi depuis peu à la suite des événements qui nous permirent à tous les cinq de pénétrer dans cette contrée. Ceux-là procèdent autrement, et je les crois dans la bonne voie. Le R. P. Weber a ouvert une petite école pour laquelle il a obtenu l'autorisation du gouvernement local, et le R. P. Jouen dirige, en qualité de chef de la mission de Madagascar, les opérations spirituelles qui ont trait à l'évangélisation de la grande île. A propos des missionnaires, et ceci montrera mieux que tout ce que je pourrais dire, où en sont encore les choses chez les Hovas, je ne puis résister au désir de raconter comment se sont passés pour nous les deux premiers jours du mois de novembre 1861. La messe de la Toussaint fut dite par le chef de la mission, et le lendemain eut lieu celle de la commémoration des morts : la petite case du R. P. Jouen, formée à cette intention, servit dans cette circonstance, et elle était suffisante d'ailleurs pour les trois chrétiens qui y assistaient. Mon esprit se reporta naturellement vers les premiers temps du christianisme, et je pensais aux primitives cérémonies des catacombes de Rome, dont j'avais une représentation exacte dans ces premiers débuts du catholicisme au centre de Madagascar. Puissent un jour se réaliser les vœux que je formai alors pour les races déshéritées qui nous environnaient ; et puisse aussi cette terre, arrosée de sang humain, devenir un lieu de repos pour les malheureuses populations qui l'habitent, en écoutant la parole sacrée des hardis pionniers que je me suis estimé heureux d'y rencontrer.

Avant de quitter Madagascar, j'entendis parler à Tamatave d'un projet qu'on prêtait à Rakout, d'envoyer une ambassade en France et en Angleterre. Il n'en fut nullement question pendant mon séjour dans l'Ankove. Ce projet toutefois me parut difficile à réaliser pour deux raisons majeures : d'abord le manque d'hommes pour cette mission importante, et puis l'extrême pénurie du gouvernement hova. Pour trouver des hommes, il aurait fallu songer à Raharla, à Rhaniraka et à Razaficarefo, les plus intelligents et les plus capables de représenter un peu ; mais c'était priver l'oligarchie des trois hommes qui peuvent au besoin haranguer le peuple, et le faire rentrer dans le devoir. Ce projet, si toutefois il en a été question, n'a pas germé dans la tête de Rakout, et la nécessité l'a obligé, en tout cas, à le modifier totalement. Rakout est pauvre et son gouvernement encore beaucoup plus que lui ; il a besoin de secours, moins précisément d'argent, parce qu'il serait peut-être gaspillé en pure perte, mais d'un entourage sérieux d'hommes dévoués et qui accepteraient peut-être cette mission pénible en vue de l'avenir. L'existence est loin d'être attrayante chez les Hovas, et pour habiter parmi eux il faut être possédé de ce désir secret qui porte quelquefois certains hommes à se sacrifier pour les intérêts de leur patrie, ou à poursuivre la noble ambition d'attacher leur nom à une grande chose qui se fonde. Que ce soit l'un ou l'autre de ces deux mobiles, également honorables, qui les y conduise, le but n'en sera pas moins atteint, et j'apprendrai avec la plus vive satisfaction la présence de quelques-uns de ces personnages désirés auprès du jeune et intéressant souverain d'Émirne, quand ils ne serviraient qu'à le préserver de l'influence fâcheuse et équivoque d'individus capables de le capter et de lui suggérer de perfides insinuations, autre danger dont il est également menacé, bien que beaucoup moindre que ceux que j'ai cru pouvoir signaler plus haut ; le service rendu par ces loyaux conseillers serait encore considérable, et la race malgache en aurait à coup sûr sa part en attendant des destinées meilleures, qui ne peuvent lui venir que d'une volonté lointaine.

III

APPRÉCIATION DE RAKOUT ET DE SA SITUATION ; LA FRANCE ET LES HOVAS
SOLUTION SALUTAIRE.

L'avénement d'un prince tel que Rakout est-il de nature à tout
changer et à tout modifier dans l'attitude qu'il convient à la France
de conserver vis-à-vis les Hovas? Telle n'est pas ma pensée. Soumis, comme il est, à toutes les éventualités de partis, à toutes les intrigues plus ou moins comprômettantes, Rakout, s'il n'est secouru
par une puissance européenne, s'il n'est habilement conseillé, peut
disparaître dans une tempête ou succomber à de perfides conseils, et
l'influence française se retrouverait en présence de la puissance hova
avec le regret peut-être de n'avoir pas saisi l'occasion de faire rentrer dans le devoir ces hommes que la condescendance européenne
n'a fait qu'enhardir au point de les rendre complétement aveugles.
Les Hovas, pas plus que les Malgaches, en général, ne sont moralement capables de fonder un état de choses susceptible d'être accepté
comme une garantie suffisante, soit pour les populations indigènes,
soit pour les Européens qui se fieront à eux. Ce serait s'exposer à de
singuliers mécomptes pour l'avenir que de s'en rapporter à ces hommes, qui n'ont ni foi ni loi, et dont la seule force consiste dans l'art
d'intimider le plus faible, et de se faire passer, à force de crimes,
pour un objet d'effroi. Isolées et livrées à elles-mêmes, ces populations tourneraient sans cesse dans le cercle autour duquel elles gra-
vitent depuis le commencement de leur société, sans la perspective
d'en sortir jamais. La civilisation malgache, après avoir franchi les
premiers degrés qui la séparent de la barbarie primitive, c'est-à-
dire, après être passée de l'état sauvage à la situation des peuples
pasteurs et agriculteurs, s'est arrêtée tout à coup pour flotter depuis
des siècles entre la sagaïe et le tanghin. Là, semblent s'être arrêtées

pour eux les efforts de la nature : leur civilisation n'a abouti qu'à la
dépopulation systématique du pays, soit par des coutumes invétérées
dans les mœurs du peuple, soit par l'extermination en masse, comme
les Hovas, entre autres, ont su nous le montrer depuis le commencement de ce siècle. Cette race n'a pas produit un seul cerveau capable de réunir tous les membres de la même famille et de régulariser une domination utile à tous. Pas un législateur n'est sorti de
son sein pour lui apprendre les premiers éléments de la sagesse humaine. Abruties par des coutumes séculaires dont l'usage funeste
n'a fait que river leurs chaînes en les maintenant sous la sujétion de
cette foule innombrable de petits tyrans qu'un souffle eût suffi pour
renverser, ces populations déshéritées n'ont rien su créer pour s'é-
manciper. Elles sont telles aujourd'hui que les trouvèrent, il y a
trois siècles et demi, les premiers Européens que la tempête avait
poussés sur leurs côtes. Rien n'a changé de face à Madagascar depuis
cette époque, si ce n'est l'asservissement éphémère du pays, asservissement essentiellement dû à deux fautes capitales commises par
deux puissances européennes, au concours de l'une et à l'abandon de
l'autre, circonstances doublement désastreuses, puisqu'elles ont été
causes de vides effrayants laissés dans les populations soumises par
la domination hova. Les mœurs et les coutumes sont restées les mêmes ;
les générations se les sont successivement transmises avec une fidélité
désespérante. Ces peuples sont aujourd'hui ce qu'étaient jadis leurs
parents, c'est-à-dire des hommes sans vices ni vertus pour la plupart, mais d'un caractère doux, facile et même gai quand le souvenir
de leur misère ne les écrase pas trop. Ils ont un immense avantage
sur la plupart des races actuellement en contact avec les Européens,
c'est d'être essentiellement neufs sous le rapport des croyances
religieuses. Aucun préjugé de cette nature ne les éloigne donc de
la civilisation européenne, et du jour où une puissance civilisée
voudra être assez généreuse pour leur tendre une main amie et se-
courable, en leur apportant les idées fécondes et régénératrices qui
ont fait de l'Europe actuelle ce qu'elle est aujourd'hui, de ce jour à
jamais heureux une ère nouvelle aura commencé dans l'océan
indien.

La situation de Rakout, telle qu'il m'a été donné de la constater,
me paraît rien moins que sûre ; son autorité équivoque et son peu
d'influence ne me pronostiquent pas un avenir certain ; son caractère indécis ne me laisse pas non plus présager qu'il arrive aisément
à tout concentrer entre ses mains. Les conseillers officieux qui se

sont établis auprès de lui ne m'inspirent aucune confiance : vus avec
défiance par les membres de l'oligarchie, leurs moyens d'action
sont nuls, attendu qu'ils ne disposent d'aucune ressource, et, chez
les Hovas, la meilleure éloquence c'est l'argent. Les revenus du
pays, qui se bornent à la perception d'une valeur de cinq à six cent
mille francs, sont partagés entre tous les individus qui ont une fonction de quelque importance. Le gouvernement hova n'a pas de trésor public : cela n'aurait pas même besoin d'être mentionné, il n'a
jamais fait exécuter le moindre travail d'utilité publique depuis quarante ans de domination. Tout est donc à faire et à organiser dans
ce pays aussi bien que dans le gouvernement lui-même. La plupart
des individus qui composent l'oligarchie et l'entourage du prince,
sont tous pauvres ; ceux qui s'intitulent ministres, n'ont de ces fonctions que le nom ; ils sont dans un état voisin de la misère, et manquent à peu près de tout ; c'est à peine même s'ils sont convenablement
logés. Il n'existe à Tananarive aucuns papiers d'Etat, aucun registre,
aucun titre ministériel. Ce qui domine partout dans cette singulière
situation, c'est l'esprit nécessiteux à tous les degrés. Quelques membres de l'oligarchie ne sont pas même vêtus convenablement. Qu'on
juge de la facilité qu'auraient quelques industriels audacieux, comme
il s'en est déjà rencontré sous le règne précédent, pour capter de
pareils fonctionnaires à l'aide de quelques largesses, et obtenir
d'eux et de la faiblesse du souverain, des mesures arbitraires et opposées à l'intérêt général du pays ! Quelle porte ouverte à toutes les
intrigues de bas étage que ce gouffre de l'avidité d'hommes nouveaux, impatients de jouir, pour qui tout est dans le moment présent,
sans nul souci du lendemain ! Madagascar a présenté jusqu'à présent une étrange anomalie : croirait-on que ce pays, grand comme
la France, ait pu exciter la convoitise de quelques particuliers, au
point de les porter à songer à le monopoliser à leur profit exclusif.
La chute de la maison Blancard, loin d'avoir servi d'avertissement
salutaire, n'a pas été sans rencontrer de nombreux imitateurs, et si
jamais quelque chose a égalé la sottise d'une idée pareille, c'est cette
exagération monstrueuse de l'égoïsme.

Il ne m'appartient pas de dire, encore moins de décider ce qu'il
y a à faire à Madagascar, c'est une question réservée à la compé-
tence de ceux qui président aux destinées de la France. Ce que j'y
vois de plus clair et de bien indiqué, c'est de mettre Rakout qui n'a
montré jusqu'à présent que des dispositions et des sentiments honorables pour son caractère, et qui a dû se concilier la bienveillance

de ceux qui peuvent beaucoup pour lui, c'est, dis-je, de le mettre à l'abri d'un coup de main qui pourrait le menacer sans cesse ; de l'affranchir de la tutelle défiante et jalouse de l'oligarchie, et d'asseoir davantage son autorité sur les Hovas, si toutefois on veut se servir de lui pour doter Madagascar de quelques institutions propices. Livré à ses propres forces, Rakout ne sera pas plus apte à créer quoi que ce soit de stable ou de sérieux que ne l'est la race dont il est le chef. Sans le secours d'un gouvernement européen, les Hovas sont à jamais condamnés à mener encore, pendant un temps plus ou moins long, l'existence de vautour qu'ils n'ont pas cessé de pratiquer depuis l'établissement de leur domination jusqu'au jour où une réaction terrible, mais nécessaire alors, compromette jusqu'à leur nom, en déchaînant contre la race de l'Ankove tout ce que Madagascar renferme de populations, subjuguées ou non.

Si le gouvernement français juge à propos, et dans l'intérêt de sa politique, de faire quelque chose en faveur du souverain des Hovas, il en a toutes les facilités. Bien conseillé, et surtout bien entouré, ce prince pourrait aisément devenir un homme utile à la civilisation de son pays, grâce aux rares qualités qui le distinguent et qui lui ont concilié mes plus vives sympathies. Mais entièrement à l'abri de toute préoccupation individuelle, j'ai cru de mon devoir et de son intérêt de signaler le fort et le faible de sa position ; et ce que j'en dis ici n'est que la manifestation du plus vif intérêt en même temps qu'un sincère hommage à la loyauté de son caractère et à la beauté de son âme , qu'on ne saurait trop admirer, si l'on songe surtout dans quel milieu il a vécu. C'est précisément parce que je fais grand cas de Rakout que je rêve pour lui des destinées plus élevées que celles auxquelles pourraient aspirer ceux qui seraient à même de le circonvenir. Il faudrait commencer d'abord par mettre sa personne à l'abri de toute éventualité ; son autorité, nominale encore pour les membres de l'oligarchie, qui espèrent tout conserver entre leurs mains, serait facilement établie sur la masse du peuple, qui n'osera jamais la lui contester. Quand Rakout sera arrivé à cette position désirable, on pourra agir envers lui d'une façon analogue à la conduite adroite des Hollandais à Java, vis-à-vis des princes indigènes, dont ils se sont servis pour établir leur domination mille fois plus profitable aux populations de cette île que la tyrannie sans frein qui pesait jadis sur elles.

Quant aux Hovas, je ne les confonds point avec Rakout ; ma religion, je l'avoue hautement, me défend, jusqu'à un nouvel ordre de

choses, toute sympathie pour eux. Initié comme je le suis à l'histoire intime de la domination de cette tribu, à tous les meurtres
qui ont ensanglanté la terre de Madagascar depuis quarante ans,
j'aurais une espèce de répulsion à les traiter de suite comme un
peuple ami. Je vais plus loin, et n'hésite pas à avancer que le
gouvernement européen qui ne se défiera pas assez d'eux sera exposé
à être joué à un moment donné comme l'ont été les Anglais. Rakout
peut disparaître, mais les Hovas resteront. Le Hova ne doute de rien ;
habitué depuis longtemps, malgré toutes ses aggressions, à la longanimité de la France, il s'est persuadé aisément qu'il était invincible
dans son repaire, et que la fièvre serait toujours un auxiliaire assuré
pour lui en cas d'une aggression du dehors. Son arrogance sous ce
rapport ne peut être comparée qu'à son aveuglement. M. Romain Desfossés, aujourd'hui grand amiral, a parfaitement défini le caractère
de ces hommes, « pour qui toutes les questions de justice, de droit
des gens, de respect des personnes et des propriétés sont des choses
inconnues ou méprisées, et qui ne savent céder que devant la force
qui se déploie menaçante et inexorable. » Tant que les Hovas n'auront pas reçu une leçon salutaire, ils seront ce qu'ils ont toujours
été jusqu'à présent. Leur faiblesse actuelle les a peut-être poussés à
quelques concessions vis-à-vis de Rakout et de ses désirs ; mais du
jour où ils se sentiront à l'abri, ils reprendront ou pourront reprendre tout à coup leur attitude bien connue avant ces derniers
événements. Loin de moi la pensée de vouloir amoindrir la valeur
des actes de ce gouvernement depuis quelque temps ; mais je ne dois
pas non plus omettre un fait dont j'ai acquis la certitude, c'est que
l'expédition de Chine et la présence dans quelques parages de ces
mêmes mers qui baignent Madagascar, de forces qu'on n'était pas
habitué à voir se porter si loin, n'ont pas été tout à fait étrangères à
bien des mesures nouvelles et inconnues jusqu'alors. Je voudrais
me tromper ; mais, hélas ! je ne redoute qu'une chose, c'est de n'être
que trop dans le vrai. Les événements nous apprendront si j'ai eu
tort ou raison de les juger d'après leurs actions passées. Il est inutile, je crois, de formuler tous les griefs que la France peut avoir à
reprocher au gouvernement hova. Pour ceux qui ont lu attentivement l'histoire des rapports des Européens avec Madagascar, il est
évident que tous les torts sont d'un côté, et que la France ne peut
avoir à se reprocher qu'une chose, d'avoir laissé les Hovas s'établir
impunément partout où elle pouvait revendiquer des droits sérieux,
et de leur avoir abandonné les malheureuses populations qu'il lui

eût été si aisé de protéger aux différentes époques où elle a été directement outragée. La seule solution qui nous paraisse raisonnable serait de retourner à Madagascar avec la même attitude que nous avions prise en 1829, et que nous étions sur le point de reprendre en 1846, quitte même à traiter sans brûler une amorce, mais en montrant aux Hovas que ces conditions, on ne les accepte pas comme une faveur de leur part, mais qu'on les leur dicte avec l'épée de la France. Dans une telle hypothèse, l'expérience du passé ne sera pas, je crois, évoquée inutilement ; les renseignements de tous genres ne manquent pas aujourd'hui, et quant à l'issue, après l'expédition unique du général Cousin de Montauban sur la capitale de la Chine, je me demande s'il ne serait pas puéril de douter du résultat de celle qui serait faite à Madagascar.

Tous y gagneront : Rakout le premier ; le peuple hova après lui. Le génie européen n'a qu'un ennemi à Madagascar, il est aussi celui de l'espèce humaine, c'est ce vieux parti hova, qui ne semble exister que pour manifester sa haine farouche contre tout ce qui respire autour de lui, et qui a voulu encore se compter, ces temps derniers, en se portant en foule aux funérailles de Ramboussalam ; mais un ordre vigoureux émané du jeune souverain est venu à temps déjouer ces coupables intentions, et je suis heureux d'annoncer qu'il a été entièrement obéi. Pour les temps présents, où les passions sont encore loin d'être assoupies, et où le moindre choc peut tout renverser et emporter d'un seul coup toutes nos justes et légitimes espérances sur Rakout, je considère cet événement comme une victoire qui en présage peut-être de plus importantes.

IV

EXAMEN DES CAUSES QUI ONT FAIT AVORTER TOUTES LES TENTATIVES
DE COLONISATION PRÉCÉDENTES ; DESTINÉES DE MADAGASCAR ; AVENIR
PROBABLE DE CE PAYS.

Si les Français n'ont point réussi à Madagascar dans les différentes
tentatives dont nous avons retracé la triste histoire, la faute n'incombe directement ni à l'insalubrité du pays, ni aux agents qui ont
été envoyés aux différentes époques, ni au gouvernement malgré ses
nombreuses fautes, mais bien à la nation entière qui s'est toujours
montrée trop indifférente à tous ses intérêts extérieurs. On ne l'a
jamais vue prendre à aucune époque un intérêt très-vif à toutes ces
questions d'une si haute importance pour elle, encore moins à ces
hardis pionniers qui se sont souvent sacrifiés pour sa grandeur et sa
prospérité. C'est à peine si leur mémoire a été gratifiée d'un pieux
souvenir, et il n'est même pas rare de les voir encore dédaigneusement
traités d'aventuriers. La nation française a été trop bien partagée en
Europe ; elle n'a pas assez vivement senti l'aiguillon de la nécessité,
et malgré la générosité bien connue de son caractère, elle s'est oubliée dans sa sécurité continentale, au milieu de ses discussions parlementaires, pendant que d'autres nations mieux avisées se partageaient
le monde. Cet oubli d'elle-même a été bien funeste aux populations
qu'elle aurait pu depuis longtemps rattacher à son génie ; c'était à la
fois pour elle une obligation morale et politique qui n'aurait pas
tardé à la dédommager de ses sacrifices. Quoi qu'il en soit, depuis
1816 les Hollandais ont créé dans l'archipel indien une vaste et lucrative domination, aussi utile aux peuples de ces contrées qu'à la
nation néerlandaise ; les Anglais, en Australie, ont marché à pas de
géants, et les Américains, nés d'hier, ont créé, en dix années, sur
l'océan Pacifique un État destiné à être bientôt le maître altier et

redoutable des mers du Sud. Les Espagnols sont restés avec la riche
Cuba qui leur suffit, et dont les revenus ont alimenté le trésor public
pendant les discordes de la métropole. Enfin le Portugal lui-même a
vu le Brésil s'élever et a pu contempler ce nouvel empire sorti de son
sein. La France seule, appelée cependant, par sa situation maritime
et surtout par son génie, à rayonner dans le monde entier, s'en est
tenue à l'Algérie et à ses trois petites colonies de la Martinique, de
la Guadeloupe et de Bourbon, nulles comme positions militaires, et
insignifiantes au point de vue politique et social. L'Algérie si dé-
criée parfois à cause de ses dépenses a déjà rendu à la France ce que
celle-ci lui a donné : la France lui a envoyé de jeunes soldats, sa
colonie lui a rendu des hommes qui ont largement contribué à lui
donner en Europe la place qu'elle occupe aujourd'hui. Tout compte
fait, la nation française doit s'estimer heureuse d'avoir eu l'Algérie
pour école de son armée, sans préjudice de tout ce que ce pays est
appelé à lui donner un jour.

Quant à Madagascar, ce serait sans doute aujourd'hui une puissante et redoutable colonie française, si le gouvernement de
Louis XIV, plus soucieux de sa vraie gloire, eût eu la persévérance
nécessaire pour protéger son enfance; si le gouvernement de
Louis XV et celui de son successeur eussent soutenu le valeureux
Benyowski. De toutes les tentatives faites jusqu'à la fin du siècle
dernier, il n'y a que deux établissements qui méritent d'être pris en
considération, celui de la Compagnie des Indes orientales et celui
qui fut confié à Benyowski; les autres ne peuvent se discuter. Eh
bien! pendant que se préparaient à grands frais les armements destinés à porter à Madagascar les fondements de la France orientale,
Colbert et les directeurs de la grande Compagnie n'avaient d'autres
renseignements sur ce pays que ceux fournis par l'ouvrage de Flacourt.
« Depuis que monsieur le duc de Mazarin avait cédé, dit un chro-
» niqueur de cette époque, à Messieurs de la Compagnie, l'île de
» Madagascar, ils n'avaient encore vu personne qui pût les informer
» à fond de ce qui s'était passé de plus particulier dans ce pays-là.
» Je les satisfis entièrement, et je le pouvais, ayant vu tout ce qu'il
» y avait à voir, et ayant eu part à tout ce qui s'y était fait. La lettre
» de recommandation que monsieur de Champmargou m'avait
» donnée, les disposa à ajouter foi à ce que je leur dis. Je fus
» invité à dire ce que je jugeais à propos que l'on fît pour
» rendre cette colonie florissante; et c'est à cette occasion que
» j'écrivis les mémoires très-curieux que j'espère donner au public.

» Je fus fort sollicité d'y retourner par monsieur Colbert, qui me pro-
» mit de m'accorder tout ce que je lui demanderais et qui me con-
» viendrait le mieux; mais l'ambition avait cédé à la réflexion; mes
» parents avaient d'autres vues sur moi; pénétré de ses bontés, je le
» remerciai et pris congé de lui. Monsieur Colbert m'honora d'une
» épée, qu'il m'envoya à mon auberge par le secrétaire de la Com-
» pagnie; je la mis à mon côté, et j'allai le remercier. »

Puis, quant à l'établissement lui-même, voici ce qu'en a dit un
autre chroniqueur : « Je n'y ai trouvé que des emportés et des mal-
» habiles, où la Compagnie française voyait ses principaux agents,
» tous les officiers, mal choisis, et incapables de l'occupation à la-
» quelle ils étaient destinés; j'en excepte les mariniers, qui sans doute
» étaient dignes de leurs charges.... Les dispositions venues de
» France semblaient se contredire en l'exécution, et être plutôt une
» brouillerie méditée, et peut-être politique, que le fond d'un éta-
» blissement solide.... Le Conseil laissait mourir ses soldats de faim
» sous la partie d'un fort, et n'avait pas l'industrie de faire un sujet
» ni un amy entre cent souverains qui commandaient dans l'île... »

Si l'on ajoute à ces causes l'abandon inqualifiable de l'amiral De
la Haye, laissant une colonie confiée à ses soins livrée à tous les ha-
sards et à tous les dangers qui la menaçaient de toutes parts, il sera
aisé, je crois, de s'expliquer à la fois et la catastrophe du Fort-Dauphin en 1672, et la disparition de cet établissement.

Pour l'établissement de Benyowski, on n'a qu'à consulter son
histoire, et l'on pourra y voir jusqu'à quel point ont été poussés
l'aveuglement et la haine jalouse des administrateurs de l'île de
France. Si on n'avait toutes les preuves de la conduite coupable et
déloyale des chefs de cette colonie, l'on se demanderait avec étonnement si de pareilles aberrations ont pu avoir lieu. Mais, en consultant
tous les documents contemporains, on reste saisi de l'unanimité de
ce parti pris, même avant l'arrivée de Benyowski à Madagascar, de
paralyser le nouvel établissement que tentait sans doute le gouvernement de la métropole dans le but louable de nous relever un peu du
désastreux traité de 1763 : faux rapports pour surprendre la religion
du ministère de la marine; de la part de tous les membres du gouvernement de l'île de France, plaintes de toute nature; ce fut enfin un
cri général parti de l'île de France pour éclairer, disait-on, le ministère sur l'inconduite de Benyowski. « Aussi, ajoute Rochon, lors de
» l'inspection de M. de Belcombe, M. de Boynes n'était plus ministre
» de la marine. M. Turgot lui avait succédé. Sous le ministère d'un

» sage, un tel établissement ne pouvait pas se soutenir. On fit de
» vains efforts pour détourner l'orage (car les charlatans trouvent
» partout des protecteurs) : l'arrêt fut prononcé, et s'il n'eut son
» exécution que sous son successeur, c'est que M. Turgot ne resta
» pas assez de temps à la marine pour s'occuper particulièremeut de
» cette partie de son administration. Cet homme illustre, au-dessus
» de son siècle par la réunion des plus éminentes qualités, savait, par
» M. Poivre, que Benyowski était un aventurier dangereux, qui
» s'était rendu le tyran et le fléau des insulaires de Madagascar. »
Voilà comment, avec les passions du moment, l'on écrit l'histoire.

Je citerai encore un autre extrait d'un mémoire de l'époque, rédigé sur les lieux par l'officier qui accompagnait les inspecteurs
royaux :

« Avant notre départ de Madagascar, j'eus un entretien avec
Benyowski, sur le peu d'utilité que la France retirerait de l'établissement des Français à la baie d'Antongil. Il me dit : « Vous avez
raison ; mais une leçon de deux millions n'est pas trop chère pour
apprendre à votre nation qu'il fallait me donner une marine, avec
deux millions à dépenser annuellement. Alors, en m'envoyant tous
les ans six cents hommes de recrues, j'aurais fondé, dans le cours
de vingt années, une colonie florissante et redoutable. » Je lui obser-
vai que le pays était malsain, et que cette insalubrité était telle,
que sur six hommes il en périssait cinq. Il me dit que des défrichements considérables, faits dans la saison favorable, les mettraient à
l'abri des maladies. D'ailleurs, la plaine de Santé est un lieu salubre,
quoiqu'en puisse dire M. de Belcombe. Si j'ai déjà perdu beaucoup de
monde, et si les quatre-vingts hommes qui me restent sont malades
ou convalescents, c'est à la guerre que j'ai été forcé de faire aux insulaires, et plus encore à ma résidence à Louisbourg, qu'il faut attribuer l'état vraiment déplorable dans lequel vous me trouvez. D'ailleurs, il est toujours plus facile de conquérir une colonie que d'en
former une. Je tombai d'accord avec lui sur ce principe, et je le
quittai bien étonné du degré de confiance qu'on avait accordé en
France aux projets de cet étranger. »

Qui était cependant dans le vrai, de cet étranger ou de ses détracteurs? Si donc ce second établissement n'a pas réussi, ce ne fut
pas de la faute de son fondateur ; l'insalubrité n'y fut que pour peu de
chose, puisque, avec ses faibles ressources, Benyowski y résista pendant trois années sans le moindre secours d'Europe. Mais pour être
équitable et pour parler au nom de l'histoire, la véritable cause fut

l'arrivée au pouvoir des hommes que Rochon qualifie du titre de *sages*,
et qui se sont chargés de rendre et d'exécuter l'arrêt qui le condam-
nait à périr au berceau.

Quant à la tentative faite sous la Restauration, nous avons pu
la suivre pas à pas et assister par la pensée à ses cruelles péripéties.
Le gouvernement de cette époque manqua totalement de vues élevées. L'essai qu'il entreprit fut plutôt l'œuvre des suggestions de
quelques particuliers, entre autres de M. le conseiller d'Etat Forestier
et de M. Sylvain Roux, que la manifestation d'une pensée politique
quelconque. Tiraillé par les nécessités du moment, nullement secondé par les efforts de la nation, à peine ce gouvernement obtint-il
un crédit insuffisant même pour l'essai qu'on l'autorisait à tenter. Et plus tard, lorsque après une longanimité sans exemple, et
peut-être même à cause de cette longanimité, il se vit contraint à
faire la guerre à une horde de sauvages poussée contre nous, il se
trouva dénué d'argent pour la soutenir. Si la nation française s'est
montrée peu soucieuse de ses intérêts à Madagascar, le gouvernement de la Restauration n'en porte pas moins un reproche grave :
mieux renseignée que ne pouvait l'être l'opinion publique, son devoir était de réprimer, par une attitude à la fois digne et imposante,
les sourdes menées des agents britanniques dans cette île. Des représentations énergiques au cabinet anglais, et au besoin une démonstration significative dans les parages où se passaient ces intrigues, auraient indubitablement amené le gouvernement britannique
à désavouer le zèle de ses agents, et la France aurait probablement
obtenu, comme les Hollandais, son traité de 1824. Mais il ne manquait plus à cet oubli de tous nos intérêts, que de voir sir Robert
Farquhar ambitionner et obtenir la décoration de la Légion d'honneur à son passage à Paris, pour services rendus à la population de
Bourbon pendant la domination anglaise !

Lors de la révolution de juillet, le moment était moins favorable ;
car, dans la crainte d'une conflagration générale avec l'Europe, le
nouveau gouvernement devait être peu désireux de continuer une
guerre lointaine, dont les débuts n'avaient point été heureux. Et
puis, c'était aussi le moment de l'arrivée au pouvoir d'hommes
aussi hostiles aux colonies que mal renseignés sur la nature de ces
établissements. En voici, entre beaucoup d'autres, une preuve que
nous fournit un des discours de M. Guizot à la Chambre des députés :
« Je suis convaincu, disait ce ministre, que la France ferait, passez-
moi le mot, une folie en essayant de renouveler de grands établisse-

ments coloniaux à Madagascar... Nous n'avons aucun dessein de nous servir de Nossi-bé pour rentrer dans l'île de Madagascar... Certainement, tant qu'il me sera donné d'avoir quelque influence dans les conseils de la couronne et de mon pays, je m'opposerai pour mon compte à ce que nous nous laissions attirer et compromettre dans les affaires et les luttes de la grande île elle-même. » Ces paroles significatives n'ont jamais trouvé de contradicteurs parmi ceux. qui gouvernaient alors la France ou qui avaient part au conseil de la nation.

Malgré l'opinion des hommes d'État qui ont gouverné la France pendant la Restauration et pendant le règne suivant, si Madagascar eût offert aux spéculateurs quelques-uns des avantages que les Européens ont rencontrés dans l'archipel, il est probable que le commerce français, prenant alors l'initiative, et étayant le gouvernement de son puissant appui, celui-ci eût trouvé dans un tel concours l'argent et la puissance morale qui lui ont manqué à la fois pour combattre l'influence étrangère qui travailla avec tant d'ardeur à nous y susciter des ennemis. Le climat de Madagascar n'eût pas été un obstacle ; on l'eût bravé avec les secours de la métropole d'une part, et avec une courageuse résignation du côté de ceux qui y seraient allés défendre l'honneur et les intérêts de la France. On n'eût pas tardé, indubitablement, par des travaux d'assainissement bien dirigés, à diminuer les désastreux effets de cette insalubrité. Batavia, Surinam, Demerary, prouvent suffisamment ce que peuvent la persévérance et l'industrie contre un climat délétère.

Ce n'est donc pas parce que nous avons eu à lutter à la fois contre la population et le climat de Madagascar, que nous y avons échoué, mais parce que cette île, dont l'importance a toujours été jusqu'à présent plus politique que commerciale, n'ayant pu d'abord offrir au commerce les mêmes avantages que d'autres pays, a dû nécessairement et devait être l'objet d'efforts moins grands et moins soutenus. C'est en effet ce que l'on peut aisément constater dans l'histoire de ces tentatives condamnées toutes à rester stériles faute d'élan et faute de moyens suffisants pour les sauver du naufrage. Là est le secret de tous nos malheurs dans ce pays.

Mais si les droits de la France sont restés intacts, si notre position vis-à-vis des Hovas est la même que celle que nous firent les circonstances en 1831, au moment de la destruction de l'établissement de Tintingue, les choses à Madagascar n'ont pas subi uniquement le temps d'arrêt qu'il a plu au gouvernement de la métropole de nous imposer. Tout a changé de face dans ce pays : en 1820, cette contrée avait encore une brillante population qui n'avait connu jusqu'alors d'autre joug que la loi patriarcale et les rapines des petits chefs malattes ; mais quel changement depuis ! Si j'ai constaté l'affaiblissement de la race des dominateurs, j'ai aussi un autre détail à ajouter. A une certaine époque, avant que les peuplades indigènes eussent été décimées et pendant qu'elles avaient encore foi en nous, une démonstration sérieuse de la France eût eu pour résultat le soulèvement général de tous ces peuples, et par suite, l'expulsion inévitable des Hovas du littoral et le salut des peuplades soumises. Mais aujourd'hui ce soulèvement ne peut plus avoir lieu, faute d'hommes. Ceux-ci, décimés d'abord par le fer, l'ont été ensuite par le poison. Dans les mains de maîtres féroces, l'épreuve du tanghin a merveilleusement secondé l'avidité d'un tel peuple, puisqu'elle lui donnait le moyen, sans sortir de la légalité, de détruire ou de ruiner les malheureux qui leur portaient ombrage ou dont ils convoitaient la dépouille. Les Hovas ont largement usé de ce moyen, lorsqu'ils craignaient d'employer ouvertement la voie du meurtre ou de la confiscation. Aujourd'hui, comme je l'ai dit ailleurs, les populations asservies, désunies entre elles et abruties par l'excès de leurs malheurs, n'osent pas même réclamer contre ces violences de leurs oppresseurs. La domination hova a eu des conséquences terribles pour la race entière de Madagascar, et, pour se rendre compte de l'œuvre de destruction accomplie par les conquérants, il faut voir dans quel état de misère abjecte se trouvent actuellement les populations clair-semées de ce malheureux pays ; les maux qu'elles ont endurés sont inqualifiables et dépassent tout ce qu'on peut imaginer de plus dur en esclavage. Je n'ai point vu les Hovas à l'œuvre; mais il m'a été donné de constater leurs ravages, et je suis revenu de Madagascar profondément attristé : si je n'y ai rencontré qu'un fantôme de puissance, chez la race dominante, c'est en vain aussi que j'ai cherché les vestiges des anciennes populations, je n'en ai à peine rencontré que l'ombre.

A ne considérer que le mouvement qui, aujourd'hui, semble s'opérer dans les esprits en France à propos de la question de Madagascar, il est permis de prévoir, pour une époque plus ou moins rapprochée de nous, une solution quelconque relative à nos intérêts dans ce pays. L'indifférence que nous avons reprochée à la nation française semble vouloir faire place à un esprit plus réfléchi, plus mûr, plus soucieux de l'avenir, heureux symptômes qui pronostiquent un changement prochain et favorable dans la direction des idées de la partie éclairée de la société française. Eloigné de l'Europe depuis plusieurs années, il ne m'a pas été donné de suivre sur les lieux mêmes le développement de ce retour aux idées sérieuses; mais je l'ai constaté avec bonheur par les publications périodiques et récentes. De jeunes hommes, pleins de talent, de cœur et d'élan, semblent vouloir ramener l'opinion publique vers ces nobles aspirations qui ont pour but la grandeur et le rayonnement de la France dans le monde. Le règne des sages et des doctrinaires est passé, Dieu merci; nous savons où ils ont conduit ceux qui s'étaient confiés à leurs soins et qui se sont inspirés de leurs conseils. C'est à vous, jeunes hommes, qu'il appartient d'éclairer, par des travaux consciencieux, la nation française et de la préparer à l'appel que la main puissante qui tient aujourd'hui ses destinées pourra peut-être lui adresser. Dieu fasse que ce jour tant désiré arrive, car nous serons alors à la veille d'un beau lendemain.

J'ai dit qu'on était en droit de ne rien attendre des populations indigènes de Madagascar : le Malgache a donné sa dernière expression; et loin de pouvoir faire un pas en avant, il est même à redouter pour lui qu'il ne retombe dans la plus profonde barbarie. Tel serait inévitablement le sort réservé à ces populations si elles avaient le malheur de retomber sous le joug du vieux parti hova. Ainsi, toutes leurs chances reposent aujourd'hui sur l'existence d'un seul homme, et autour de cet homme tout vacille encore, et lui-même n'est pas à l'abri d'un revirement subit de fortune. Pour que Madagascar réponde à tout ce qu'on est en droit d'attendre de sa situation, de son sol, de ses ressources, de sa population, en majeure partie intelligente et douce, il faut impérieusement que le génie européen aille s'installer dans cette île. C'est là une condition qui n'est que trop essentielle. J'avoue, du reste, que cette condition n'est pas celle qui m'intéresse le moins. Si en travaillant à cette question, je n'avais dû voir dans l'avenir que la formation d'une société étrangère au génie de ma race, et même étrangère aux intérêts de mon pays, elle n'aurait point été pour moi l'objet du vif intérêt que j'y ai toujours pris, malgré mon respect pour tout progrès de l'espèce humaine représenté par un type quelconque. Si la France veut tourner ses regards vers cette terre qui semble faite pour être fécondée par son souriant génie, je leur prédis à toutes les deux les plus brillantes destinées.

Le mouvement d'expansion coloniale si heureusement commencé pour la France vers les premières années du xviiᵉ siècle, et arrêté brus-

quement par le règne à jamais regrettable du successeur de Louis XIV,
peut revenir tout à coup au secours de notre patrie minée aujour-
d'hui par un mal moral qui a dû plus d'une fois attrister la mâle
pensée du chef qui préside aujourd'hui à nos destinées. Il y aurait
peut-être un moyen de tirer des esprits cette inquiétude secrète sur
l'avenir, ce serait de lancer la nation entière dans un grand mouvement colonial en rattachant à jamais Madagascar à la France. Le
caractère français est plus colonisateur qu'on semble le penser de
nos jours; on ne se rappelle pas assez, en France, que c'est notre
race qui a colonisé le Canada, la Louisiane et tant d'autres points
que la faiblesse du gouvernement de Louis XV nous a laissé ravir.
La génération actuelle n'est pas assez pénétrée de ces grands faits
de notre histoire, et cela a tenu à la mauvaise direction de son éducation nationale sous le dernier règne. Je ne veux pas faire la critique des gouvernements passés sur ce point : j'aurais beau jeu si je
voulais m'étendre sur cette donnée et apporter à l'appui de la thèse
que je soutiens les nombreux documents que me fournirait l'histoire
coloniale de la France. Et puis, dans notre pays, soyons-en tous bien
persuadés, tout ce qui est de nature à remuer vivement la fibre nationale, est toujours sûr de trouver partout un profond retentisse-
ment. Il ne s'agit que de s'en occuper sérieusement et de le proclamer hautement. La chose en vaut la peine. Madagascar peut être
pour la France le moyen de son réveil, et la France sera pour Madagascar la divinité tutélaire qui le donnera au monde et à la civilisation.

Telles seraient les destinées de cette île, tel serait son avenir, si
les Français, plus soigneux désormais de leur gloire, de leur grandeur et de leurs intérêts, veulent enfin réparer les fautes du passé,
et descendre à Madagascar dans les conditions nécessaires pour
assurer la réussite des anciens projets de la France. Mais que, pour
une œuvre pareille, on n'écoute plus ces idées de parcimonie, toujours dictées par la crainte de ne pas réussir, et qui ont été la cause
efficiente de tous nos mécomptes à Madagascar, chaque fois que
nous avons voulu tenter quelque chose dans ce pays. J'ai souvent
rencontré dans les ouvrages publiés sur cette île, le reproche amer
de la perte des millions de la France engloutis inutilement à Madagascar. Il serait aisé de récapituler toutes les dépenses occasionnées
par les différentes tentatives qui ont été faites, et si elles montent
à la moindre somme dépensée inutilement en frivolités, je déclare
accepter volontiers le reproche. Une seule des fêtes de Versailles

ou du Louvre a peut-être plus coûté que toutes les dépenses qui ont
pu être faites depuis deux siècles à Madagascar, et pourtant, qui
donc évoque ces souvenirs? Assez donc de ces récriminations qui
sont sans portée et qui ne se justifient guère. Une tentative d'expansion, heureuse ou non, emporte avec elle sa justification ; c'est
au moins un symptôme de vitalité, d'abord, et ensuite de bon vouloir
de la part du gouvernement, accusé vers l'époque où elle a lieu.
L'histoire du passage des Français à Madagascar, si triste qu'elle
soit, vaut à elle seule toutes les dépenses qui ont pu y être faites,
si toutefois, comme j'aime à l'espérer, elle peut être appelée à nous
servir de guide et à nous faire éviter les erreurs du passé.

V

Maintenant reste à savoir ce que veut la France sur Madagascar. Je sais que le gouvernement de mon pays y pense sérieusement; mais j'ignore totalement quelles sont ses intentions. Si l'expérience d'un naturaliste qui a passé dix années de son existence dans les colonies des deux mondes n'est pas à dédaigner, je me permettrai de tracer pour Madagascar l'esquisse d'une colonisation européenne. Et d'abord, il importe de savoir ce qu'on désire. Est-ce une colonie comme l'opulente Cuba? Est-ce une possession comme la puissante Java? Est-ce un empire comme le Japon? Tout cela peut se réaliser, pourvu que la nation française le veuille sérieusement; tout cela peut lui être donné par Madagascar, si toutefois ces choses peuvent la tenter. Il ne faut à cette grande entreprise que quelques hommes de talent pour la mener à bonne fin; et les hommes de talent sont ce qui manque le moins en France quand on sait les choisir, et quand les institutions politiques permettent surtout d'aller les prendre partout où ils se trouvent, même dans les rangs obscurs de la nation, sans froisser des susceptibilités de caste. C'est grâce à ce système libéral qui appelle à lui toutes les forces vives du pays, sans distinction de rang ni de carrière, que je puis hardiment avancer ce que j'ai dit plus haut : quant aux hommes capables, on les trouve à coup sûr pour peu qu'on les cherche, et l'armée est là pour en fournir au besoin.

Si donc la France se décide à descendre à Madagascar, on peut y procéder de deux manières : soit par une occupation générale, soit par une occupation partielle. Dans la première hypothèse, une seule ligne de conduite est à tenir, et aujourd'hui cela ne serait guère difficile : marcher sur l'Ankove; sauver Rakout en le mettant à l'abri de la haine des factions, qui peuvent le trahir d'un moment à l'autre et qui menaceront toujours sa personne ; paralyser à jamais le vieux parti hova, indigne de toute commisération, au nom de la race malgache ; organiser immédiatement la domination française, en maintenant le souverain des Hovas à la tête de sa tribu. Dans la seconde hypothèse, cinq points principaux sont à occuper simultanément, à savoir : *Diego-Suarez* en tête, puis le *Fort-Dauphin, la baie de Saint-Augustin, Bâly* et *Tamatave*. Ces cinq postes militaires recevraient immédiatement un noyau de colonie à l'aide de tous les volontaires que le gouvernement français jugerait à propos d'y faire passer. Les forces destinées à ces diverses occupations seraient réparties ainsi : un régiment, avec le matériel de guerre, pour Diego-Suarez, un pour Bâly ; un bataillon pour chacun des trois autres points; en tout, 3,500 hommes, plus les volontaires, qui seront également constitués, dès le début, en corps de milices. Avant tout, d'abord, et j'ai hâte de le dire, établissons une puissante organisation militaire, seule institution capable de nous maintenir solidement envers et contre tout. Sous ce rapport, et pour la réussite de tels projets, je n'ai foi, je l'avoue hautement, que dans l'épée. C'est elle qui a permis à César de latiniser les Gaules ; c'est elle qui, entre les mains d'un Charlemagne, a étendu l'empire des Francs... et c'est elle enfin, pour ne pas abuser des citations, qui contribue si puissamment aujourd'hui à donner à la France la prépondérance qu'elle exerce actuellement avec tant de générosité en Europe. Je n'ai d'abord foi qu'en elle, sans préjudice toutefois de toutes les institutions sociales qui font la gloire et la grandeur de la société française. Mon dire, en pareil cas, ne sera pas suspect; je n'ai pas l'honneur d'appartenir à l'armée ; j'ai toujours fait partie et j'appartiens encore aux rangs obscurs de la science. Mais, habitué à considérer les choses avec logique, et en présence d'intérêts si majeurs, ce n'est pas sans appréhension que je verrais mon pays s'engager dans une telle entreprise, sans s'entourer de toutes les précautions qui peuvent en assurer la réussite. Si j'avais le malheur d'être un rêveur de société parfaite, sans passions, sans vices, sans jalousie de race, etc., il me semble même que je ferais dans la circonstance présente le sacrifice de mes aspirations plus ou moins erronées. A Madagascar, vous ne réussirez que par le moyen que j'ai indiqué plus haut ; tous les autres, s'ils avaient le malheur de prévaloir, vous exposeraient à de cruels mécomptes pour l'avenir. Quand on peut être le maître, il ne convient même pas à de simples particuliers, et encore moins à un État puissant, de se présenter en suppliants : ce rôle est tout au plus celui qui pourrait convenir à ces chercheurs de fortune, que le hasard a jetés sur les plages de Madagascar, comme il les eût portés ailleurs. Je n'ignore pas que tous ne partagent point cette manière de voir; mais puisque, à notre époque, il est permis à chacun d'exprimer sa pensée, je saisis cette occasion pour dire la mienne, et je me déclare païen endurci, si tant est qu'on puisse l'être, pour juger les nécessités de ce monde comme elles doivent être jugées, et faire sagement, à chaque institution sociale et politique, la part qui revient légitimement à chacune d'elles. Cette armée, qui fait le salut de la France en Europe, contre la prépondérance et l'influence de laquelle on se récrie sourdement quelquefois, sans songer que c'est elle qui nous permet d'être dans le monde ce que nous sommes, c'est elle encore qui vous donnera Madagascar. Ne comptez pas, pour réussir en ce pays, sur vos agents, sur vos savants, sur vos missionnaires, dont j'apprécie le dévouement et les héroïques efforts, et dont j'ai appris à aimer quelques membres, en présence de tant de vertus destinées à faire bénir un jour le nom français dans ces lointaines contrées. La conquête morale demande des âges pour s'accomplir. Depuis quatre siècles bientôt que la parole sainte a commencé sa mission à la Chine, dites, qu'a-t-elle produit? Une expédition hardie a plus fait récemment pour la protection de vos coreligionnaires, que quatre siècles de patience et de travaux évangéliques. Si les institutions militaires eussent continué à prévaloir dans les colonies européennes, vous n'auriez pas aujourd'hui la race débile des petits créoles, chargée d'infirmités précoces et entachée d'un vice inouï pour de jeunes hommes, l'ivrognerie, cette lèpre qui désole nos contrées. Allez plus loin ; visitez le Brésil, les petites républiques du Sud, etc.; et si vous revenez de cette excursion satisfait de l'état moral et physique des différentes populations que vous aurez visitées, je vous déclare de la plus robuste indulgence. Après l'émancipation de 1848, une institution eût singulièrement soulagé les colonies ; c'était l'établissement immédiat de la conscription militaire, comme dans la métropole. Elle aurait eu pour principal résultat de discipliner la jeunesse et de lui donner des habitudes d'ordre et de discipline, en développant surtout ses facultés physiques. Le Gouvernement n'a pas jugé nécessaire, sans doute, d'imposer cette autre obligation ; il n'a pas été suffisamment renseigné, je le pense, et je le regrette vivement. Mais, tout en regrettant de ne pas avoir encore vu son établissement, je l'appelle de tous mes vœux comme une mesure de salut, non pour la société coloniale, qui n'en a que faire, mais pour la jeunesse elle-même, qui s'abîme dans l'indolence et une honteuse oisiveté, qui la mène inévitablement au vice crapuleux que j'ai signalé. Si, en m'occupant des colonies futures que la France peut être appelée à fonder, et que ses intérêts bien entendus la convient de faire, ces efforts nouveaux ne devaient aboutir qu'à la formation d'une société semblable à celle qu'on peut constater aujourd'hui dans toutes les colonies européennes, je désavouerais d'avance tous mes vœux et ma faible participation à la pousser dans cette voie. Des pays où nul esprit public ne règne, où les derniers, venus d'hier, sans talent souvent, et, pour peu qu'ils soient intrigants, réussissent aisément à détruire l'influence légitime des vieilles souches; où le gros de la population est empoisonné par l'abus immodéré de la production alcoolique locale, où les cités grandes ou petites commencent et finissent par plusieurs de ces établissements borgnes où l'on débite le poison en vertu de licences patentées, où le désœuvrement est porté à son dernier point, où aucun frein n'est opposé au débordement des professions parasites qui fomentent sans cesse la discorde dans les familles, et contribuent si largement à entraîner leur déchéance morale, en se faisant impunément un jeu du repos et de la fortune des particuliers, où la grande propriété a tout paralysé et réduit la fortune publique à quelques rares colons, à peine dans l'aisance, et sous le coup, pour la plupart, de dettes énormes; où rien n'est certain aujourd'hui, et nul lendemain assuré; où le cynisme enfin a remplacé les vieilles relations qui faisaient jadis le charme de ces contrées; où il ne reste plus, pour quelques-unes d'entre elles, que l'heureux climat dont la nature les a dotées et que rien au moins ne pourra enlever à ceux qui les habitent, à moins que la division à l'infini des communes ne vienne les transformer en un petit coin du Paraguay, et n'en rende le séjour à jamais insupportable pour les honnêtes gens. Ces pays-là n'ont rien qui m'enchante et me séduise, et ce n'est pas pour de pareilles colonies que j'ai utilisé mes veilles.

Prendrons-nous pour exemple Cuba aux cités opulentes, aux habitations splendides, aux femmes frivoles, aux colons repus de toutes les voluptés des riches possesseurs d'esclaves, etc., et dont la prospérité repose sur une base fragile qu'un bouleversement peut conduire à une destruction aussi prompte qu'inopinée? Sera-ce le Brésil avec sa population étique, qui ne semble vivre que pour manifester sa haine impuissante contre l'étranger qui lui apporte son industrie et son génie, et dont le commerce la fait subsister, en alimentant le gouvernement local et cette nuée de petits employés publics qui sont la plaie invétérée de ce beau pays, où les nababs de l'intérieur peuvent impunément entretenir autour de leurs personnes des compagnies d'assassins et de meurtriers de profession? Non, non, de pareilles sociétés n'ont également rien qui m'attache, et je ne suis pas homme à donner aisément dans de pareilles lubies. Ce ne sera pas non plus Java, dont j'admire autant que qui que ce soit la savante organisation politique et administrative, à laquelle je serais heureux de voir emprunter quelques dispositions conformes au génie des Malgaches et qui fonctionneraient admirablement aussi chez ces derniers. Entre les mains d'hommes aussi pratiques, aussi habiles que les Hollandais, Java est devenue un chef-d'œuvre de possession européenne, mais ce n'est toutefois qu'une possession soumise, comme tous les établissements coloniaux de ce genre, à toutes les éventualités de l'avenir. Malgré les services rendus à la population indigène, jadis dévorée par les guerres intestines que se faisaient perpétuellement les trois mille petits souverains de cette île, services qui se traduisent en chiffres éloquents: en 1816, la population de Java n'était que de 4600000 habitants, ce chiffre s'est élevé, dans l'espace de trente-quatre ans, de 1816 à 1850, époque de la publication de la dernière statistique connue de nous, à onze millions d'individus, le quadruple à peu près de ce qu'on l'évaluait en 1774. Malgré, dis-je, tous les services rendus à ces peuples par la domination hollandaise, ces populations ne lui sont pas attachées, d'abord à cause des préjugés religieux et nationaux, et peut-être aussi par suite de l'absence de ces bienfaits qui changent totalement l'esprit des peuples. Les Hollandais à Java n'ont fait que substituer leur autorité à celle des princes indigènes, mais sans rien changer à l'organisation sociale du pays destinée à se prolonger ainsi tant qu'aucune cause étrangère ne viendra lui apporter une perturbation quelconque.

« Quand on étudie de près cette grande machine administrative, dit M. Jurien de la Gravière, quand on la voit fonctionner si régulièrement, avec si peu de bruit et d'efforts, ce n'est point seulement le génie pratique des Hollandais qu'on admire, c'est aussi ce besoin instinctif de discipline qui distingue les Javanais entre toutes les races orientales. Il ne faut point s'abuser, cependant. Cette société mixte, qui semble graviter avec le calme des corps célestes dans leurs sphères, peut être jetée hors de son orbite par le moindre choc. Il existe dans ses éléments un défaut d'équilibre qui ne peut être racheté que par l'éloignement de toute cause perturbatrice. Ce n'est que par un commandement toujours grave, par un exercice ferme et mesuré de leur pouvoir, que quelques milliers d'Européens, disséminés sur un aussi vaste territoire que celui de Java, peuvent tenir en respect les masses qui les entourent. Il importait donc de prévenir, au sein de cette colonie florissante, tout prétexte d'agitation. Le bon sens du peuple hollandais a jugé le partage de l'autorité incompatible avec les nécessités d'une domination aussi exceptionnelle. Dans les Indes néerlandaises, l'administration repose tout entière sur ce principe vigoureux : le gouvernement d'un seul. Le Conseil des Indes n'a, comme l'Audience de Manille, que des attributions purement consultatives. C'est dans cette concentration de pouvoirs qu'il faut chercher l'explication des rapides progrès accomplis à Java de 1830 à 1838. (Voy. *Revue des Deux-Mondes*. N° du 1ᵉʳ janvier 1853.)

Si je désire ardemment de nouvelles colonies pour la France, si j'ai hâte de la voir s'établir à Madagascar, parce que le moment presse et paraît venu de prendre dans ces parages l'attitude qui lui convient en vue des événements qu'entraînera à coup sûr le percement de l'isthme de Suez, et c'est là mon vœu le plus cher, comme le but unique de mon existence, c'est aussi à la condition de créer ces établissements sur un modèle nouveau. Je ne veux pas de riches nababs; je ne veux pas de domination éphémère, je n'ai que faire de jeunes voluptueux appelés à engloutir dans les Babylones modernes la sueur de plusieurs générations et des milliers d'esclaves rivés à l'exploitation des grandes propriétés; je n'ai que faire encore moins de ces pépinières de clercs d'huissiers que les établissements d'éducation publique fournissent sans cesse et jettent dans la société coloniale sans aucun guide moral, sans la moindre notion des devoirs sociaux et politiques, qu'aucun système n'a ni disciplinés ni développés et qui entrent dans le monde déjà prématurément étiolés. Ce qu'il me faut, dans les colonies nouvelles, c'est d'abord une race forte, disciplinée, laborieuse, respectueuse pour tout ce qui lui sera supérieur, et ne connaissant qu'une divinité terrestre : la France, à qui elle devra tout, et n'ayant qu'un seul amour, l'attachement et un dévouement sans bornes au nom français. Ce que j'avance ici est loin d'être une utopie. On l'obtiendrait plus aisément peut-être que de riches colonies industrielles où la loi générale est souvent paralysée par des influences locales ou individuelles, où l'existence de la société est toute artificielle et soumise à toutes les éventualités d'un bouleversement général qui les menace sans cesse. L'institution de l'esclavage est une mauvaise base. Elle ne peut plus exister du reste sans former une étrange anomalie avec les idées qui prédominent. L'histoire de Saint-Domingue, et ce qui se passe actuellement aux États-Unis, seraient de nature à en dégoûter. Si ce système, vicieux en lui-même, n'était pas définitivement jugé dans mon esprit, sans toutefois partager toutes les espérances des écrivains qui se sont occupés avec plus ou moins de talent de cette question, on pourra assurer le travail et l'exploitation dans les nouvelles colonies sans recourir à ces moyens extrêmes, en prévenant le vagabondage par des institutions sages mais fermes. Si vous voulez réussir, ne vous hâtez pas surtout de les doter inconsidérément de toutes les institutions que la métropole réclame encore. L'instruction primaire, telle qu'elle est organisée actuellement aux colonies, est une mauvaise institution. Livrée presque exclusivement à des congrégations religieuses, l'éducation des enfants qui fréquentent ces établissements, nulle dans les familles, l'est encore davantage dans ces maisons d'éducation, où l'on ne s'attache en rien à former le cœur et le caractère des enfants ; je crains même qu'il ne s'y glisse un mauvais ferment, et qu'un mauvais esprit de haine contre les classes plus élevées de la société n'y domine. Un autre inconvénient à signaler : on y garde les enfants jusqu'à l'âge de dix-sept à dix-huit ans ; ces enfants sont tous appelés à se pourvoir eux-mêmes quand ils sont lancés dans la société : n'est-il pas déjà trop tard alors pour l'éducation professionnelle, la seule vers laquelle il faille surtout viser pour le plus grand nombre. Voilà des écueils qu'il faudra éviter avec soin, et je les mentionne volontiers, parce que c'est dans un système d'éducation publique bien entendu, bien exécuté, et surtout bien surveillé par la haute administration, qu'on pourra trouver les moyens de préparer des hommes pour les colonies nouvelles et pour la société coloniale. Si vous voulez réussir à Madagascar, prenez d'abord, avant même d'y descendre, toutes les précautions qui doivent et pourront en assurer le succès, puis, dès que vous vous y serez établis, veillez aussi à d'autres choses bien essentielles pour la réussite de vos projets. Ainsi, pas de sceptiques dans les hauts fonctionnaires que vous y enverrez ; pas de prêtres turbulents, capables de déchaîner dans leur délire effréné d'ambition impuissante une partie de la population contre l'autre, comme cela a failli malheureusement se réaliser dans les époques de crise ; pas d'établissement prématuré de hautes dignités ecclésiastiques dont l'influence, à ces distances, paralyse les vues de l'administration supérieure par des tiraillements incessants. En fait de prêtres, envoyez-y des hommes d'âge mûr, et déjà au-dessus de toutes ces petites passions mesquines et de ces petites menées ténébreuses qui sapent sans cesse et achèvent de ruiner l'esprit public dans les petites localités des colonies françaises actuelles. Ne faites pas de la magistrature coloniale un corps exclusivement séparé de celle de la métropole, mais prenez les choses plus radicalement : choisissez bien vos magistrats d'abord avant de les envoyer aux colonies, et alors vous n'aurez pas de difficultés à les admettre dans les rangs de la magistrature métropolitaine quand ils se seront assuré la bienveillance du pouvoir par de bons services. Abolissez vos corps spéciaux pour le service des colonies nouvelles, et appelez la majeure partie des corps de l'armée à aller visiter tour à tour vos grands établissements d'outre-mer. La nation finira par s'identifier avec eux et ne les considérera que comme un dédoublement de la France. Qu'il y ait entre les colonies et la métropole un perpétuel échange d'hommes et de choses, et surtout de ces bons procédés qui engendrent la reconnaissance de part et d'autre, et vous ne tarderez pas à atteindre le grand but que la France se sera proposé.

Ce que je voudrais voir bientôt à Madagascar, ce serait le noyau d'une colonie dirigé par des hommes de foi et aux vues larges, destiné à donner naissance sous peu à une colonie à la fois forte, puissante et redoutable, liée d'intérèt à la métropole et vouée à jamais à sa gloire, à l'abri de tout parjure par son éducation civile et politique, de toute déchéance morale par un esprit public vigoureux, capable à lui seul de réprimer toutes les mauvaises passions individuelles, et de ramener les natures suspectes aux saines notions du devoir. Hors de là, point de salut; tout s'abîmera sous l'influence délétère des éléments dissolvants que j'ai signalés. Le gouvernement français y parviendra aisément en faisant un choix judicieux des hommes qui seront placés à la tête de cette entreprise nationale et humanitaire. Si la colonisation de Madagascar ne devait aboutir qu'à la formation de puissantes compagnies industrielles, qu'à l'exploitation passagère de cette riche contrée au profit d'un petit nombre destiné à réaliser la devise d'un des plus mauvais empereurs romains, et à engloutir dans le gouffre parisien les sueurs de toutes les races qui seraient appelées à créer la richesse industrielle de ce pays, la colonisation n'aurait atteint que la moitié de son but et le plus mauvais résultat.

Mais ce n'est pas ainsi que je l'entends.

VI

Pour créer des colonies à Madagascar, et pour rattacher d'une manière à jamais indissoluble les destinées de cette île à celles de la France, nous n'avons qu'à penser dès l'origine aux moyens qui peuvent nous permettre de nous y assurer une forte position dans le présent, et peut-être un empire dans l'avenir. L'occupation partielle ou générale entraînera inévitablement la colonisation générale. Partant de ce fait, je m'occuperai sommairement, dans cet ouvrage, des trois points principaux qui font le sujet du titre de ce chapitre. La population actuelle de Madagascar, bien que clairsemée, peut s'évaluer encore à trois millions d'habitants ; cette île peut aisément en nourrir une de vingt-cinq à trente millions, si ce n'est même davantage. La population actuelle, retirée, par un régime doux et protecteur, de l'état misérable où elle se trouve aujourd'hui, ne tarderait pas à doubler ; ce serait tout au plus l'affaire d'une vingtaine d'années. Pendant un certain laps de temps, on pourra aisément y introduire un certain nombre de nègres, en partie égale d'hommes et de femmes, un certain nombre de Chinois et surtout des Indiens de la presqu'île hindoustanique, race excellente pour faire et former une population coloniale. Les hommes de cette origine émigrent volontiers en famille, et se fixent aisément là où ils ont la moindre garantie de protection et de subsistance. De toutes les races de l'Orient, c'est à [coup sûr celle qui me plairait davantage sous bien des rapports ; mais je n'en exclus aucune, et je suis d'accord en cela avec la sagesse du gouvernement hollandais de Java, qui, loin de chasser les Chinois de cette colonie, comme ont fait les Espagnols des Philippines, les a au contraire attirés dans cette possession où ils rendent de très-grands services, et contribuent à la prospérité générale. Maintenant, tâchez de couronner cette immigration étrangère par un transport de toutes les familles françaises qui désireraient y passer, et tâchez surtout de l'élever à un chiffre respectable. On arriverait aisément à avoir avant la fin du siècle une population de dix à douze millions d'hommes suffisante, sur ce point, pour exciter le plus vif intérêt, et devenir pour la France l'objet d'une sollicitude toute particulière.

Après avoir créé la population à l'aide des différents éléments que j'ai indiqués plus haut, et après avoir assuré l'ordre, la sécurité, le travail, établi une bonne discipline partout et mis tous les rouages de cette société en état de fonctionner simultanément, il ne restera plus qu'à songer aux moyens d'écarter toutes les causes de perturbation qui pourraient en contrarier le développement et arrêter son essor. Les causes d'un ordre tout à fait moral seraient des divisions arbitraires imposées aux différents éléments qui concourraient à la formation de la société coloniale, et l'oubli des premières notions d'une saine équité. Tout en favorisant les colons français qui viendront s'installer à Madagascar, je ne voudrais pas qu'on sacrifiât à leur profit les autres races, auxquelles vous aurez également ouvert les portes de votre colonie. Sans faire absolument pour ces étrangers ce que vous ferez pour vos nationaux, appelez-les aussi au partage des terres, et ne commencez pas votre colonisation par l'établissement d'une classe de parias, sans feu ni lieu, vivant au jour le jour, et destinée à végéter éternellement à l'état de mercenaires. Songez surtout à faire des hommes; vous y arriverez sûrement par l'appât de la propriété, puis quand vous aurez obtenu ce résultat important, il ne vous sera pas difficile d'en faire des Français, et puis, comme dernier bienfait, des chrétiens. C'est l'assimilation progressive qui vous donnera les moyens de prévenir d'abord les causes de perturbation, et d'obtenir ensuite les précieux résultats que la colonisation de Madagascar doit avoir pour but. Par elle, vous éviterez le danger qui menacera toujours les établissements coloniaux qu'on peut désigner sous le nom de domination européenne, tels que ceux des Anglais dans l'Inde et des Hollandais dans l'Archipel. Les Anglais et les Hollandais ne sont que campés sur ces différents points, et si puissante que soit cette domination d'un côté, si intelligente qu'elle soit de l'autre, elle n'est pas moins soumise à toutes les éventualités qui peuvent bouleverser ces régions. C'est ce qu'il faut éviter à Madagascar, et la France n'a qu'un moyen pour y parvenir, c'est d'identifier les races qui seront appelées à participer à l'organisation de

cette société insulaire au nom français, aux intérêts de la métropole
en la pénétrant de notre génie et de nos institutions. C'est ici que
doivent intervenir l'éducation du peuple d'abord et l'emploi des
procédés propres à établir une savante discipline. Alors commencera
la civilisation, et puis viendra bientôt après la fondation d'un empire
appelé peut-être à illustrer un jour ces contrées déjà célébrées par
un grand poëte. Qui peut dire si, de ce point si admirablement placé
pour la réalisation de pareils projets, et sous l'heureuse influence du
génie français, ne partira pas une civilisation, non pas comparable
à celle des Grecs, je n'ose tant espérer, mais susceptible de nous rappeler quelques reflets de l'antique Ionie. La tribu hellénique qui
quitta les rivages de l'Attique pour aller fonder les villes qui devaient
se disputer Homère, n'avait probablement pas les ressources que
nous possédons aujourd'hui ; son génie était sans doute plus souple
que le nôtre puisqu'il a produit toutes les merveilles que nous avouons
prudemment ne pouvoir égaler; mais il n'avait pas la force que nous
a léguée le Christ pour appeler autour de nous les races déshéritées.
C'est la mission sainte que nous autres, les aînées d'aujourd'hui,
nous tenons de celui qui se transfigura sur le Thabor en laissant au
monde la doctrine qui devait le grandir, et nous ne pouvons l'oublier
à moins de déchéance.

VII

L'occupation restreinte vis-à-vis de peuples barbares, il faut bien se l'avouer, n'est qu'un rêve. L'occupation de Madagascar une fois réalisée sur un point devra tôt ou tard s'étendre à l'île entière. La domination française ne sera solidement assise dans la grande île africaine, elle ne portera tous ses fruits bienfaisants que le jour où toutes les tribus, délivrées de l'autorité conquise sur elles par de misérables chefs qui ne vivent aujourd'hui que d'exactions et de rapines, auront entièrement disparu dans la grande unité politique à laquelle nous n'avons point dédaigné, dans notre système de colonisation, d'appeler toutes les races dont nous avons fait mention. C'est vers ce but que le gouvernement français devra marcher et que tous nos vœux le convient. Sans l'influence d'un gouvernement européen, sans son autorité active, sans l'organisation qui sera son ouvrage, les peuples de Madagascar retomberaient dans le chaos de leur anarchie. C'est en vue de ces projets d'abord et de leurs conséquences que nous nous plaisons d'avance à esquisser le plan qui nous paraît de nature à être, sinon adopté, au moins pris en considération.

Si Madagascar ne peut encore offrir tous les avantages que le commerce a rencontrés dans l'Inde et dans l'Archipel, il est loin aussi de présenter tous les inconvénients politiques que les Européens ont également rencontrés dans les préjugés des peuples qu'ils ont soumis à leur domination dans ces parages. Ainsi, à Madagascar, point de préjugés religieux, point de castes, objets de la vénération du peuple, exerçant une influence quelconque soit politique, soit religieuse. Le peuple y est entièrement neuf sous ce double rapport, et ce sont là d'incontestables avantages. Le seul fait qu'il

partage avec la population industrieuse de Java est ce besoin instinctif d'ordre et de discipline qui l'a porté si aisément à accepter la tyrannie des milliers de ;roitelets qui le gouvernaient avant la venue
des Hovas. En dehors de ce fait caractéristique, et d'un si haut intérêt, les populations de Madagascar ne sont liées par aucun souvenir,
aucun sentiment de reconnaissance vis-à-vis de leurs chefs actuels;
ce sentiment ferait plutôt place à des souvenirs d'opprobre. Ainsi
aucun lien, aucun respect, aucun préjugé de nationalité ne peut
protéger les faibles représentants de l'autorité dans ce malheureux
pays. La puissance qui songera à la retirer de sa profonde barbarie y
rencontrera donc tous les avantages attachés à la race protectrice,
et un jour viendra peut-être où le peuple qui aura été l'éducateur de
tant de déshérités, se verra probablement l'objet de ce sentiment
élevé vers lequel les hommes, dans leurs moments de bonheur, ne
peuvent s'empêcher de se porter. Tel sera peut-être le résultat heureux que les Français obtiendront à Madagascar; mais tel il sera, à
coup sûr, si l'éducation du peuple est sainement dirigée, et pour
cela il importe avant tout qu'elle soit éminemment nationale, nullement livrée au hasard, encore moins au caprice des congrégations religieuses, dont l'esprit étroit et borné, et quelquefois même
subversif, ne me rassure nullement. C'est prévoir de loin que de
m'occuper dès aujourd'hui de ce que pourra être Madagascar dans
un siècle, mais c'est aussi le fait de ceux qui veulent garantir leur
œuvre des malheurs qui peuvent la menacer un jour. Comme c'est
le sang, le génie, et la fortune de la France qui iront féconder cette
société jusqu'à présent stérile, c'est bien le moins que mon pays en
profite un jour, et que, à côté de sa puissance, ne vienne pas s'élever
pour la compromettre, à un moment donné, le produit d'un mauvais levain. En politique comme dans la poursuite d'un but élevé,
il faut savoir faire violence même à ses affections : la colonisation
exclusivement religieuse, en dépit même de quelques hommes d'esprit qu'on peut rencontrer à la tête des missions, n'offre aucune
garantie, et chez les peuples nouveaux c'est un très-mauvais moyen.
On ne rencontre pas, chez les missionnaires en général, ni assez
de souplesse ni assez d'étendue dans les idées; leur but n'est pas
toujours assez étroitement lié aux intérêts nationaux, et on ne saurait,
sans risquer beaucoup, leur confier la direction des idées. Et puis
les résultats obtenus ailleurs n'ont rien qui soit de nature à captiver
ni à exciter un vif intérêt. M. Adolphe Barrot, consul général des
Philippines, après avoir observé les îles Sandwich en 1839, consta-

tait en ces termes l'état de ce pays : « La crainte des châtiments et non la conviction empêche les insulaires de se livrer à toutes leurs anciennes habitudes, et chaque fois que l'occasion se présente de secouer le joug qui leur est imposé, ils la saisissent avec ardeur.... Qu'ont fait les missionnaires? Ils croient avoir corrigé les mœurs, et la démoralisation est à son comble. Ils croient avoir fait des chrétiens, ils n'ont fait que des hypocrites... Ils leur ont fait connaître la misère, qu'ils ne connaissaient pas... Cette population que les premiers navigateurs nous représentent comme si heureuse dans sa nudité, nous a semblé misérable sous les haillons dont la civilisation l'a couverte. » Sans aller bien loin, il y a beaucoup d'autres contrées dont on pourrait dire autant, et où l'on a vu surgir tout à coup un vice inconnu jadis, l'hypocrisie, qui a remplacé l'ancienne franchise coloniale, et qui s'est logée aux différents étages de la société.

M. Laverdant, dans son ouvrage sur Madagascar, a traité ce sujet avec talent, et ce n'est pas le passage le moins intéressant de son remarquable ouvrage.

« Le missionnaire, dit-il, ne se reconnaît le plus souvent que la charge de sauver des âmes pour une vie ultérieure; le dogme prêché par lui condamne la terre comme un lieu d'exil et de passage, flétrit les appétits de la chair et jusqu'aux sentiments du cœur, comme inspirations mondaines et souffle du mauvais esprit. Pour lui, le type du beau, c'est le détachement des biens d'ici-bas et l'aspiration continue vers les félicités éthérées. Je ne veux pas discuter ici ce dogme; mais, quelle que soit sa valeur en thèse générale, toujours est-il que, dans sa rigidité spiritualiste, il ne saurait avoir d'action sur des hommes bruts; de toute évidence, ce dogme est seulement compréhensible pour des intelligences très-raffinées, il n'est applicable qu'à des natures déjà convenablement préparées.

» Est-il sensé de parler du péché originel et de l'immortalité de l'âme à des êtres bruts? Fait-on de la métaphysique aux nouveau-nés qui s'agitent dans leur berceau? Non : on les entoure de soins prévoyants pour faciliter l'action des organes, et on leur présente une mamelle saine et abondante d'où jaillit la vie à flots. Le sauvage, c'est l'enfant; le sauvage veut vivre et jouir. Au bord de ses mers poissonneuses, au fond de ses forêts luxuriantes, il ne lui est pas venu à l'idée de supposer que Dieu ait versé le lait dans le cœur du palmier, le sucre dans les fruits dorés, pour que l'homme s'abstînt. Il a subi le mal comme un fait, il a pris le bien comme un droit. Ne

comprimez donc pas l'homme sauvage dans son essor vers la liberté;
vêtissez-le, nourrissez-le à larges mains, faites briller à ses yeux char-
més les hochets éclatants, raffinez ses sens à mesure qu'il grandit à la
vie et que la vigueur vient à ses membres; puis, lorsque le développement physique sera assuré, vous pourrez parler au cœur et ensei-
gner à l'esprit.

» Nous croyons qu'il importe d'utiliser, en fait de colonisation,
le zèle des missionnaires; il faut chez le conquérant pacifique l'amour
pour les peuples conquis, le désir de leur salut, il faut l'ardeur et la
force qu'inspire la passion de l'unité religieuse. Cette ardeur et cette
force, la foi chrétienne les met au cœur des missionnaires, qui pour-
suivront sans relâche le salut des populations barbares, dût cette
pieuse entreprise ne leur rapporter à eux-mêmes que les privations, les mauvais traitements et le martyre. Nous ne saurions trop
applaudir à ce zèle sublime; mais nous croyons qu'il est nécessaire
de le diriger quelquefois. »

A Madagascar, rien ne doit être négligé pour la réussite de nos
projets : il ne s'agit point ici d'une domination éphémère, encore
moins d'une possession sujette à subir tous les contre-coups du dehors, et que des événements malheureux peuvent nous faire perdre,
comme cela s'est réalisé maintes fois dans notre histoire coloniale ; il
s'agit avant tout de la formation d'une société coloniale capable de
se suffire dans toutes les circonstances, élevée dans des principes
tels, que, à l'abri de tout parjure envers la France, elle ne donne
jamais envie à une puissance étrangère de tenter une excursion sur
son territoire. Ainsi tous les éléments qui seront appelés à concourir
à sa formation, toutes les forces individuelles qui voudront y coopérer, loin d'être rejetés seront-ils bien accueillis, pourvu toutefois que
tous, obéissant à un mot d'ordre convenu, sans tiraillements, sans
empiétements, sans récriminations, participent à l'envi au grand
résultat désiré. A l'époque où nous sommes et avec les moyens
dont on peut disposer aujourd'hui, ce serait tout au plus l'œuvre
d'un demi-siècle de fermeté, de patience et de sagesse. Le temps
presse, les circonstances dans le monde ne sont pas des plus rassurantes pour l'avenir, les derniers événements d'Orient nous ont montré qu'il y a dans le nord de l'Europe de redoutables ennemis, et les
progrès accomplis par la race anglo-saxonne qui s'étend si rapidement à l'ouest de l'Amérique nous indiquent aussi la nécessité d'être
vigilants. Il n'est plus permis d'ajourner indéfiniment la solution des
questions qui peuvent avoir pour but de savoir s'il faut, oui ou non,

une forte position à la France dans les mers de l'Inde et en prévision des événements futurs que la moindre notion de tout ce qui se passe de notre temps peut laisser apercevoir.

Grâce à tous les avantages que j'ai déjà signalés, l'organisation politique de Madagascar ne sera pas chose difficile : ce pays compte actuellement vingt-deux tribus bien déterminées de nom et de situation, sans l'être de territoire pour la plupart. Il serait très-aisé de diviser l'île en vingt-cinq résidences ou régences comprenant chacune des tribus, plus les colonies d'Européens, d'Indiens, de nègres et de Chinois qui y seraient installées au fur et à mesure, et réparties dans une proportion appropriée aux besoins de chaque régence. Chacune de ces divisions politiques et administratives aurait à sa tête un fonctionnaire pris dans l'ordre civil ou dans les rangs de l'armée, mais soumis dès son installation à la constitution essentiellement militaire de la colonie. Chaque régent de province serait assisté d'un conseil provincial, mais à voix simplement délibérative. La province ou régence serait divisée en districts subdivisés en cantons, et les cantons se composeraient de tant de villages à la tête desquels on maintiendrait, dans les premières années, l'autorité d'un chef pris au choix de l'administration provinciale et qui recevrait l'investiture du chef de la régence. Il n'y aurait nul inconvénient à créer pour chaque commune l'organisation de la *dessa* en usage à Java et qui sert si admirablement au rouage administratif de cette possession. Il y aurait même un avantage important attaché à cette organisation, à condition toutefois d'y créer la propriété privée et de ne rien laisser en commun que les terres vagues constituées en propriétés communales et destinées au pacage des troupeaux de la localité. Le fait fondamental de l'association nouvelle serait de fixer les populations par la propriété et tous les avantages qui y sont attachés, de connaître exactement le nombre d'individus de chaque commune, et de prélever facilement l'impôt en journées d'hommes pour les travaux publics, seule chose qu'il faille réclamer d'abord en attendant que la prospérité du pays permette de demander à chacun sa quote-part pour subvenir aux dépenses générales. Il y a des hommes, en tous pays, qui préfèrent la vie errante à l'existence sédentaire, et, à Madagascar, une fraction de la population aime assez à se déplacer pour un motif ou tout autre ; il faut laisser à chacun cette liberté d'action, surtout quand elle ne nuit en rien à la tranquillité publique ; mais en les privant du bénéfice attaché à l'existence stable des cultivateurs du sol. Les bons sujets trouveront toujours à se faire agréger dans une dessa

quelconque quand le goût d'une vie moins agitée les prendra. Quant
aux hommes déclassés et par trop adonnés au vagabondage, il sera
toujours temps de les faire rentrer dans le devoir; et, à Madagascar,
les travaux d'utilité publique ne manqueront pas de longtemps pour
utiliser ces natures rebelles.

Telle serait donc l'organisation politique des provinces, et, à la
tête de tout ce grand corps fonctionnerait, dans la capitale du nouvel
établissement, la haute administration confiée à une main savante
et habile dont l'autorité, supérieure à toute autre institution, maintiendrait ce principe rigoureux sur lequel devra reposer tout entière
la prospérité générale : le gouvernement d'un seul. Pour la création
de pareils établissements, le partage de l'autorité est incompatible avec
les nécessités locales. Tout en laissant aux individus la plus grande
somme de liberté possible, le libre développement des industries
privées, en tant qu'elles ne seront nullement nuisibles à la prospérité générale, en un mot, toute leur spontanéité, c'est toutefois
dans la concentration des pouvoirs qu'on pourra trouver les moyens
de suivre un plan fixe, invariable et destiné à amener les résultats
cherchés. C'est ce qu'il importe surtout de ne jamais oublier. Ces
résultats sont connus d'avance, la création de la société coloniale
telle que je l'ai déjà dit, forte, disciplinée, laborieuse et éminemment française de cœur et d'esprit. Si, pour favoriser des intérêts
privés, on avait le malheur, dès le début, de river aux industries
privilégiées une partie de la population indigène, comme cela se
passe dans les colonies actuelles, c'en serait fait de vos établissements et de leur avenir. Vous vous serez, dès le début, aliéné l'esprit des Malgaches, et il vous sera très-difficile de les ramener à des
sentiments de nature à vous concilier leur amour et leur vénération.
Ne sacrifiez pas à la production de quelques millions de sucre la
sécurité d'abord de votre colonie, la véritable prospérité que vous
trouverez aisément dans d'autres cultures, et surtout le sort de ceux
que votre mission est de relever de la ruine, et non pas de les plonger sous un joug plus terrible peut-être que celui qu'ils maudissent.

Votre œuvre, à Madagascar, doit être une œuvre d'amour, de protection, de tendresse ; vous êtes appelés, vous autres Français, à
être les éducateurs moraux et politiques des Malgaches ; n'en faites
pas un peuple appelé à porter le bât colonial, mais bien le mousquet
qui défendra un jour notre France orientale, sa patrie.

Il y a quelque chose de souverainement séduisant dans ce concours
à la formation d'une société nouvelle. Elever un empire, créer une

société, mettre au monde un peuple nouveau, accroître la richesse,
la grandeur, la force de son pays, ou seulement aider même de loin
à tout cela, voilà l'honneur suprême ; c'est ce que Montaigne appelle
la plus haute délectation de l'intelligence. Eh bien! Madagascar peut
offrir cette volupté à ceux dont la noble ambition serait d'attacher
leurs noms à une grande chose à fonder.

La gloire d'un Dupleix, d'un Labourdonnais, d'un Revillagigedo,
d'un Daendels, d'un Van den Bosch, n'est pas à dédaigner : il y a
même dans l'auréole de ces héros de l'histoire coloniale de l'Europe
moderne, de quoi satisfaire la plus robuste ambition. Que la France
fasse un appel à toutes les forces vives de la nation, et son secret
désir sera bien vite satisfait. Elle a à sa disposition de jeunes renommées qui ne demanderont pas mieux que d'aller s'exposer pour
elle, et, si dans l'entreprise à laquelle nous la convions de tous nos
vœux, il y a peu de ruines sanglantes à faire, il y a en revanche
beaucoup de gloire à recueillir pour ceux qui sauront édifier.

VIII

Madagascar est déjà un pays productif qui subvient à la plupart des besoins de sa population. Sa production, fort limitée actuellement par les raisons que j'ai mentionnées ailleurs, deviendra, aussitôt que le calme sera rétabli partout dans les esprits, suffisante pour répondre à bien des demandes. Le Malgache a des appétits de bien-être qu'il aime à satisfaire quand il peut, et il sait que c'est en se donnant de la peine qu'il parvient à se procurer les moyens de subvenir à ses goûts de dépense. L'indolence reprochée à cette race n'est point inhérente à son caractère, et n'a été que la conséquence funeste des vicissitudes diverses qui ont pesé sur elle. Affranchissez-la de cette servitude arbitraire, et vous ne tarderez pas à rencontrer partout d'utiles producteurs.

Le commerce actuel de Madagascar, bien que réduit aux proportions les plus modestes, et concentré entre les mains de quelques spéculateurs et des petits traitants de la côte, ne s'élève pas à moins de quatre millions, ainsi répartis : trois millions pour marchandises exportées, et un million d'importations, donnant ensemble au gouvernement hova six cent mille francs à peu près de droits imposés sur la sortie et les entrées. Les marchandises d'exportation se composent presque exclusivement de trente mille bœufs achetés pour les approvisionnements des îles Maurice et de la Réunion, d'une quantité assez notable de riz, de tortues et menues denrées, ainsi que des rabanes pour les besoins des sucreries de ces îles. Les principaux objets d'importation du commerce de Madagascar se composent de toiles d'Amérique, aujourd'hui préférées sur le marché local, de toiles d'Angleterre, toutes cotonnades, et en vins spiritueux. On compterait bien encore quelques articles ; mais c'est dans une statistique qu'ils pourraient tout au plus trouver leur place. Le commerce de Madagascar pourrait se développer promptement et arriver bien vite à des proportions assez sérieuses pour fixer l'attention des grandes places maritimes de France. En portant le commerce de cette île à quatre cents millions, ou en d'autres termes à cent fois le chiffre actuel, je ne crois pas risquer beaucoup en annonçant que ce résultat heureux ne tarderait pas longtemps avant d'être réalisé : il ne faudrait pour cela que la formation de plusieurs cités importantes et une vive impulsion à l'agriculture du pays. Du jour où le Malgache sera sûr de jouir, en tout ou même en partie raisonnable pour lui, du fruit de son travail, il s'y livrera avec une ardeur extraordinaire ; car ce peuple ne ressemble en rien aux autres populations des contrées voisines. Comme je l'ai déjà dit, assurez au Malgache la protection, la paix, la certitude que son bien ne lui sera jamais enlevé par une mesure arbitraire ou violente, et dès ce moment vous pourrez compter sur son concours pour mettre en valeur sa terre natale. Vous aurez presque immédiatement une population de quatre à cinq cent mille travailleurs, libres, dispersés sur toute la surface de ce pays, et vous n'aurez qu'à indiquer, par les besoins de votre commerce, les différentes cultures auxquelles ils devront se livrer.

De toutes les cultures coloniales, celle qui semble la mieux appropriée aux nécessités locales, soit par sa valeur intrinsèque, soit par sa facilité d'exploitation pour les colons européens comme pour les indigènes, c'est sans contredit la culture du caféier. Le goût invétéré des populations de l'Europe pour cette denrée coloniale, est un fait acquis à l'expérience qui s'en fait chaque jour sur une échelle de plus en plus développée. Plus on ira, plus les besoins deviendront considérables. Il n'y a donc nul inconvénient à y appeler de préférence les cultivateurs du sol. Cette préférence se trouve encore dictée par l'impossibilité bien constatée, pour le colon européen, de se livrer à la culture de la canne à sucre d'une manière fructueuse pour le petit planteur, qui n'a que ses bras et ceux de ses enfants, si toutefois il a de la famille. Or, comme je ne sache pas qu'on doive retomber dans les errements du passé, qui avaient porté l'ancienne administration à faire aux blancs l'avance d'esclaves pour cultiver leurs terres, il faut bien se pénétrer d'avance de cette vérité, que le colon européen n'aura pour se pourvoir que sa propre industrie et les terres qu'il plaira au gouvernement de lui concéder. Les avantages qui lui seront faits d'un autre côté ne seront pas de mince valeur, et s'il veut être industrieux, il y aura toute chance pour lui de se créer une

position très-acceptable. Les avantages qui doivent entrer dans les
vues d'une bonne et saine administration sont les suivants : transport gratuit sur les bâtiments de l'État ne pouvant plus servir aux
besoins de la guerre ou autres moyens de translation, avance de vivres
pendant six mois à un an, avances d'outils et instruments aratoires,
service de santé et fourniture de médicaments pendant les deux ou
trois premières années d'installation. A Madagascar, si l'on veut
réussir avec les colons européens, pas de colonie sans médecin ; c'est
la première nécessité réclamée par la nature des lieux. La première
chose à faire pour le colon européen, c'est de se bâtir, avec l'aide de ses
compagnons et aussi un peu avec quelques secours de l'administration, une bonne case selon les habitudes et les ressources ordinaires
du pays, c'est-à-dire en pailles de Ravenale d'abord, et plus tard selon ce que l'aisance indiquera, puis la culture des plantes vivrières,
telles que racines du pays, légumes d'Europe, et un commencement
d'éducation domestique consistant en porcs, poules et animaux de
basse-cour. Une fois les premiers besoins assurés, le colon pourra
commencer son défriché pour la culture des arbres destinés à lui
créer son bien-être. Une fois rendu sur le sol de la grande-île, il ne
faut plus que le colon regarde derrière lui et soupire sans cesse après
la patrie absente. Pareil à nos premiers pères au sortir du jardin
mystérieux, il faut qu'il ait le mâle courage de notre premier parent
et qu'il se tienne le langage que le chantre sublime de ses malheurs a
si merveilleusement interprété. Tout est devant lui, et qu'il se garde
des stériles regrets et du sort de celle qui pleura trop les villes châtiées.
Le Français à Madagascar ne sera pas un exilé ; cette terre qu'il ira
féconder de sa sueur, où il apportera son génie et son industrie, sera
pour lui une autre France qu'il finira par aimer parce qu'elle lui donnera un beau ciel, un climat qu'il domptera et une existence douce
et sereine après quelques années d'efforts, à l'abri toutefois des exigences des contrées moins fortunées ; peut-être y trouvera-t-il une
compagne, digne à la fois, par son dévouement à toute épreuve et le
culte dont elle sera l'objet de sa part, de devenir pour lui une affection
réelle. Le temps fera plus pour légitimer ces unions passagères que
toutes les mesures prématurées que pourraient inspirer un zèle inconsidéré et des désirs aussi arbitraires qu'impolitiques.

La région qui me paraît la meilleure pour des colons européens
est la moyenne, celle qui se trouve vers les premiers contre-forts
des montagnes de Madagascar, entre les hauteurs variant de quatre
ou cinq cents mètres au-dessus du niveau de la mer, à monter jusqu'à

mille mètres. Toutes les autres régions peuvent également recevoir des Européens ; mais ils auront à lutter contre plus de difficultés. En revanche, il y a aussi des avantages attachés à ces différents degrés. Ainsi, dans la région montagneuse, de meilleures eaux, un climat moins redoutable, un souvenir d'Europe par la température durant trois mois de l'année : mai, juin et juillet ; des cultures analogues aussi à celles d'Europe, à côté de toutes les productions coloniales. La région montagneuse, cultivée en blé, est appelée à donner de bons résultats et de bons produits ; la vigne y vient fort bien et peut donner également des produits estimés. Dans la région du littoral, beaucoup plus de facilités pour l'existence, à cause de la pêche, de la chasse du gibier d'eau, et enfin la proximité des grandes villes qui s'y fonderont par la suite. Actuellement, sauf le riz, tous les objets du commerce de Madagascar sortent en majeure partie de l'Ankove ; l'éducation des troupeaux est devenue presque nulle dans les provinces soumises, et elle ne se pratique encore que chez les Sakalaves. Aussitôt que les Malgaches auront la faculté d'en élever, tous s'y adonneront à l'envi pour plusieurs motifs : d'abord parce que le bœuf intervient pour une partie notable dans l'existence du Malgache ; ensuite à cause du bien-être qu'il retire de cette industrie ; et enfin parce que la perspective que lui offrira la défaite assurée et lucrative de sa marchandise, sera pour lui un vif aiguillon qui le portera à étendre considérablement sa production si aisée sur son sol. On importe en France du sucre, du café et autres denrées coloniales bien peu à la portée des petites bourses. On y apporte également des cuirs d'Amérique ; mais je ne sache pas qu'on ait encore *organisé* un commerce qui serait d'un bien grand secours pour les populations rurales, l'importation des viandes conservées qu'on fabrique dans la Plata et les provinces méridionales du Brésil, et connues sous le nom de *carne secca*. Cet article serait pour la France du plus haut intérêt, et vaudrait bien la peine qu'on s'en occupât sérieusement. Cette viande, recherchée des maisons les plus opulentes du Brésil, aussi bien qu'elle est la ressource des plus modestes, ne serait pas une ressource à dédaigner en France ; je suis même convaincu qu'elle est appelée à prendre un rang considérable dans le commerce futur. Il ne serait pas bien difficile d'arriver à une fourniture annuelle de quatre à cinq cent mille bœufs, dont la chair ainsi conservée serait une des plus précieuses ressources que trouverait la métropole dans sa colonie. Il ne s'agirait pour cela que de créer de vastes pâturages dans toutes les provinces aujourd'hui dénudées et abandonnées. Sous l'influence d'un stimulant pareil, la vie renaîtrait partout, et les terres vagues, impropres aux cultures d'élite, deviendraient d'immenses prairies vivantes, dont les produits ne seraient pas loin d'égaler ceux des grandes cultures coloniales. Ils auraient au moins pour eux l'immense et incontestable avantage d'entrer dans le goût des indigènes, de subvenir à une grande partie de leurs besoins et de les conserver tels qu'ils sont. Je me défie des grandes cultures, je me défie de l'influence des riches colons ou des compagnies industrielles sur le gouvernement local ; il n'est pas impossible qu'on surprenne la religion d'un gouverneur général, et qu'un arrêté impolitique ne vienne un jour virer à une exploitation meurtrière une fraction quelconque de la population indigène. Avec le mince salaire que le plus fort voudrait imposer au plus faible pour un travail excessif, et qui ne permet pas le chômage, avec un régime qui serait loin d'être doux, on ne fait pas de conquête morale, on abîme une population et on n'enrichit qu'un petit nombre. Cette question est délicate, et je veux m'expliquer carrément : Je ne suis pas ennemi de la grande propriété pour un grand pays ; j'ai trop fréquenté l'Europe pour ignorer les avantages qu'elle procure à la société en général, quand le hasard la transmet à de nobles mains ; sans celles-ci de quoi vivraient les arts qui parlent à l'imagination et constituent le domaine de l'intelligence chez les sociétés raffinées ? Mais j'avoue hautement ma faiblesse, si toutefois c'en est une : j'aime mieux encore la petite, parce que, pour moi, la vue d'une population heureuse est le plus beau spectacle et celui qui m'enchante davantage. Je n'ai jamais pu supporter ce rapprochement cruel des hommes repus de toutes les voluptés à côté d'autres hommes qui meurent de faim et de froid. La vue de la misère m'a toujours fait l'effet de la tête de Méduse, et si je me suis parfois consolé d'être loin de l'Europe, c'est que j'ai le bonheur d'habiter sous un climat clément, avec son beau ciel, et dans une petite île où il est assez rare de voir beaucoup souffrir. Tous n'y sont point heureux, il s'en faut même de beaucoup ; mais le spectacle hideux qu'on rencontre dans les grandes cités du septentrion, ne vient pas non plus me remplir l'âme de toutes les amertumes auxquelles elle a été plus d'une fois en proie quand le hasard a porté mes pas dans ces asiles où la détresse règne en terrible souveraine. Né sous une latitude qui ne permet pas à la nécessité d'assiéger sans cesse la demeure de l'homme laborieux, je n'ai jamais admis non plus que la présence de la pauvreté à côté de l'opulence fût une loi providentielle ; j'ai toujours trouvé cette doctrine trop élastique pour l'accepter sans examen, et, en définitive, je la rejette entièrement pour ma part, et quant aux projets que je soutiens en ce moment, mieux vaut pour Madagascar une médiocrité passable, mais générale, qu'un accouplement monstrueux d'un petit nombre dans l'indépendance sociale et le reste dans les fers.

Il y a dans les contrées que je préconise une foule de petites industries privées qui peuvent contribuer largement au bien-être des populations qui y viendront chercher une nouvelle patrie. Telles sont, par exemple, la culture des arbres fruitiers, l'éducation des abeilles et des vers à soie, et l'élève des animaux domestiques. Il ne faut pas que le colon compte exclusivement sur ces petits revenus pour un acheminement vers la fortune ; je ne dis pas non plus que dans certaines circonstances données de réussite, ces petits moyens ne contribuent singulièrement à l'aider ; mais ce dont je veux bien le pénétrer d'abord, c'est de ne pas compter sur ces modiques ressources autrement que pour embellir son existence. En espérer autre chose serait un calcul mauvais et trompeur. J'en dirai autant de la culture des arbres à épices, tels que *muscadier*, *giroflier*, *ravendsara*, *cannelier* et *camphrier*, ainsi que quelques plantes comme le gingembre, le safran et les vanilliers. Ils ne donneront aux colons qu'une augmentation de bien-être domestique, et leurs produits, de peu de valeur d'abord à cause de leur consommation forcément restreinte, ne seront jamais appelés à un écoulement de quelque importance. Mais quant au charme de son existence, je le garantis complet si le colon sage et prudent, et docile aux conseils de ses guides, a l'industrie de se créer sur sa terre une petite retraite d'un hectare de surface et plantée de tous ces végétaux précieux, qui sont les délices des contrées fortunées où la nature les a primitivement placés. Assis à l'ombre de ses orangers fleuris, il pourra contempler d'un seul regard tout ce que la nature a fait naître de plus mystérieux sur le sol du nouveau monde et dans ces îles que baigne la mer des Indes. La Chine, l'Archipel, l'Afrique et le Brésil seront ses tributaires passifs de tant de trésors. Après les premières années de lutte contre l'élément délétère d'un sol encore neuf et qui n'exigera qu'une conquête pacifique, sa vie pourra s'écouler paisiblement au milieu d'une joie sereine et d'une abondance qui seront les fruits d'une existence bien remplie.

Comme cultures principales, et les plus sérieuses pour lui, le colon européen ne doit compter que sur celle du maïs pour l'existence de ses élèves domestiques, et sur celle du caféier comme branche principale de ses revenus. Ces deux cultures ne demandent pas beaucoup

d'efforts, et grands et petits, jeunes et vieux peuvent également s'y
adonner. A la culture annuelle du maïs, le colon peut joindre celle du
tabac, des plantes à racines alimentaires comme le manioc, les patates,
les ignames et les légumes de toutes sortes. Bien des choses accessibles
à la petite culture ne devront pas être négligées par lui ; telles sont,
le cotonnier, l'arachide (*arachis hypogea*), le palmier à sucre, le sagoutier, le cocotier, etc. etc. Mais c'est surtout sur le caféier qu'il doit
concentrer tous ses efforts. Cet arbrisseau demande quatre à cinq
années de soins avant d'entrer en rapport ; mais aussi, s'il est placé
sur un sol qui lui convienne, il n'a pas besoin d'être renouvelé avant
trente ans et même au delà. Sa culture présente ces autres avantages
de ne demander qu'une fois par an un coup de gratte pour détruire
les mauvaises herbes qui peuvent croître dans les champs, et de servir
surtout de refuge aux poules et autres élèves de cette famille. Une
précaution que j'indiquerai volontiers même dans cet ouvrage, serait
d'engager le propriétaire d'une concession de s'entourer immédiatement d'une haie de vacoua (*pandanus utilis*), dont les feuilles peuvent lui être si nécessaires pour la confection des sacs destinés à emballer ses produits ou à être vendus. Il y aura un autre avantage attaché
à ces délimitations bien déterminées, ce sera d'éviter bien des contestations et bien des procès si communs aux colonies, sans préjudice des
mesures salutaires qui seront sans doute prises par une administration sage et prévoyante pour couper radicalement ce mal invétéré de
l'esprit processif de gens qui ne semblent vivre que pour nuire et
satisfaire de détestables instincts. Ce sera un immense service à
rendre et aux colons et aux indigènes que de prévenir ces abus si
criants, auxquels la procédure actuellement en vigueur offre tant de
ressources pour être éternellement et injustement prolongés. On a
vu des procès absorber deux générations de magistrats. Dans une colonie nouvelle, bien administrée, cette plaie ne doit pas exister. Du
jour où cette façon d'agir décevante et perturbatrice à la fois de
l'honneur, de la fortune et de l'harmonie des familles, ne sera plus
lucrative, on verra des hommes intelligents faire un meilleur usage
de leurs talents et de leur activité. Pas plus pour la grande culture que j'ai signalée comme devant être la source de bien des abus,
si une surveillance active de la part de l'administration supérieure
ne vient protéger l'individu qui y sera attaché à un titre quelconque,
on ne doit pas sacrifier les populations futures de Madagascar à la satisfaction de ces professions entièrement inutiles et qui ne constituent
que des superfétations onéreuses pour la bourse des particuliers. Le

mal est peut-être fait ailleurs de manière à subsister encore quelques années ; mais pour les possessions nouvelles, notre devoir impérieux est de les en garantir. Et quant à moi, je me fais ici une obligation d'appeler sur ce fait l'attention du gouvernement de mon pays.

Quant à la production des matières premières essentielles à l'alimentation des colons comme des indigènes, il n'y a pas lieu de s'en préoccuper beaucoup. Le riz sera fourni en abondance par les naturels, et cette culture spéciale peut leur être abandonnée complétement, à condition de l'encourager et de la surveiller, comme on le fait en Europe de la production du froment. Le colon européen, bien placé dans une situation favorable aux deux cultures, pourra se procurer aisément son blé et son sucre en ayant recours aux petits procédés domestiques. J'ai connu, dans l'intérieur de l'Amérique du Sud, de petits propriétaires industrieux qui se pourvoyaient par eux-mêmes de toutes ces denrées nécessaires à l'approvisionnement de leurs familles.

Je crois avoir donné, dans cet aperçu fort restreint sans doute, une idée assez exacte de la situation qui pourra être faite au fermier européen ; j'ai été obligé d'omettre une foule de détails qui ne peuvent trouver place que dans un ouvrage didactique qui suivra celui-ci. Il s'agissait de répondre aux premières nécessités du moment; je crois l'avoir fait pour les principales indications que j'ai signalées. Maintenant, je le terminerai en appelant l'attention de l'administration sur quelques autres points que je regretterais de ne pas mentionner.

Le gouvernement général de la colonie agira sagement en écartant toute tentative de monopole sous une forme quelconque, toute menée suspecte, qui serait de nature à devenir un jour une cause de désordre, d'aliénation de l'esprit des indigènes et de la liberté des colons. Ainsi, pas de priviléges particuliers, pas de groupes, pas d'association suspecte en dehors de la société civile. Tous, à Madagascar, doivent être soumis à la loi commune, sans prérogatives autres que celles attachées au rang et aux fonctions. La loi militaire appellera dans les milices tous les hommes en état de porter les armes. Ces corps seront disciplinés à l'européenne et se transporteront, à une ou deux époques de l'année, en un lieu désigné pour être exercés aux manœuvres. Dans les cantons, tous les quinze jours ou tous les mois, des exercices du même genre auront lieu afin d'habituer les hommes au maniement des armes, de les astreindre à des exercices gymnastiques propres à développer leur constitution. La conscription y sera établie comme en France dès notre installation, et les soldats indigènes seront susceptibles d'être appelés sur tous les points du monde occupés par la France ou à servir sur ses vaisseaux.

Maintenant, je descendrai à trois ou quatre questions de détail aussi essentielles à la prospérité du pays en général. Le reboisement méthodique des provinces dénudées devra être l'objet de l'attention du gouvernement général. Il serait aisé d'y parvenir en imposant aux bourgades l'obligation d'entretenir aux frais de la commune une pépinière d'essences de choix destinées à fournir les sujets qui couronneront la cime de tous les mamelons. C'est à cette occasion que des plantations de *tek* de l'Inde, qui a donné au Brésil de si belles espérances, du natier indigène qui ne demande que trente ans pour devenir un bel arbre déjà propre aux constructions, etc., doivent être signalées. Une autre loi, émanant d'un gouvernement prévoyant, viendrait également conserver les ressources naturelles du pays en protégeant le gibier contre la destruction rapide dont il serait menacé, si on laissait se déchaîner contre lui l'esprit destructeur des petits créoles. L'époque de la reproduction serait l'objet d'un temps d'arrêt pour la chasse sous toutes formes. L'île Madagascar est le seul pays de la terre qui nourrisse encore un animal qui constitue une excellente ressource alimentaire, la tortue terrestre, jaune et de forme ronde. Menacée d'une destruction prochaine et de sa disparition totale de la faune actuelle, ce serait un vrai service à rendre aux futures populations de Madagascar, que de leur conserver cette ressource. Ce ne serait pas difficile, en interdisant dans le Féérrègne et les provinces du sud-ouest la chasse abusive qu'on en fait. De plus, il restera à Madagascar beaucoup de terrains vagues où ne végètent que le cactus et d'autres arbrisseaux dont les feuilles servent à l'alimentation de la tortue : pourquoi ne défendrait-on pas l'approche de ces lieux pendant tant d'années, après les avoir peuplés de ces animaux utiles? Bien que minime en apparence, le gouvernement qui ne dédaignerait pas de s'en occuper, ce qui ne demanderait qu'un trait de plume, mériterait des éloges, car tout service rendu porte tôt ou tard ses fruits.

Les hommes, dans une colonie nouvelle, sont, vis-à-vis d'une administration sage, éclairée et prévoyante, comme des enfants au Prytanée. Consulte-t-on ceux-ci pour leur faire apprendre ce que leur jeune imagination se refuserait le plus souvent à accepter comme devant leur être utile un jour? Eh bien ! il ne faut pas plus écouter les colons et les indigènes qu'on ne le fait des enfants. En donnant aux futurs propriétaires de Madagascar des terres, des moyens d'exploitation, des faveurs incontestables, il faut leur imposer comme obligation ce que de sages conseils seraient impuissants à obtenir. Ainsi chaque concessionnaire serait tenu d'entretenir sur sa propriété tant d'arbres fruitiers, de différente essence, que l'administration s'arrangera de manière à leur fournir à volonté à l'aide d'une pépinière placée dans chaque régence, sous la direction d'un jardinier botaniste. Que ce soit du goût ou non du colon, ce n'est pas pour lui, mais pour l'avenir du pays dont il n'est que l'usufruitier. De cette manière, vous assurerez l'abondance perpétuelle et le bon marché des denrées locales d'une certaine valeur, pour l'alimentation générale de la population coloniale. Pour les régions équinoxiales, l'existence n'est douce qu'autant qu'on la passe dans des oasis, et malgré cela, au lieu de replanter, on a presque toujours détruit. Le vide se fait de plus en plus à mesure qu'on avance, et nul ne songe à embellir. On dirait, à les voir aussi imprévoyantes de leur naturel, que les populations coloniales ne sont que campées dans les endroits qu'elles habitent. Je ne sais à quoi elles pensent, mais rivées comme elles sont à leur milieu, soit par la position sociale de la plupart, soit par la constitution de leur nature, elles devraient au moins montrer un peu plus de vigueur pour sortir de cette prostration, qu'on pourrait prendre à la fin pour ce qu'elle signifie en apparence. Quant aux colonies nouvelles, il est à espérer que, grâce à des mesures générales dont nous avons indiqué l'importance, elles seront à l'abri des reproches que le voyageur européen a plus d'une fois consignés dans ses souvenirs, quand il n'a pas écrit toutefois sous l'empire d'une pensée prévenue et d'un parti pris de dénigrement prémédité.

IX

La terre est le séjour de l'homme. Sans rien préjuger du dogme fondamental de nos croyances, quant à une patrie future, sans être rivé à celle-ci comme le citoyen du Céleste Empire, mais sans en être détaché comme le solitaire de la Thébaïde, il est, je crois, d'une saine philosophie d'accepter les bienfaits que nous a préparés l'auteur de toutes choses pour en jouir selon la plénitude de nos facultés, afin de parcourir ce premier pèlerinage de la vie, non pas dans une vallée de larmes, mais bien dans un milieu que la race humaine peut façonner à sa guise selon les volontés de la Providence. Après avoir exploré tous les coins de notre planète, après avoir réuni tant d'éléments de succès pour l'avenir, il reste à l'homme civilisé le soin de mettre de l'ordre dans toutes ses conquêtes et à se régulariser une existence plus conforme à ses destinées. Il existe des contrées sur la terre où la nature semble avoir tout placé pour un grand épanouissement de la race humaine au milieu de tous les charmes de la création. Au nombre de celles-ci se trouve comprise l'île qui a fait le sujet de ce travail, et je ne puis mieux le terminer qu'en indiquant à mes successeurs les sources de quelques éléments de bien-être si ce n'est même de prospérité qu'il m'a été donné de rencontrer en explorant les deux mondes. C'est le seul et mince avantage que j'en aie retiré ; puisse-t-il être un jour la cause de quelque félicité pour nos futurs compatriotes de Madagascar. Ainsi vous pouvez demander au Pérou son alpaca et sa vigogne; au Brésil son tapir, son capivare, sa pacca, son agouti, son tatou, son perea, ses pénélopes ou faisans américains, son macouc, son yambou; au Para, ses hoccos aux nombreuses variétés; aux rivages de l'Amazone ses tortues fluviales, dont on peut ramasser des cargaisons d'œufs, et les transporter au loin afin de multiplier cet

18

animal qui constitue une ressource alimentaire très-précieuse; les
végétaux précieux de cette vaste contrée, tels entre autres que le bam-
boucasier, le jabouticabier, le jenipape, le jecaranda ou palissandre,
les bananiers du Brésil, qui représentent ce que cette famille de plantes renferme de plus phénomenal. Ses variétés d'orangers et particulièrement la saletta, ses dioscorées inconnues encore aux îles : le
quinquina, l'ipécacuanha, la salsepareille, etc. etc.; à la Guyane, son
kamichi; au Mexique, son agave sucrée, et son cactus à cochenilles;
à la Californie, ses colins ou perdrix huppées; au continent africain
ses antilopes du cap de Bonne-Espérance, d'Abyssinie et de Zanzibar, ses gazelles, et surtout ce charmant petit animal connu sous le
nom d'antilope kével. Vous pouvez prendre aussi au cap de Bonne-
Espérance ses variétés ovines, ses bœufs d'une race supérieure, ses
oiseaux curieux pour vos parcs, entre autres la grue couronnée; à l'A-
rabie ses chameaux, ses ânes, ses caféiers, son oliban; à l'Asie ses
chèvres de Cachemire et du Thibet, ses axis, ses paons, etc.; enfin aux
deux contrées qui cachent encore tant de trésors, à l'archipel Indien,
le sagoutier, le palmier saccharifère, les buffles et les cerfs de Java,
les arbres fruitiers de l'Archipel, et à la Chine ses poissons de rivière et d'étang, si aisés à transporter aujourd'hui à l'aide des œufs
fécondés, ses animaux domestiques, son camphrier, son thé, et ses
végétaux précieux ainsi que ceux du Japon qui a déjà laissé entrevoir une partie de ses richesses cachées ; aux Philippines, son abacca
ou bananier textile, ses variétés de tabac, etc.; à l'Europe tout ce qui
pourra en être emprunté.

Il est impossible, à moins de faire une nomenclature spéciale qui
n'entrerait pas dans le cadre de ce travail, d'indiquer tout ce qui pourrait être pris ailleurs pour être avantageusement naturalisé à Madagascar. Dans cet aperçu rapide, je n'ai fait qu'indiquer les principales espèces qui m'ont le plus frappé, et dont j'ai assez étudié
les habitudes pour pouvoir avancer que leur transportation au
loin serait très-aisée. Tous les animaux que j'ai cités se domes-
tiquent facilement, et j'en ai vu beaucoup d'apprivoisés dans toutes
les contrées que j'ai pu visiter. Quant aux plantes, rien n'est plus
facile, à l'aide de serres dont on se sert aujourd'hui, pour les
transporter même en Europe. Tout ce que je puis ajouter c'est que
la plupart des contrées situées aux mêmes latitudes que Madagascar, peuvent devenir ses tributaires pour tout ce qu'elles renferment
d'utile et d'agréable.

Tels sont les présents dont une administration éclairée et prévoyante pourra doter l'île, qu'une appréciation exagérée et prématurée a déjà qualifiée du titre de *Perle de l'Océan Indien*. Il s'en faut de beaucoup que cette contrée, avec sa population misérable et ses chétives cabanes, justifie les idées qu'on s'en fait généralement. Mais ce que je puis garantir c'est que Madagascar, entre des mains européennes, peut devenir un jour le jardin de la création. Cette époque, bien reculée encore il est vrai, peut se réaliser : tout ne dépendra que de l'impulsion première et de la manière dont ceux qui seront investis de la confiance du souverain et appelés à créer la prospérité de ce pays, sauront s'acquitter de leur mission.

La rareté, pour ne pas dire l'absence totale des animaux nuisibles, y favorisera d'une manière étonnante la propagation de toutes les espèces nouvelles qui y seront introduites. La population future de Madagascar n'y trouvera pas seulement un sujet d'agrément, mais bien aussi des ressources sérieuses pour sa subsistance, et c'est aujourd'hui un objet qu'il n'est plus permis de dédaigner, parce qu'il a toujours fait la constante préoccupation des grands centres où s'est développée l'espèce humaine. Ne négligeons donc rien pour multiplier la vie autour de nous, et la race qui vivra au milieu de tous ces dons et de tous ces bienfaits ne manquera pas, si elle est bien gouvernée, d'être un peuple heureux, vaillant et fort.

Sur la dune qui s'étend de Tamatave à Andévourande, lieu qui ne sera pas recherché d'abord par les nouveaux venus, on peut dès le principe créer à peu de frais un immense et splendide jardin botanique de trente lieues sur un kilomètre dans sa largeur moyenne, destiné à fournir à toute l'île les individus qui devront y être dispersés. Cet endroit, admirablement placé pour un immense parc, peut être reboisé totalement avec des végétaux précieux qui pourront y croître et servir de refuge à des milliers d'antilopes, de gazelles, d'axis, qui y seraient spécialement protégés comme dans les grands parcs d'Europe, et fourniraient des souches à toutes les localités. Il faudrait défendre, dès les premiers temps, la destruction déjà bien avancée de tous les arbres qui la recouvrent; il en reste encore suffisamment pour garantir ce lieu d'une dénudation qui rappellerait les ravages de l'Arabie ; mais il serait déjà temps, même pour le gouvernement indigène, de songer à rendre active la surveillance de ces bois.

De grandes et populeuses cités s'élèveront dans un temps plus ou moins rapproché de nous sur le sol de la grande île malgache. Divers points de cette contrée paraissent comme prédestinés à une grande agglomération de peuple aussitôt que la civilisation s'en sera emparée. Dans le nord, une grande ville s'élèvera autour de la baie de Diego-Suarez ; elle sera la conséquence forcée du percement de l'isthme de Suez, qui la mettra aux portes de la Méditerranée. Cette ville, destinée à un vaste entrepôt, sera aussi le refuge assuré de toute la marine européenne qui parcourra ces parages. Bâly, à la côte nord-ouest ; Saint-Augustin, le Fort-Dauphin deviendront aussi des centres importants ; mais le point qui me paraît devoir se développer avant tous les autres, est ce petit port de Tamatave où convergeront tous les produits du centre de Madagascar et surtout de l'intérieur de l'île. Avec des travaux peu dispendieux, mais qui ne pourraient être exécutés que par une volonté étrangère au gouvernement indigène, incapable à jamais de songer à la moindre entreprise d'utilité générale, on pourrait convertir la baie de Tamatave en un vaste et superbe port : ces travaux consisteraient à fermer la passe du sud en prolongeant le banc de récifs qui tend à gagner vers le nord et à rejoindre le banc qui longe l'île aux Prunes. Avant de songer à ces grandes entreprises, qui se réaliseront tôt ou tard selon les besoins du commerce, il en est une très-urgente ; même dans le moment actuel où cette ville n'est tout au plus qu'à sa première manifestation, c'est la conduite des eaux potables à Tamatave. Un aqueduc irait les prendre aux Ambanivoules et amènerait dans la ville les eaux d'une rivière choisie parmi toutes celles qui sortent des premiers contre-forts, et qui se répandent dans des directions opposées suivant les accidents du terrain.

Dans la création des cités nouvelles, il faut surtout songer à des voies multiples, spacieuses et bien situées. C'est ce qui n'est jamais entré dans la tête du Malgache ; et quand je parle de villes pour Madagascar, j'entends spécialement m'entretenir de la création de cités européennes. Je suis suffisamment édifié sur le Malgache en général et sur le gouvernement indigène en particulier pour savoir que l'un et l'autre sont à jamais frappés d'impuissance pour ces sortes d'efforts ; il n'y a rien à en attendre, et se confier à ces gens-là serait s'exposer à des illusions dangereuses.

Tout est à organiser à Madagascar ; je le répète, la prospérité et l'avenir de ce pays ne peuvent être que l'œuvre de l'intervention providentielle d'une puissance européenne. Dieu fasse qu'elle soit assez généreuse pour ne pas demander aux peuples de cette île, en retour de la protection efficace qu'elle leur apportera, un excès de tribut et surtout la contribution désastreuse qui consomme le plus d'hommes

dans l'intérêt d'un petit nombre, le travail forcé dans les usines coloniales, mesure qui serait antipolitique et éminemment contraire
aux vues qu'on doit se proposer. Ce serait une chose singulière si
les Malgaches, pour satisfaire l'avidité de leurs nouveaux maîtres,
étaient exposés à regretter les Hovas. Mais c'est là un écueil que le
gouvernement français saura éviter en résistant à des sollicitations
indiscrètes, si jamais il descend à Madagascar. Que les doctrinaires
superficiellement renseignés se rassurent; nous ne voulons pas aller
dans cette île pour anéantir une race entière au profit des couches
nouvelles. Ce n'est pas plus là le dessein de la Providence, comme
le pensent les sceptiques, que le nôtre. Notre but est franchement
avoué, loyal, et au-dessus de toute récrimination : nous voulons sauver les peuples de la grande île, et faire d'une race dont les malheurs
nous ont touché une société d'hommes libres et non pas d'esclaves,
à laquelle nos efforts procureront peut-être un jour une existence
douce et sereine. Voilà notre apostolat.

X

Si un fait, si une vérité doit ressortir de ce qui est contenu dans cet ouvrage, c'est que Madagascar, par sa situation sur le globe, son sol, ses richesses encore latentes, et surtout sa population, si intéressante, dont l'histoire est si intimement liée à la nôtre, doit éveiller au plus haut degré la sollicitude de la nation française, la France, sous l'heureuse influence du gouvernement puissant dont le nom rappelle toutes ses gloires, est parvenue à un de ces degrés de grandeur qui peut consoler quelques-uns de ne pas avoir vécu à Athènes au temps de Périclès ; mais il lui reste encore une mission à remplir, et c'est là le rôle que la Providence semble lui avoir assigné ; il lui reste plus que de rayonner dans le monde, et de porter son génie et ses institutions dans ces contrées qui lui sont dévolues. A ce titre, Madagascar ne doit pas tarder d'être rattaché à la fortune de notre patrie. Le moment est venu pour la nation française de prendre dans l'Océan indien l'attitude qui lui convient, et de renouer la tradition si glorieusement commencée par Dupleix et Bussy. Les jours de deuil et d'épreuve sont déjà loin de nous, Dieu merci, et notre situation actuelle dans le monde semble nous appeler à l'accomplissement prochain de nos destinées. A la gloire du nom français en Europe ajoutons celle de notre renommée en Orient, et jetons-y les bases d'un grand empire, puissant par ses institutions politiques et religieuses, comme par son caractère vaillant et généreux.

Madagascar ne restera pas au-dessous d'une pareille destinée, si les idées saines ont le bonheur de prévaloir, si la justice règne en souveraine dans ce pays. Il en est de cette contrée comme des grandes renommées : amoindrissez le plus possible sa valeur réelle, il en

restera toujours quelque chose, et assez pour en légitimer les sacrifices qui y seront faits, et répondre aux justes espérances qu'il nous
est permis de concevoir. Loin de moi la pensée de présenter cependant Madagascar comme un pays plus beau qu'il n'est ; je n'ignore
pas non plus que notre génération n'est point appelée à en jouir ;
mais la perspective de préparer à la France une colonie qui sera
peut-être un jour puissante et belle, est, je crois, assez séduisante
pour captiver le noble dévouement de ceux qui ne craindront pas de
livrer les premières luttes contre les obstacles qui en défendent encore l'abord à la civilisation.

Quant à moi, en écrivant ce livre, j'ai accompli un devoir. Si je
n'avais consulté que mes forces et le peu d'attention qu'on accorde
à de pareils travaux, j'aurais pu être plus d'une fois découragé ;
mais une pensée généreuse m'a soutenu : j'ai vu des êtres misérables et plongés dans le malheur, j'ai vu toute une race livrée sans frein à la férocité d'un ramassis d'assassins et d'empoi-
sonneurs ; j'ai compati à sa douleur et à ses souffrances, et je me suis
promis d'invoquer pour elle le génie de mon pays. Puisse la France
jeter un regard compatissant sur cette terre désolée, et venir au
secours de ce cadavre encore palpitant, qu'un souffle d'elle peut
ressusciter. Son dévouement ne sera pas perdu ; le sang de ses enfants et son or ne seront pas prodigués en pure perte. De ce rapprochement de races venues de l'Orient et de l'Occident, sortira un
type superbe, au génie souriant et doux comme son ciel clément.
La France, sans de grands efforts et de grands sacrifices, se sera
dédoublée, et peut-être, dans un avenir plus ou moins rapproché,
s'estimera-t-elle heureuse de trouver dans cette partie du monde un
poste avancé dont le concours assuré comme celui de fils recon-
naissants, saura lui montrer que, pour ne pas être nés sur le sol
sacré de la patrie commune, les Créoles n'ont pas moins un cœur
qui ne bat que pour elle, et que l'unique mobile de leur existence
peut se traduire par ces deux mots : AMOUR et DÉVOUEMENT sans
bornes.

Ile Bourbon, Saint-Leu, 1ᵉʳ août 1862.

FIN.

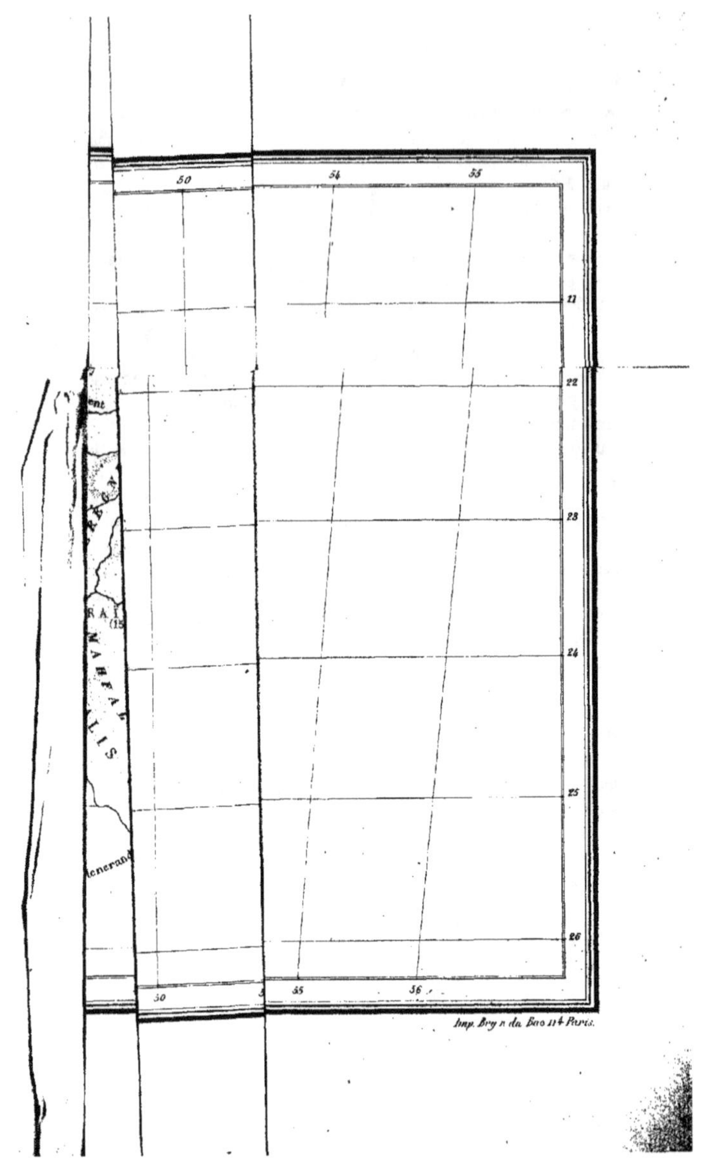

50
54
55
11
22
23
24
25
26
50
55
56
Imp. Bry n da Bao 114 Paris.

TABLE DES MATIÈRES.

TROISIÈME PARTIE.

QUESTION DE MADAGASCAR.

TABLE DES MATIÈRES.

TROISIÈME PARTIE.

QUESTION DE MADAGASCAR.

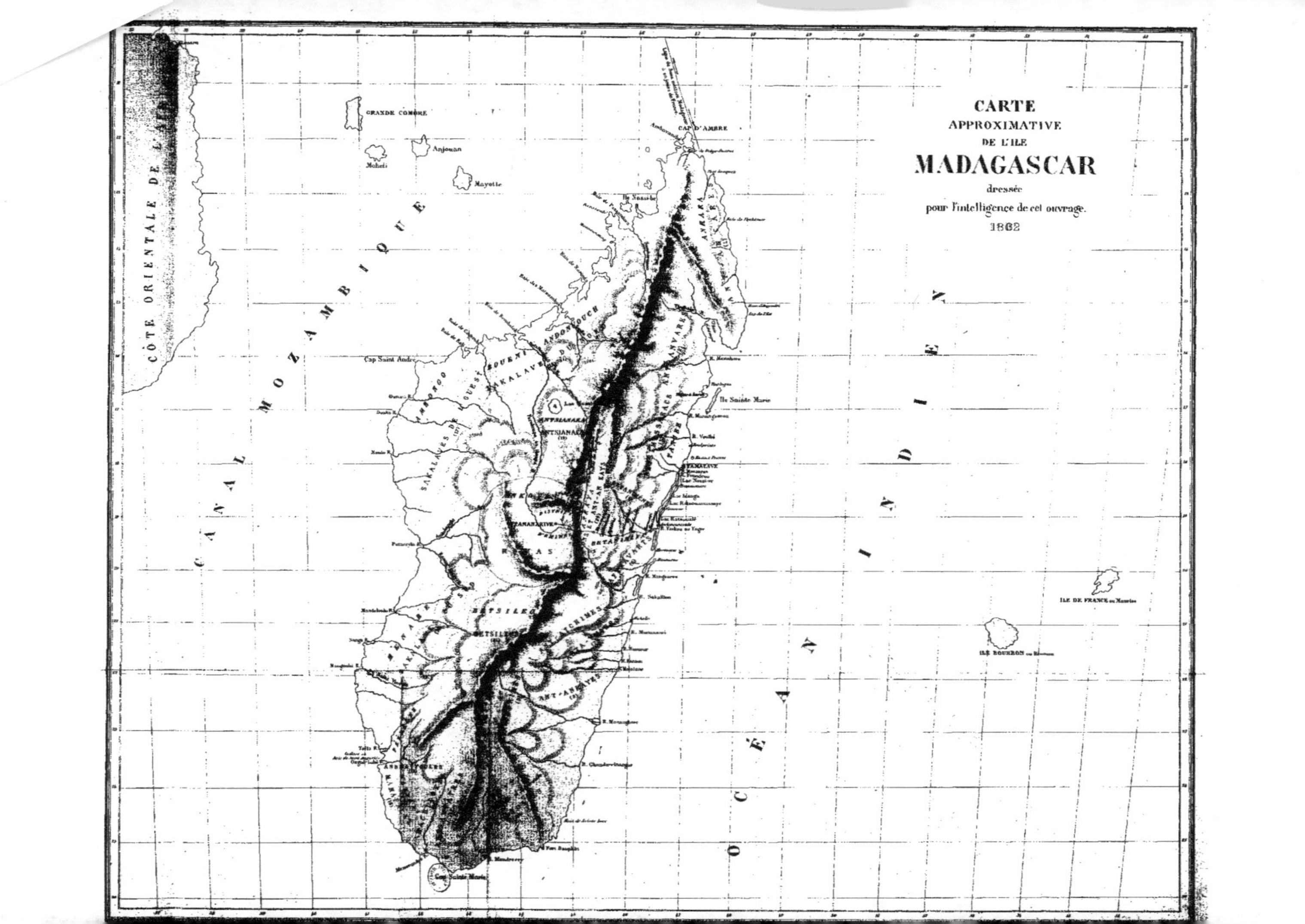

CÔTE ORIENTALE DE L'AFRIQUE
CANAL MOZAMBIQUE
OCÉAN INDIEN
GRANDE COMORE
Anjouan
Mohéli
Mayotte
CAP D'AMBRE
Ile Nossi-bé
Cap Saint André
Ile Sainte Marie
SAKALAVES DU
BOUENY
OUEST
BOINA
ANDONDOUCH
SAKALAVES
ANTSIANAKA
ANTANARIVE
BETSILEO
ANTANITES
Tolia R.
Onghe Loka
Cap Sainte Marie
Fort Dauphin
ILE DE FRANCE ou Maurice
ILE BOURBON ou Réunion
CARTE
APPROXIMATIVE
DE L'ÎLE
MADAGASCAR
dressée
pour l'intelligence de cet ouvrage.
1862